河西走廊绿洲化沙漠化时空过程

颉耀文　黄小忠　张昊延　张学渊　著

本书由以下项目资助
国家自然科学基金重大项目"人类世的历史背景"（41991251）
甘肃省地理国情监测项目"河西走廊绿洲沙漠化动态监测"
甘肃省自然资源厅科技创新项目"甘肃省生态系统演化及保护治理研究"（202401）
中国科学院战略性先导科技专项（A类）"泛第三极环境变化与绿色丝绸之路建设"（XDA2009000001）
国家重点研发计划"亚洲中部干旱区气候变化影响与丝路文明变迁研究"（2018YFA0606400）

科学出版社
北　京

内 容 简 介

河西走廊的绿洲化和沙漠化在整个西北地区都具有很强的典型性和代表性,深刻揭示其时空过程和规律性对整个干旱区的可持续发展具有重要意义。本书在对绿洲化和沙漠化概念进行梳理的基础上,首先建立了以 Landsat 卫星影像为数据源的绿洲化、沙漠化遥感提取指标;然后按 5 年的间隔,依次提取了河西走廊地区 1986 年、1990 年、1995 年、2000 年、2005 年、2010 年、2015 年、2020 年共 8 个年份的绿洲化和沙漠化分布范围;再采用时空变化模型分析绿洲化、沙漠化的时空变化过程,确定变化类型和阶段;采用定性和定量的方法分析了绿洲化、沙漠化的生态环境效应,尤其是对民勤、金塔、敦煌三个典型县市进行了比较细致的分析;最后对全区绿洲化和沙漠化时空过程的认识进行了总结,并对今后绿洲化、沙漠化的调控提出了对策建议。

本书可供从事干旱区绿洲化和沙漠化、生态环境变化与治理、资源利用与保护、农业可持续发展等方面研究的科研工作者参考。

审图号:甘 S(2025)3 号

图书在版编目(CIP)数据

河西走廊绿洲化沙漠化时空过程/颉耀文等著.--北京:科学出版社,2025.6. -- ISBN 978-7-03-079765-0

I. X321.242

中国国家版本馆 CIP 数据核字第 20244838HA 号

责任编辑:李晓娟 / 责任校对:樊雅琼
责任印制:徐晓晨 / 封面设计:十样花

科学出版社 出版
北京东黄城根北街 16 号
邮政编码:100717
http://www.sciencep.com

北京九州迅驰传媒文化有限公司印刷
科学出版社发行 各地新华书店经销

*

2025 年 6 月第 一 版 开本:787×1092 1/16
2025 年 6 月第一次印刷 印张:12 1/4
字数:300 000
定价:188.00 元
(如有印装质量问题,我社负责调换)

前　言

　　河西走廊自东向西有石羊河、黑河和疏勒河三大内陆河流域，绿洲化和沙漠化过程在各个流域都是一种惯常现象。近30多年以来，河西走廊的绿洲总体呈扩张趋势，虽然为社会经济的发展和人民生活水平的提高创造了重要条件，但也造成了用水紧张、天然植被破坏、土地荒漠化、盐渍化加剧等一系列生态问题，成为影响社会经济可持续发展的主要因素。

　　2014年5月，甘肃省第一次全国地理国情普查领导小组发出了征集地理国情监测项目的通知。9月，兰州大学与甘肃省地图院联合提出的"河西走廊绿洲沙漠化动态监测"项目并获得批准。项目旨在完成1986年以来河西地区的绿洲化和沙漠化动态监测，揭示其时空过程和阶段性特点，并以民勤、金塔和敦煌三县市为典型区，详细分析监测结果，以揭示绿洲化和沙漠化发展阶段性特点。本书有助于人们了解河西走廊绿洲化、沙漠化的时空过程及成因，为河西地区的绿洲开发和沙漠化治理提供基本信息，对认识河西走廊生态环境的变化具有重要作用。

　　本书是在该项目成果基础上经过进一步加工和补充完成的。根据当初设定的任务，本书涵盖的时间范围为1986～2014年。但为了增强本书内容的现势性，在项目结题之后，项目组成员又对调查数据进行了持续更新，将最末期年份从2014年更新为2015年。后来，研究人员又对2020年进行了补充调查。为了保证各年份调查结果的可比性，本书统一采用空间分辨率一致和光谱特征接近的陆地卫星Landsat TM/ETM+/OLI系列数据。该数据最早生产的年份为1986年，故本书涵盖的时间范围为1986～2020年。

　　本书的基本内容如下：根据前人研究成果，对绿洲化和沙漠化的概念进行了梳理，建立了以Landsat TM/ETM+/OLI为数据源、适于绿洲化与沙漠化遥感提取的指标。然后按五年的间隔依次提取1986年、1990年、1995年、2000年、2005年、2010年、2015年、2020年共八个年份的绿洲化和沙漠化信息。采用时空变化模型分析绿洲化、沙漠化的时空变化过程，确定变化类型和阶段，总结规律性。再采用定性和定量的方法分析绿洲化沙漠化的生态环境效应，尤其是对民勤、金塔、敦煌三个典型县市，比较深入地分析了绿洲化、沙漠化的详细时空过程、成因和生态环境效应。最后对全区绿洲化和沙漠化时空过程的认识进行了总结，并对今后的绿洲化管理和沙漠化治理提出了对策和建议。

参与本书中遥感影像下载和处理、绿洲信息提取、变化分析及制图工作的研究生有：博士研究生黄晓君、张秀霞，硕士研究生卫娇娇、吕利利、张娟、张文培、刘晓君、穆亚超、姜海兰、赵虹、李汝嫣、董敬儒、刘怡阳等。甘肃省地图院对本次研究的开展提供了大量支持，院长张宝安和高级工程师石玉华参与了 2014 年之前时段的绿洲化和沙漠化提取方法的构思，王华栋和付世亮工程师参与了部分信息提取工作。在此，对以上同学和同志的辛苦付出，表示衷心感谢。

书中的疏漏在所难免，敬请广大读者批评指正。

作　者

2024 年 4 月 13 日

目 录

前言
第1章 河西地区概况 ·· 1
    1.1 自然概况 ··· 1
    1.2 社会经济状况 ··· 3
第2章 调查资料 ·· 9
    2.1 中分辨率遥感数据 ·· 10
    2.2 高分辨率遥感数据 ·· 11
    2.3 基础地理数据 ·· 11
    2.4 统计资料与其他地图资料 ··· 12
第3章 绿洲化沙漠化信息提取及时空变化分析方法 ································ 13
    3.1 总体思路与流程 ··· 13
    3.2 绿洲化信息提取方法 ··· 15
    3.3 沙漠化信息提取方法 ··· 22
    3.4 绿洲面积变化及变化率分析方法 ··· 28
    3.5 变化趋势分析 ·· 29
    3.6 绿洲化及沙漠化空间变化分析 ·· 29
第4章 绿洲变化的多尺度分析 ··· 33
    4.1 绿洲总体分布 ·· 33
    4.2 数量特征 ·· 36
    4.3 基于三大流域的绿洲变化特征分析 ·· 39
    4.4 基于地级市的绿洲变化特征分析 ··· 51
    4.5 基于县级单元的绿洲变化特征分析 ·· 68
    4.6 典型县区绿洲化时空变化分析 ·· 74
    4.7 基于乡镇单元的绿洲变化分析 ·· 90
    4.8 河西绿洲变化模式及类型 ·· 110

第 5 章　沙漠化的多尺度分析 ·· 127
5.1　沙漠化总体空间分布 ·· 127
5.2　沙漠化数量特征 ·· 132
5.3　基于流域的沙漠化空间特征分析 ·· 134
5.4　基于地级市的沙漠化空间特征分析 ······································ 139
5.5　基于县级行政单元的沙漠化空间特征分析 ································ 147

第 6 章　绿洲化和沙漠化成因分析 ·· 153
6.1　绿洲化成因分析 ·· 153
6.2　沙漠化成因分析 ·· 167

第 7 章　对策与建议 ·· 175
7.1　总体认识 ·· 175
7.2　调控对策与建议 ·· 181

参考文献 ·· 183

第1章 河西地区概况

河西是一个历史地理概念,在中国历史上,早期它几乎包含了黄河以西西北内陆干旱区的全部区域。清代晚期西北分省以后,河西相当于汉代的凉州、甘州、肃州。河西是中国通往西域的要道,是历代经略西北的战略要地。现在的河西走廊,是位于甘肃西北部祁连山以北,马鬃山、合黎山、龙首山以南,乌鞘岭以西,甘肃新疆边界以东,长约1000km,宽为数千米至近200km,呈西北—东南走向的长条形堆积平原,是干旱的内陆地区。河西地区自西向东依次包括疏勒河流域、黑河流域和石羊河流域三个内陆河流域。河西走廊如今也指甘肃的河西五市,即嘉峪关、金昌、武威、张掖和酒泉,下辖19个县级行政单元,也称河西地区,简称河西。

1.1 自然概况

1.1.1 地理位置

河西地区的地理位置介于93°23′~104°12′E,37°17′~42°48′N(图1-1)。由于河西地

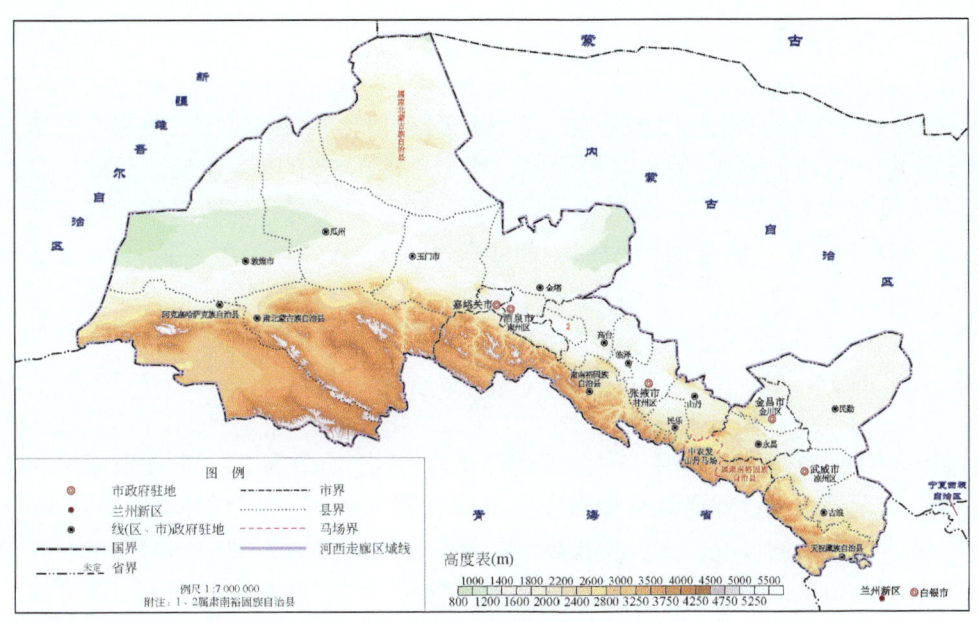

图1-1 河西地区概况图

区的绿洲化和沙漠化过程基本上都发生在河西走廊平原地区,在这种情况下区分"河西走廊"和"河西地区"已无实际意义。因此,本书中将两者视为同一概念。河西地区的绿洲区大体上由石羊河流域绿洲、黑河流域绿洲和疏勒河流域绿洲三部分构成。

1.1.2 地质地貌

从地质、地貌来看,河西地区是由河西走廊、祁连山、合黎山、龙首山和阿拉善高平原组成的一个复杂的单元,分属南部北祁连槽背斜带、中部河西走廊边缘拗陷带、北部北山(合黎山、龙首山)断块带和阿拉善台块,即祁连山褶皱带、河西走廊过渡带、北山褶皱带和阿拉善隆起区四个地质单元[1]。河西走廊的风化物多以洪积的方式在出山口堆积,只有少量较大的河流能穿越河西走廊北山进入阿拉善高平原,形成如民勤、金昌、金塔、花海等盆地和广阔的弱水冲积平原等。在历次造山运动中,在山前带形成了一系列串珠状洪积扇群。河西走廊由武威、永昌、山丹、张掖、酒泉等一系列盆地组成,海拔在1000~1500m,表现出东南高、西北低的分异趋势。南部祁连山地属于祁连山褶皱断块组成的一系列平行山系,西北—东南走向,海拔介于3000~4000m。河西走廊北山海拔为1500~2500m,多由一些中低山、残丘组成,以河西走廊北山山脊线与阿拉善荒漠区为界,为照顾行政和流域的完整性将民勤、金昌、金塔、鼎新、花海等盆地划分在河西走廊区。北部阿拉善高原平原是风化物的堆积区和再分配区,流水作用相对微弱。以物理风化以及风蚀、风积为主,通过地表物质的再分配促成地貌的分异过程。地貌单元表现为辽阔的戈壁和一望无际的沙海。

1.1.3 气候特征

河西地区虽然受东亚季风气候影响,但深居内陆,夏季暖湿气流已是强弩之末,因而干旱少雨。冬季受西伯利亚-蒙古高压控制,盛行干冷的冬季风。该地区日照丰富,寒暑剧变,多大风、沙尘暴[2-3]。区内水热分异明显,年平均气温、日照时数、降水变率、干燥度表现为从南向北、从东向西增加,而年降水量、年平均温度、霜日的变化恰与此相反。

1.1.4 河流水文

河西走廊的河流均为内陆河,发源于南部祁连山区,向北流动,最终形成尾闾湖或消失于沙漠。由东至西,这些河流分属石羊河和黑河两大水系。大小内陆河共有54条,由于地形、降水和戈壁的影响,大多是长度短、流量小的河流,大型内陆河不多。其中,石羊河发源于祁连山东段的支流,在武威盆地汇流组成,自西向东为西大河、东大河、西营河、金塔河、杂木河、黄羊河、古浪河及大靖河八条山水河流及浅山区小沟河流,多年平均径流量约15.8亿m³,河流补给为山区降水和冰川融水[4]。石羊河长300km,集水面积为 1.1 万 km²。河流出山后，经古浪县、武威市、永昌县，穿越平原后经过红崖山峡口进入民勤盆地，至青土湖消失于沙漠之中。黑河位于河西地区中部，是该区最大的内陆河，其水系发源于祁连山，东起金摇岭，西至讨赖山西段。黑河干流在鹰落峡出山后，流入河西走廊的张掖盆地，经临泽县、高台县进入正义峡，下游经鼎新盆地向北流入内蒙古自治区，最终汇入居延海，河流全长 810km，古称"弱水"。还有疏勒河水系东部的昌马河、白杨河、石油河、踏实河，年径流量仅 10 亿 m³。踏实河位于昌马洪积扇西缘，经踏实盆地向南至桥子，余水呈泉流进入疏勒河下游的双塔堡水库；白杨河和石油河不汇入疏勒河干流，自成水系，石油河经赤金峡、余水北流进入花海盆地。河西走廊内陆河水系的水循环过程，受地形坡度和河床组成及构造的影响，河流水从上游到下游，一部分径流要经过地表水—地下水—地表水这一循环转化过程，这种循环过程可重复多次，水循环的重复性，给水资源的重复利用创造了有利条件，增加了水资源的可引用量，提高了水资源的利用率。

1.1.5 植被土壤

河西走廊位于东疆荒漠、青藏高原、黄土高原和内蒙古高原的过渡地带，生态地域复杂，植被多样，具有纬度山地和平原荒漠植被的特征[5]。植被区系属泛北极植物区的亚洲荒漠植物区和青藏高原植物区。平原区以旱中生、旱生及超旱生植物为主；山区以阴生、湿生、寒生、寒旱生、中生、旱生植物为主。本地区植被类型受气候、土壤、水文和地形等自然条件的制约和影响，以经向地带、纬向地带及山地垂直带构成了"三维空间"的分布格局[6]。

河西地区位于我国三大自然保护区交会处，自然条件复杂，因而在土壤形成过程和土壤类型上表现为多种多样。河西地区土壤类型的分布受经向地带性和垂直地带性的影响显著，有明显的分异作用。从土壤垂直带谱看，山地土壤基带从东到西、从南到北是不同的，有灰钙土、灰漠土和灰棕漠土。平原区土壤地带性分异也较明显，以温带荒漠灰棕漠土为主；非地带性土壤有草甸土、沼泽土、盐土、风沙土及人工创造的绿洲灌溉土等[7-8]。

1.2 社会经济状况

河西地区是我国西北重要经济区，它以甘肃省 20% 的耕地提供了全省 70% 的商品粮、98% 的棉花、97% 的甜菜、43% 的商品油、45% 的瓜果、28% 的肉类和 44% 的羊毛，是甘肃省粮食基地，也是全国 12 个商品粮生产基地之一。河西走廊平原以汉族聚居为主，从事农业；山区主要是裕固族、藏族聚居，经营畜牧业。该地区经济以农业为主，主要种植小麦、玉米等粮食作物。另外，河西地区工业开发较早，目前，已形成了以有色、冶金、石油为骨干，以食品、造纸、建材、化工、轻纺为辅助的工业体系，国有重工业经济效益较好。

1.2.1　行政区划

在行政区划上，甘肃省河西地区共包括20个县（市、区）。其中，武威市包括凉州区、古浪县、天祝藏族自治县和民勤县，金昌市包括金川区和永昌县，张掖市包括甘州区、民乐县、山丹县、高台县、临泽县和肃南裕固族自治县，酒泉市包括肃州区、金塔县、玉门市、瓜州县、敦煌市、肃北蒙古族自治县和阿克塞哈萨克族自治县，而嘉峪关市不含下属县。各个县（市、区）又包含了数量不等的乡镇[9]。

表1-1为河西地区各县（市、区）所属乡镇一览表。从表1-1中可以看出，河西地区共有乡镇236个，分别分布在五个地级市所辖的20个县（市、区）中。其中，乡镇数最多的为武威市，为93个；第二为酒泉市，为68个；第三为张掖市，为60个。金昌市和嘉峪关市主要为工业市，所辖乡镇数较少，分别只有12个和3个。

表1-1　河西地区各市县（市、区）所辖乡镇一览表

市（乡镇数）	县（市、区）（乡镇数）	乡（镇）					
嘉峪关市（3）	嘉峪关市（3）	新城镇	文殊镇	峪泉镇			
金昌市（12）	永昌县（10）	红山窑镇	六坝镇	东寨镇	焦家庄镇	新城子镇	南坝乡	河西堡镇
		朱王堡镇	水源镇	城关镇				
	金川区（2）	宁远堡镇	双湾镇					
酒泉市（68）	瓜州县（15）	瓜州镇	西湖镇	腰站子东乡族镇	河东镇	布隆吉乡	双塔镇	锁阳城镇
		七墩回族东乡族乡	广至藏族乡	沙河回族乡	梁湖乡	渊泉镇	柳园镇	三道沟镇
		南岔镇						
	敦煌市（9）	阳关镇	郭家堡镇	黄渠镇	莫高镇	转渠口镇	沙州镇	月牙泉镇
		肃州镇	七里镇					
	肃州区（15）	下河清镇	黄泥堡乡	铧尖镇	丰乐镇	东洞镇	总寨镇	银达镇
		西洞镇	上坝镇	三墩镇	清水镇	金佛寺镇	泉湖镇	西峰镇
		果园镇						
	金塔县（9）	金塔镇	中东镇	鼎新镇	东坝镇	航天镇	大庄子镇	古城乡
		西坝镇	羊井子湾乡					
	玉门市（12）	玉门镇	赤金镇	花海镇	柳河镇	黄闸湾镇	下西号镇	老君庙镇
		柳湖镇	小金湾东乡族乡	独山子东乡族乡	昌马镇	六墩镇		

续表

市（乡镇数）	县（市、区）（乡镇数）	乡（镇）					
酒泉市（68）	肃北蒙古族自治县（4）	石包城乡	马鬃山镇	盐池湾乡	党城湾镇		
	阿克塞哈萨克族自治县（4）	红柳湾镇	阿克旗乡	阿勒腾乡	阿伊纳乡		
武威市（93）	古浪县（19）	西靖镇	裴家营镇	泗水镇	海子滩镇	土门镇	大靖镇	黄羊川镇
		黑松驿镇	十八里堡乡	古浪镇	黄花滩镇	永丰滩镇	定宁镇	民权镇
		古丰镇	横梁乡	直滩镇	新堡乡	干城乡		
	民勤县（18）	南湖镇	蔡旗镇	重兴镇	薛百镇	夹河镇	苏武镇	昌宁镇
		三雷镇	大坝镇	东坝镇	双茨科镇	大滩镇	泉山镇	收成镇
		红砂岗镇	东湖镇	红沙梁镇	西渠镇			
	凉州区（37）	黄羊镇	谢河镇	古城镇	金沙镇	韩佐镇	吴家井镇	下双镇
		武南镇	金塔镇	高坝镇	清源镇	清水镇	和平镇	长城镇
		发放镇	金羊镇	西营镇	怀安镇	大柳镇	羊下坝镇	永丰镇
		康宁镇	五和镇	永昌镇	金山镇	丰乐镇	四坝镇	洪祥镇
		九墩镇	双城镇	新华镇	松树镇	中坝镇	张义镇	金河镇
		柏树镇	河东镇					
	天祝藏族自治县（19）	赛什斯镇	炭山岭镇	天堂镇	石门镇	华藏寺镇	打柴沟镇	松山镇
		抓喜秀龙镇	东大滩乡	安远镇	西大滩镇	朵什镇	哈溪镇	大红沟镇
		毛藏乡	祁连镇	旦马乡	东坪乡	赛拉隆乡		
张掖市（60）	临泽县（7）	板桥镇	平川镇	新华镇	蓼泉镇	沙河镇	鸭暖镇	倪家营镇
	民乐县（10）	民联镇	永固镇	六坝镇	三堡镇	南丰镇	顺化镇	新天镇
		南古镇	丰乐镇	洪水镇				
	山丹县（8）	东乐镇	老军乡	大马营镇	霍城镇	李桥乡	位奇镇	陈户镇
		清泉镇						
	肃南裕固族自治县（8）	红湾寺镇	白银蒙古族乡	康乐镇	皇城镇	马蹄藏族乡	大河乡	明花乡
		祁丰藏族乡						
	甘州区（18）	梁家墩镇	沙井镇	花寨乡	平山湖蒙古乡	长安镇	三闸镇	甘浚镇
		大满镇	碱滩镇	安阳乡	龙渠乡	乌江镇	党寨镇	小满镇
		上秦镇	明永镇	靖安乡	新墩镇			
	高台县（9）	城关镇	宣化镇	南华镇	巷道乡	黑泉镇	罗城镇	合黎镇
		骆驼城镇	新坝镇					

县（市、区）级行政区划中，所辖乡镇数量最多的为武威市的凉州区，共37个；第二为武威市的古浪县和天祝藏族自治县，为19个；第三为张掖市的甘州区；武威市的民勤县，均为18个；第四为酒泉市的肃州区和瓜州县，均为15个；第五为酒泉市的玉门市，为12个；第六为金昌市的永昌县、张掖市的民乐县，均为10个；第七为张掖市的高台县和酒泉市的金塔县和敦煌市，均为9个；第八为张掖市的山丹县和肃南裕固族自治县，均为8个；第九为张掖市的临泽县，为7个；第十为酒泉市的肃北蒙古族自治县和阿克塞哈萨克族自治县，均为4个；第十一为嘉峪关市，为3个；第十二为金昌市的金川区，为2个，也是最少的一个。

如果把乡镇数量与所在区域的国土面积相联系，则可以看出，河西地区的乡镇分布，还是以河西走廊东部的武威市分布最为密集，其次为中部的张掖市，再次为西部的酒泉市，总体上呈现东密西疏的特征。

1.2.2 人口

根据甘肃省第七次全国人口普查结果[10]，截至2020年11月1日零时，河西地区各市的人口数量见表1-2。从表1-2中可以看出，地市级层面，河西地区人口最多的为武威市，有146万多人；第二为张掖市，有113万多人；第三为酒泉市，有近106万人；第四为金昌市，有近44万人；第五为嘉峪关市，有31万多人。

表1-2　河西各县（市、区）常住人口

地级市	人口/人	占全省常住人口比重（2020年）	占全省常住人口比重（2010年）	县（市、区）	常住人口/万人
嘉峪关市	312 663	1.25	0.91	嘉峪关市	31.27
金昌市	438 026	1.75	1.81	金川区	26.04
				永昌县	17.76
武威市	1 464 955	5.86	7.10	古浪县	25.02
				凉州区	88.53
				民勤县	17.85
				天祝藏族自治县	15.10
张掖市	1 131 016	4.52	4.69	甘州区	51.91
				高台县	12.57
				临泽县	11.59
				民乐县	19.25
				山丹县	15.00
				肃南裕固族自治县	2.78

续表

地级市	人口/人	占全省常住人口比重（2020年）	占全省常住人口比重（2010年）	县（市、区）	常住人口/万人
酒泉市	1 055 706	4.22	4.29	阿克塞哈萨克族自治县	1.10
				敦煌市	18.52
				瓜州县	12.93
				金塔县	12.18
				肃北蒙古族自治县	1.51
				肃州区	45.56
				玉门市	13.77
合计	4 402 366	17.6	18.8	县（市、区）合计	440.24

县（市、区）级层面，河西地区人口最多的是武威市凉州区，有近89万人；第二为张掖市甘州区，有50多万人；第三为酒泉市肃州区，有近46万人；第四为嘉峪关市，有31万多人；第五为金昌市金川区，有26万多人。可见人口最集中的地区还是在设区的城市中。

非城市设区中，人口最多的是古浪县，有25万多人，其他地区均在20万以下。其中20万以下、15万以上的依次有民乐县、敦煌市、民勤县、永昌县、天祝藏族自治县、山丹县。15万以下、10万以上的依次有玉门市、瓜州县、高台县、金塔县、临泽县。而人口最少的为三个民族自治县，依次是肃南裕固族自治县（2.78万人）、肃北蒙古族自治县（1.51万人）和阿克塞哈萨克族自治县（1.10万人）。

1.2.3 民族

甘肃省是一个多民族聚居的地方。省内现有55个少数民族，少数民族人口为241.05万人，占全省总人口的9.43%。全省86个县（市、区）中，除少数民族聚居的21个县、市外，其余65个县（市、区）中均有散居的少数民族。

甘肃地区7个民族自治县，河西走廊占4个，分别是天祝藏族自治县、肃北蒙古族自治县、肃南裕固族自治县和阿克塞哈萨克族自治县。从河西走廊少数民族分布情况来看，藏族主要聚居在祁连山的东、中段地区；裕固族（甘肃省独有民族）、蒙古族、哈萨克族主要分布在河西走廊祁连山的中、西段地区[11]。

1.2.4 经济

2019年，河西五市共实现生产总值2179.10亿元。其中武威市2019年实现生产总值488.46亿元，增长约4.0%；张掖市2019年实现生产总值448.73亿元，增长约6.5%；金昌市2019年实现生产总值340.31亿元，增长约9.7%；嘉峪关市2019年实现生产总值

283.40亿元，增长约6.5%；酒泉市2019年实现生产总值618.20亿元，增长约7.7%[12]。

河西走廊灌溉农业区历史悠久，是甘肃省最重要农业区，是西北地区最主要的商品粮基地和经济作物集中产区。它提供了全省2/3以上的商品粮、几乎全部的棉花、9/10的甜菜，以及2/5以上的油料、啤酒大麦和瓜果蔬菜。

平地绿洲区主要种植春小麦、大麦、糜子、谷子、玉米，以及少量水稻、高粱、马铃薯。油料作物主要为胡麻。瓜类有西瓜、仔瓜和白兰瓜，果树以枣、梨、苹果为主。山前地区以夏杂粮为主，主要种植青稞、黑麦、蚕豆、豌豆、马铃薯。河西走廊畜牧业发达，如山丹县马营滩自古即为军马场。

河西走廊因昼夜温差大，日照充足，适宜种植葡萄，是葡萄酒的重要产地。

第 2 章　调查资料

河西地区面积广大，绿洲主要分布在南北山之间的平原地区，平原地区以外以荒漠戈壁和裸岩山地为主。但河西地区的绿洲化和沙漠化过程并不是到处都发生的，而是大致分布在海拔较低、地势较平坦的河西走廊平原地区，因此它们具有一个相对明确的范围，且这个范围可以利用河西地区的遥感影像进行识别和勾绘。为了锁定靶区，减少不必要的干扰，本书将勾绘出的这个范围作为工作范围，即监测范围（图2-1）。经过量测，本书确定的监测范围，其面积为41 628.74km²。沙漠化以监测范围内绿洲周围的新增沙漠为主，不涉及原有沙漠和沙地。

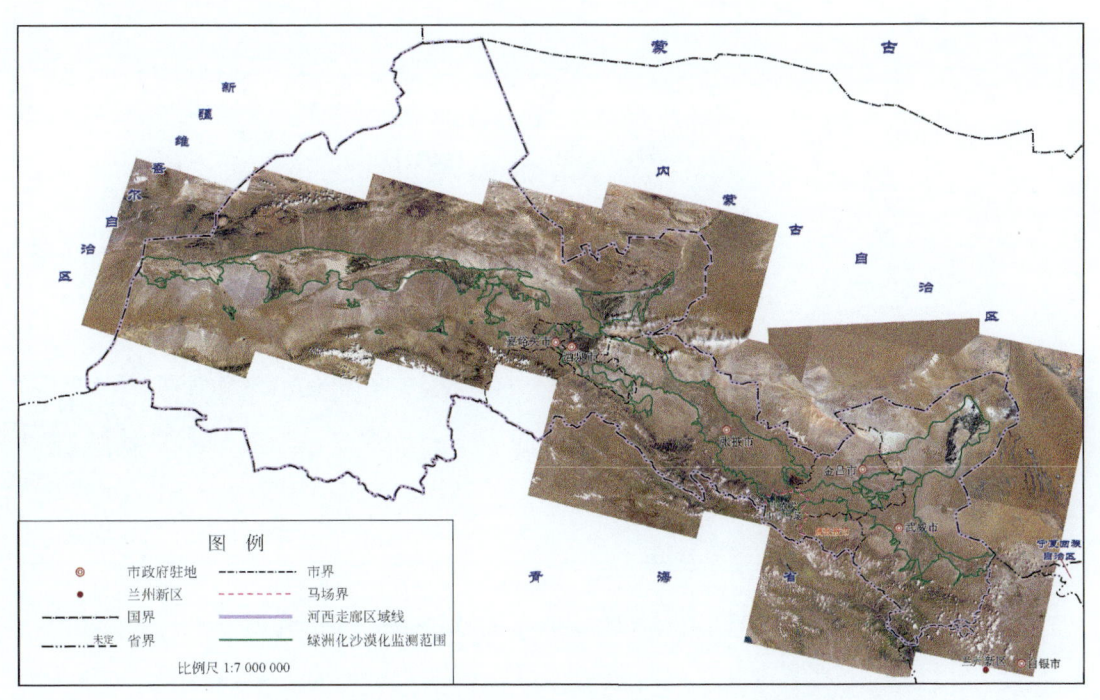

图 2-1　绿洲化沙漠化监测范围（绿线包括的范围）

本书拟对1986年以来的绿洲化和沙漠化进行动态监测，主要依靠遥感资料进行。

2.1 中分辨率遥感数据

本书对 2015 年、2020 年的信息进行提取，拟使用 Landsat 8 OLI 遥感影像，而其他年份均使用 Landsat 5 TM 数据。为了能以最佳的效果显示绿洲区，影像选择时主要考虑选择 6~9 月的影像。

完整覆盖监测区需要 11 景影像，但相邻两景影像之间存在比较大的重叠，需要选择时相较佳或质量较好者使用。所使用影像的空间分布及相互叠压的情况如图 2-2 所示（图中的数字为行列号）。可以看出，这些影像之间在"行"方向上重叠较多，而"列"方向上较少。

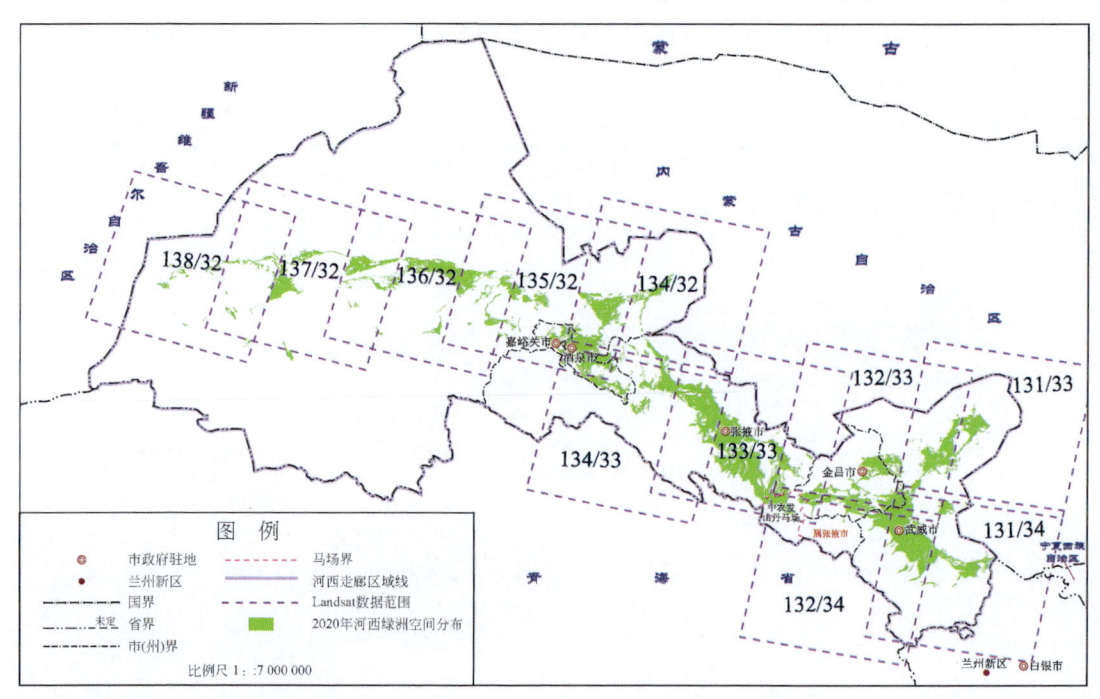

图 2-2 河西走廊绿洲区 Landsat 卫星影像数据空间分布图

根据遥感数据的具备情况，我们下载了各年份的数据。各年份影像获取的具体日期如表 2-1 所示，从表 2-1 中可以看出，1986 年的影像中，有 5 景获取于当年，而有 4 景获取于 1987 年，还有 2 景获取于 1988 年。这是由于这些地区在 1986 年由于云量或其他原因没有适合的影像可供下载，故采用相邻年份进行了替代。其他年份也有类似情况，如 1990 年的个别景采用了 1991 年甚至 1992 年的。因而，时相的"实不符名"，是本书的一个重要误差来源，但确实也是由于数据的"先天不足"而在迫不得已的情况下采取的无奈之举。

表 2-1　各年份各景 Landsat 影像时相表

行列号	1986 年	1990 年	1995 年	2000 年	2005 年	2010 年	2015 年	2020 年
134/32	1986-07-18	1990-08-30	1994-07-08	2000-07-08	2005-07-22	2010-08-05	2015-09-20	2020-08-18
134/33	1987-10-09	1990-08-30	1994-07-08	2000-07-24	2005-08-07	2010-05-08	2015-09-20	2020-08-17
132/33	1987-09-09	1991-06-16	1995-06-11	2000-08-11	2005-07-24	2010-06-04	2015-08-21	2020-06-23
132/34	1987-08-15	1990-06-20	1995-08-21	2000-08-18	2005-07-14	2009-06-24	2015-09-06	2020-06-15
137/32	1986-07-23	1990-08-19	1995-08-17	2000-07-13	2005-06-09	2010-07-25	2015-07-23	2020-07-16
135/32	1986-07-25	1990-08-21	1995-08-19	2000-07-07	2005-07-13	2010-06-09	2015-07-09	2020-07-22
133/33	1987-08-15	1990-06-20	1995-08-21	2000-08-18	2005-07-15	2009-06-24	2015-07-27	2020-08-19
131/33	1988-06-16	1991-06-25	1994-09-05	2000-07-18	2005-08-02	2011-07-18	2015-08-14	2020-09-13
131/34	1988-06-16	1992-07-29	1995-07-06	2000-07-19	2006-08-05	2009-08-13	2015-08-14	2020-09-21
136/32	1986-07-25	1991-09-16	1994-08-23	2000-08-31	2005-08-05	2010-06-16	2015-08-01	2020-07-08
138/32	1986-08-19	1990-09-14	1995-07-20	2000-05-17	2005-08-22	2010-06-24	2015-07-22	2020-06-18

2.2　高分辨率遥感数据

本书收集到民勤（2011 年、2012 年）、永昌（2011 年）和金塔（2012 年、2013 年）三县的高分辨率遥感影像数据，这些数据原本是地理国情监测所使用的数据，在本书中用于对沙漠化、绿洲化监测结果的验证。

2.3　基础地理数据

（1）地形图。地形图主要为航片与遥感影像的几何校正提供参考点、绿洲化/沙漠化提取和制图提供参考信息和基础地理信息、辅助开展野外考察等，以及在绿洲/沙漠化演变成因分析中提供地理环境信息。地形图数据为从甘肃省测绘局收集的覆盖绿洲区的 37 幅 1∶5 万地形图。图 2-3 为这些地形图的空间分布情况。

（2）地理国情普查成果。从原甘肃省测绘地理信息局申请到民勤、金塔、永昌三县 2014 年的地表覆盖分类数据，主要用于绿洲化和沙漠化信息提取的参考。

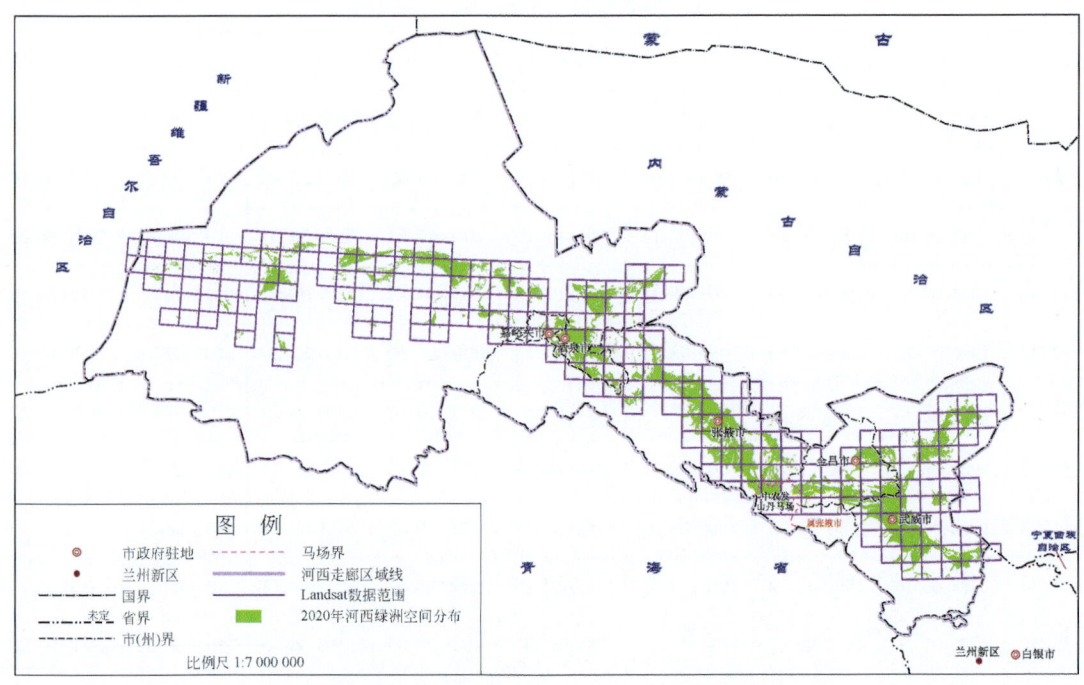

图 2-3　河西走廊绿洲区现有 1∶5 万地形图分布图

2.4　统计资料与其他地图资料

收集的统计年鉴与其他地图资料主要有：

（1）甘肃省、河西五市以及民勤县、金川区、永昌县、凉州区、天祝藏族自治县、古浪县、肃南裕固族自治县的社会统计资料。

（2）河西五市各县（市、区）的行政区划图。

第3章 绿洲化沙漠化信息提取及时空变化分析方法

绿洲化与沙漠化研究的前提是有效地将绿洲化与沙漠化信息从遥感图像中准确提取出来。绿洲化信息的提取中，有基于植被指数的阈值分割法、人工目视解译、基于机器学习的图像分类方法等；沙漠化信息的提取中，有基于遥感数字图像特征空间构建的方法、遥感图像地表特征反演方法等。众多方法中，究竟何种方法能够简单、快捷、准确地完成提取任务，是一个值得探讨的问题。本章通过对比分析并经过实际应用检验后，总结出能够快速、准确提取出绿洲化和沙漠化信息的方法并付诸应用。在此基础上，利用变化监测等手段探索分析河西地区绿洲化和沙漠化的时空过程及变化特征。

3.1 总体思路与流程

本章总体研究过程可划分为资料收集、资料处理、野外考察、信息提取、变化分析、成因分析、提出对策与建议七个步骤，具体如下（图3-1）。

（1）资料收集。主要是收集Landsat影像资料、统计和观测资料、地图资料、地理国情普查资料，以及前人研究成果等。

（2）资料处理。遥感影像预处理：主要包括辐射定标、几何校正、图像镶嵌及裁剪、图像重采样等；地图数字化：包括对行政区划图的数字化和部分地形图基础地理要素的数字化；同时，对社会经济统计数据进行录入。

辐射定标：主要是为了消除传感器本身所产生的误差，通过辐射定标像元的数字值转化为具有实际物理意义的辐射亮度值，是定量遥感研究的基础。本书通过ENVI 5.2所提供的工具，对所有的Landsat TM/Landsat 8 OLI进行辐射定标。

大气校正：遥感影像获取时，地物反射率会受到大气散射与吸收等因素的影响。大气校正的目的是消除大气传输过程中所带来的误差，将辐射定标获取的辐射亮度转换成地表实际反射率。

几何校正：遥感影像在成像过程中，由于地形起伏度、传感器自身等各种因素，造成影像目标与地面实际地物有所偏差，几何校正就是要对这种偏差进行误差修正。从USGS网站上下载的Landsat TM/OLI影像已经经过系统几何校正。经过系统校正的Landsat TM/OLI影像几何精度较高，可以满足大范围绿洲监测的要求，因此从USGS直接获取的影像不进行几何校正。但有三景Landsat TM数据是购买的，它们是没有经过系统校正的影像，几何误差较大，因此我们利用相邻年份的影像对其实施了几何校正。

（3）野外考察。本书共开展了四次野外考察：第一次为了解研究区概况，认知绿洲化和沙漠化的基本特征；第二次为建立、检验判别标志；第三次为结果验证；第四次为补充验证和疑难区重点考察。

（4）绿洲化/沙漠化信息提取。先人为确定河西走廊绿洲总体分布范围，在该范围内进行绿洲化和沙漠化信息的提取。绿洲化和沙漠化均以五年为一个时间间隔进行提取，分别为1986年、1990年、1995年、2000年、2005年、2010年、2015年和2020年共八期。

（5）时空变化特征分析、成因分析和生态环境效应分析。此阶段是本书最为核心的阶段，是在完成绿洲化、沙漠化提取工作的基础上，对绿洲化和沙漠化进行定量的分析。

（6）生态环境效应评价。选取典型地区，对绿洲化和沙漠化的生态环境效应进行定量评价。

（7）对策建议。根据前面的研究结果，总结总体结论，有针对性地提出对策建议。

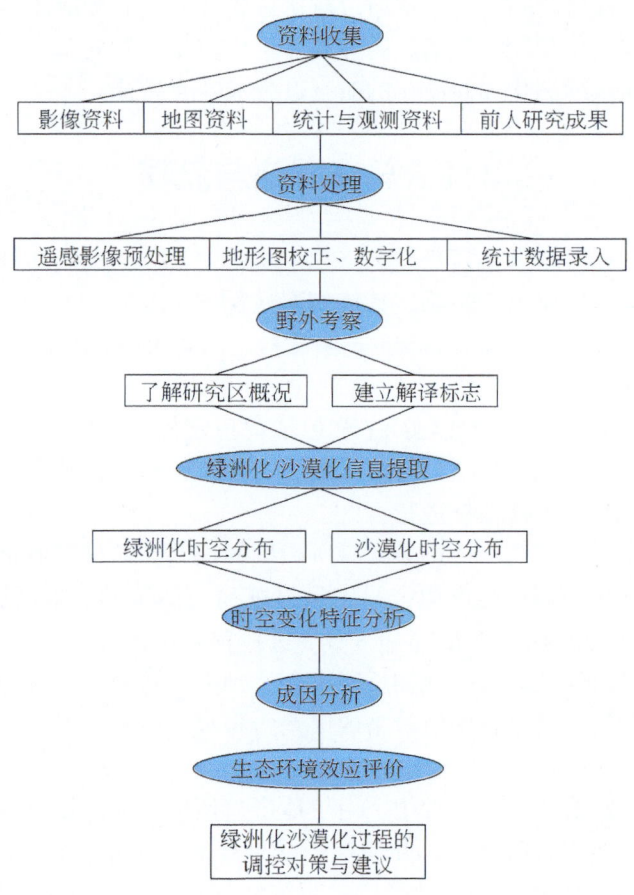

图 3-1　项目总体技术路线

3.2 绿洲化信息提取方法

3.2.1 绿洲的特征

绿洲指在大尺度荒漠背景基质上，以小尺度范围，但具有相当规模的生物群落为基础，构成能够维持相对稳定的、具有明显小气候效应的异质生态景观。我国有新疆北部绿洲、新疆南部绿洲、河西走廊绿洲、河套平原绿洲、柴达木盆地绿洲五大绿洲[13-14]。尽管其面积仅占我国干旱区总面积的3%~5%，但它却养育了干旱区90%的人口，创造了95%以上的工农业产值。

针对绿洲概念的研究主要集中在21世纪以前。通过总结前人的研究，得出的共识有以下三点：①绿洲是干旱地区的特有景观。②绿洲适于植物生长或人类居住，有较高产出量，应将其作为一个整体的系统考虑。③水是绿洲形成的基础，同时也存在以人类工业活动为导向的工业绿洲。因此，绿洲是荒漠中地面平坦、水源充足、适于植物生长和人类居住或暂住，并可供人类从事农、牧、工矿和科学试验等经济活动的地区[15]。

具体来看，绿洲有如下共同特征。

(1) 荒漠背景：绿洲存在于干旱或半干旱荒漠背景之中，为大尺度干旱背景下的小尺度景观。

(2) 稳定水源：绿洲具有稳定、充足的天然径流，或是地下水位较高，抑或具备人工灌溉设施，灌水充盈。

(3) 植被茂盛：无论哪种绿洲定义，都十分强调植被的主体性地位，绿色植被是绿洲的基本特色或基本生命体，不同绿洲类型会呈现出不同的非地带性植被景观。一般认为植被应该"稠密""茂盛""繁茂"，且应具有较高产出量或第一性生产力。绿洲植被以中生或旱中生植物为主，也不排除湿生植物。

(4) 地面平坦：绿洲发育的地区地形平坦。

(5) 土壤肥沃：绿洲又被称为"沃洲"或"沃野"，是荒漠中肥沃的土地。

(6) 适于人类居住：英文绿洲的原始含义既能"住"又能"喝"，具备起码的生存条件，可供人们暂时或长期居住。

(7) 高效产出：绿洲具有旺盛的生产力。

(8) 生态特性：绿洲一般应构成独特的生态地理系统，或自然生态系统（天然绿洲），或人工生态系统（自然-人工复合生态系统）。

由此，我们将绿洲界定为包括水源充足、植被生长良好的天然绿洲和农牧业区、居民点、城市、工矿建筑等人工绿洲两类的总和。绿洲的提取定量表达为植被覆盖度在某一范围的所有非裸露地表和受人类活动影响所形成的区域经济文化建设单元。因此，绿洲化不仅仅指植被的变化，还包括城市的扩张、经济建设用地的扩增等。

遥感技术的不断发展，使得在遥感影像上提取绿洲成为可能。绿洲提取涉及的两个关键问题：依据绿洲定义，判定绿洲范畴；根据绿洲遥感特征进行绿洲信息的提取。在利用遥感进行河西走廊绿洲范围提取的实践中，我们注意到对绿洲来说，只有大面积分布的植被是最容易识别的[16-17]。另外，绿洲主要是由植被（天然和人工）、建设用地（包括城镇和农村居民地）、水域三部分组成，因此基于遥感影像的绿洲信息提取，需要对这三大组成部分的特征进行详细的分析，建立适宜的、可操作的提取规则[18-20]。

为了能够完整地表达河西走廊绿洲的时空变化过程，首先对整个河西走廊的绿洲进行提取，得到河西走廊1986～2020年每五年间隔的绿洲数据；然后通过对相邻年限绿洲的矢量数据进行叠置分析，获得绿洲化结果，进而实现对绿洲变化的时间和空间层面的分析。

3.2.2 绿洲植被信息提取

植被是绿洲的主体，在整个绿洲中占据着绝对的统治地位，因此植被信息的提取至关重要。植被在红光和近红外波段不同的反射特性，是植被遥感监测的物理基础，通过这两个波段不同的组合可以得到不同的植被指数，其中归一化植被指数应用最为广泛。本书也选取归一化植被指数进行植被信息的提取[18-19]。

绿洲的提取流程如图3-2所示。首先对Landsat 5 TM/Landsat 8 OLI原始影像进行预处理得到地表反射率，之后反演归一化植被指数（normalized difference vegetation index，NDVI）。NDVI的计算公式为：NDVI=(NIR−R)/(NIR+R)，其中NIR和R为近红外和红光波段反射率。再使用OTSU阈值法对NDVI图像进行自动阈值分割后，进行精度检验，符合精度要求时作为绿洲提取的结果，不符合时再重新进行阈值分割。

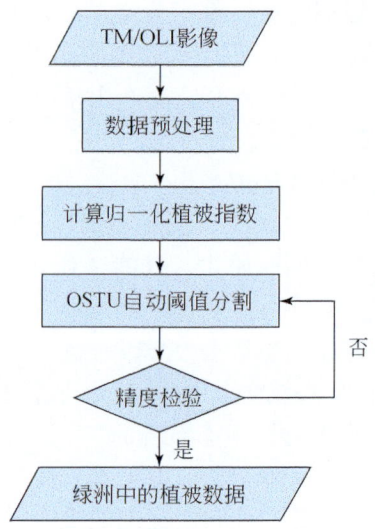

图3-2 绿洲植被提取流程

OTSU 阈值法，是通过影像增强技术将目标与背景光谱值之间的差异扩大，再通过编程将两者间方差达到最大时的光谱值计算出来，然后利用该值将目标从背景中分离的方法。OTSU 算法（最大类间方差法）是由日本学者大津展之于 1979 年提出的，是一种自适应的阈值确定的方法，又叫大津法，简称 OTSU。它是按图像的灰度特性，将图像分成背景和目标两部分。背景和目标之间的类间方差越大，说明构成图像的两部分的差别越大。将部分目标错分为背景或部分背景错分为目标，都会导致两部分差别变小。因此，使类间方差最大的分割意味着错分概率最小。

该算法主要包括以下四个步骤：首先，计算图像的直方图，将图像所有的像素点按照 0~255 共 256 个 bin，统计落在每个 bin 的像素点数量。其次，归一化直方图，也即将每个 bin 中像素点数量除以总的像素点，使其限制在 0~1。再次，设置一个分类的阈值 i，即一个灰度级，开始从 0 迭代。通过归一化的直方图，统计 0~i 灰度级的像素（假设像素值在此范围的像素叫作前景像素）所占整幅图像的比例 w_0，并统计前景像素的平均灰度 u_0；统计 i~255 灰度级的像素（假设像素值在此范围的像素叫作背景像素）所占整幅图像的比例 w_1，并统计背景像素的平均灰度 u_1。设图像的总平均灰度为 u_2，类间方差记为 g。最后，将最大 g 相应的阈值作为图像的全局阈值。

绿洲提取时，首先对 NDVI 进行阈值分割，得到植被覆盖图层。但是由于河西走廊的地域范围辽阔，从东到西长达近千千米，而且南北方向海拔差异比较显著，再加上各景影像获取的时间不同，时相早晚之间相差数月，故无法在全研究区采用一个统一的 NDVI 数值作为阈值，而是在不同区域采用了不同的值。即便强行采用统一的阈值，仍会产生部分区域的绿洲提取过于宽泛，而在另一部分区域过于严格的情况，即把有些不是绿洲的区域识别为绿洲，但把是绿洲的区域却排除在外了。在实际的具体操作时，我们可以以景为单位，在景内采用相同的阈值，而景间有所不同[21-23]。

表 3-1 是研究人员在反复试验的基础上，最终确定的各年份各景影像在各个片区的阈值。从表 3-1 中可以看出，表 3-1 中共有 104 个阈值，对应 8 个年份，每个年份 13 景影像。其中有 2 景影像（131/34 和 138/32）在不同的片区采用了不同的阈值。全部阈值中，最小的为 0.18，最大的为 0.44，但大多在 0.25~0.35，全部阈值的平均值为 0.31。将各个年份各景影像的阈值与前面确定的绿洲化和沙漠化监测范围相叠加，就可以得到不同片区的阈值空间分布图（图 3-3）。

由于人工绿洲一般具有相对清晰的边界，边界内外 NDVI 的差异悬殊，故阈值的使用主要为天然绿洲和过渡区域带来了便利，从而避免了人工划分绿洲边界的主观性和不同工作人员之间的差异性，同时也提高了提取工作的自动化和智能化。

绿洲范围的最终确定，还要规定规模及面积标准。这是因为现实中的绿洲并不是铁板一块，均匀分布的，而是在其内部有大大小小的类似于"荒漠"的地块存在。另外，除了集中连片分布的"大"绿洲以外，有许多绿洲是以孤立的岛状或片状，甚至斑点状存在的，对这些绿洲的提取，也必须要规定一个适当的规模阈值。关于最小提取面积，须遵循以下两点规定：

表 3-1　各景影像提取绿洲 NDVI 阈值

行列号	1986 年	1990 年	1995 年	2000 年	2005 年	2010 年	2015 年	2020 年
131/33	0.29	0.29	0.27	0.24	0.28	0.34	0.25	0.28
131/34（南片）	0.28	0.30	0.31	0.35	0.31	0.28	0.44	0.32
131/34（北片）	0.35	0.30	0.25	0.25	0.20	0.20	0.18	0.25
132/33	0.31	0.40	0.36	0.32	0.34	0.38	0.41	0.36
132/34	0.30	0.30	0.36	0.30	0.42	0.43	0.38	0.36
133/33	0.30	0.38	0.33	0.30	0.33	0.38	0.32	0.33
134/32	0.31	0.25	0.35	0.35	0.40	0.38	0.37	0.34
134/33	0.20	0.25	0.38	0.38	0.33	0.36	0.38	0.33
135/32	0.27	0.28	0.25	0.25	0.25	0.30	0.30	0.28
136/32	0.30	0.26	0.30	0.25	0.25	0.30	0.30	0.29
137/32	0.24	0.28	0.30	0.35	0.35	0.28	0.26	0.29
138/32（西片）	0.24	0.22	0.22	0.26	0.24	0.25	0.22	0.24
138/32（东片）	0.32	0.32	0.34	0.35	0.35	0.35	0.26	0.33

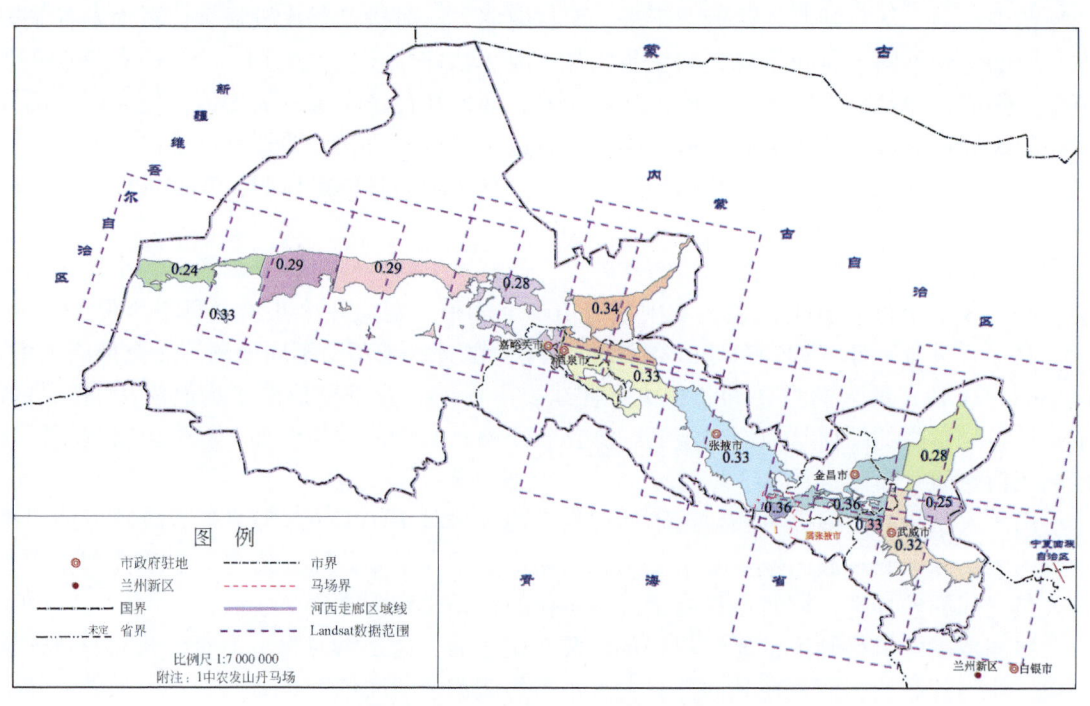

图 3-3　河西走廊绿洲提取 NDVI 空间分布图（2020 年）

（1）绿洲内部允许存在的最小非绿洲面积为不大于 6 像元×6 像元。即只有当绿洲内非绿洲的面积达到 36 个像元的规模时，才被标识为荒漠，小于此规模时则被视为绿洲。

可以说，这个规定还是很严格的，规定了绿洲与荒漠在面积上的区分标准，从而有效保证了整个研究的精度。

（2）小于等于3个像元的孤立绿洲不作为绿洲看待。在相当广泛的程度上，绿洲和荒漠是交错分布的，尤其是在流域的下游地区，绿洲和荒漠组合镶嵌、互相渗透的情况非常普遍。对于这些呈离散片状分布的绿洲，必须确定一个阈值才能判断其是否为绿洲。在现实中，3个像元为270m^2，即0.4亩（1亩≈666.67m^2），是一个很小的值。这个规定表明我们对绿洲提取的要求是非常严格的，即使是半亩地大的地块，也是不想将其从绿洲中排除出去的。6像元的最小非绿洲判定标准和3像元的绿洲判定标准的确定，与本书中30m分辨率的遥感影像是相适应的。

3.2.3 绿洲水域信息提取

干旱区有水才有绿洲，稳定的水源是绿洲存在的基础。河西地区的水域主要包括大大小小的湖泊、沟渠、水库、池塘等面状、片状和线状水体。而且"水体"的变化比较频繁，影像中的"水面"信息，大多数也只能代表拍摄瞬间的水体情况，直接以影像上"水面"的信息来代表该年份全年是不准确的。因此，关于绿洲中"水体"的提取，提出了以下几个规则（表3-2）：

表3-2 水体解译标志

类型	成像时间	光谱特征	形态	纹理	邻接特征	样图
水体	—	浅蓝色、蓝色、深蓝色、黑色	几何特征较明显，河流多呈带状分布，坑塘多为规则的几何形状	没有明显纹理特征	周围必须有长势较好的植被或农业、工业区	
河滩地	—	—	无明显几何特征	没有明显纹理特征	前后期有水覆盖	

（1）绿洲主体的内部，被大面积的植被（一般为耕地）或工业用地包围的水体，一律视为绿洲的组成部分。

（2）孤立于绿洲之外的水库、坑塘以及荒漠区内偶然出现的地表径流，不计为绿洲的组成部分。

（3）水体的范围不仅包括影像上瞬时的水面，还要结合上下期的影像信息，综合确定其年内正常情况下水面覆盖的范围，不能失之偏颇。一般来讲，河流提取的是多年形成的河道，水库提取的是水库的轮廓，池塘提取的是多年形成的稳定的范围。

（4）水体的两岸往往会有时断时续、或大或小的河滩地（如黑河在甘州、临泽、高台各区县沿岸），为了反映区域生态环境的变化，根据其植被覆盖度来判定是否属于绿洲。具体实施时，若植被覆盖度大于15%，属于绿洲，否则为非绿洲。

3.2.4 绿洲建设用地信息提取

干旱区的居民点、道路以及工矿用地等，其内部结构复杂，边界特征往往不明显，尤其是色调特征与周边的荒漠区分困难，仅根据遥感影像采用自动提取的方法不易获得，所以需辅以人工目视解译。

建设用地包含城镇用地、农村居民点、道路和工矿用地。城镇用地多位于绿洲中心地区，有规则的几何形状，具有一定的规模，有的沿道路呈条带状分布，有的呈向四周发散状。大型的城镇用地的建成区在影像上明显区别于其他地物类型，比较好辨认。但如果其地处戈壁或荒滩之中时，边界不好界定，则需要根据影像判别标志人工确定。

农村居民点单个的规模较小，往往呈明显的几何形状，如方形或者带状，容易识别。但其数量非常庞大，分布十分分散。有的分布在绿洲的内部，完全被植被包围，这部分比较好识别。但也有的处于绿洲与荒漠的边缘地区，或完全处于荒漠之中，由于和荒漠背景相似，容易遗漏，只能依靠其微弱的组合特征进行判别。

道路在影像上呈线状分布，多为高速公路、铁路等宽阔道路，形状规整，且其长度很长，自然顺直，易于识别。

工矿用地当处于荒漠之中时，由于其具有与荒漠不同的色调以及明显的纹理特征，是比较容易辨别的。工矿用地规模都比较大，有些正处于建设阶段，内部存在较多的空地。如果将这些空地划为绿洲，则难以体现绿洲的本质特征，因此在本书中将其已建好的厂房或不透水面部分归为绿洲，其他空闲地则不视为绿洲。这样也体现了绿洲化是一个循序渐进的过程的事实。建设用地种类较多，涉及的情况比较复杂，建设用地的解译标准如表3-3所示。

绿洲信息提取后，需要对提取的结果进行精度验证。为了保证绿洲提取结果的准确性，研究团队对研究区进行了三次考察，考察时间分别为2020年1月、2020年6月和2020年8月。全部野外验证点的分布情况如图3-4所示。

对于早期影像所反映的绿洲变化比较大的区域，通过询问当地的农户进行核实；对于近期绿洲信息的验证，主要通过GPS定位进行实地验证。实地验证和调研结束后，对错分的绿洲进行了原因查找，对于涉及阈值的全局性问题，通过调整阈值重新进行提取；对于局部的非普遍性问题，采用人工的方式予以修改。经过反复的调整，最后得到满足精度要求的绿洲数据分布图。

表 3-3　建设用地解译标准

类型	成像时间	光谱特征	形态	纹理	邻接特征	样图
居民点	—	—	几何特征较明显，条状或带状分布	部分居民点纹理特征明显	沿道路分布或者在荒漠绿洲边缘	
城镇/工业用地	—	—	几何特征较明显，成片分布的房屋或工厂，规模较大	没有明显纹理特征	沿道路分布，绿洲内部或荒漠区	

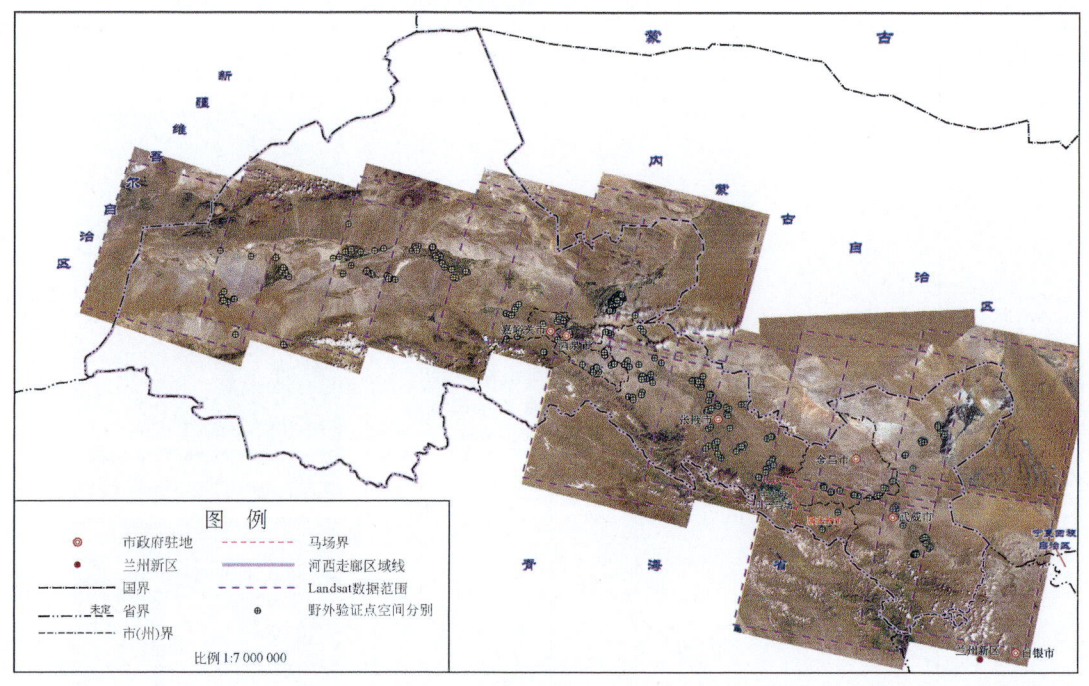

图 3-4　绿洲提取结果验证点分布

3.3　沙漠化信息提取方法

根据沙漠地区在遥感图像上特有的光谱反射特征以及遥感图像波段反演的优势，本书将基于遥感图像的沙漠化信息进行提取，提出三种不同的方案：一为基于遥感图像反射光谱特征的沙漠化信息提取；二为基于地表反射率及地表特征参数反演方法的沙漠化信息提取；三为基于图像特征空间构建的沙漠化信息提取[24]。

3.3.1　基于遥感图像反射光谱特征的沙漠化信息提取

本书选用归一化建筑指数（normalized difference build-up index，NDBI）作为沙漠化信息提取的主要参数[25-27]。NDBI 的主要特征是地表裸露程度越高，NDBI 值越大，所以在影像的 NDBI 统计曲线中，沙漠曲线靠向坐标横轴的右侧［图 3-5（a）］。对比发现，使用阈值 NDBI>0 就基本实现了对荒漠化（包括裸地和沙漠）和非荒漠化区域的区分。

W 作为表征地表水分含量的特征量，其主要特征为水分含量越低，W 值越小。沙漠为异常干旱的地表类型，其 W 的统计值极低［图 3-5（b）］。

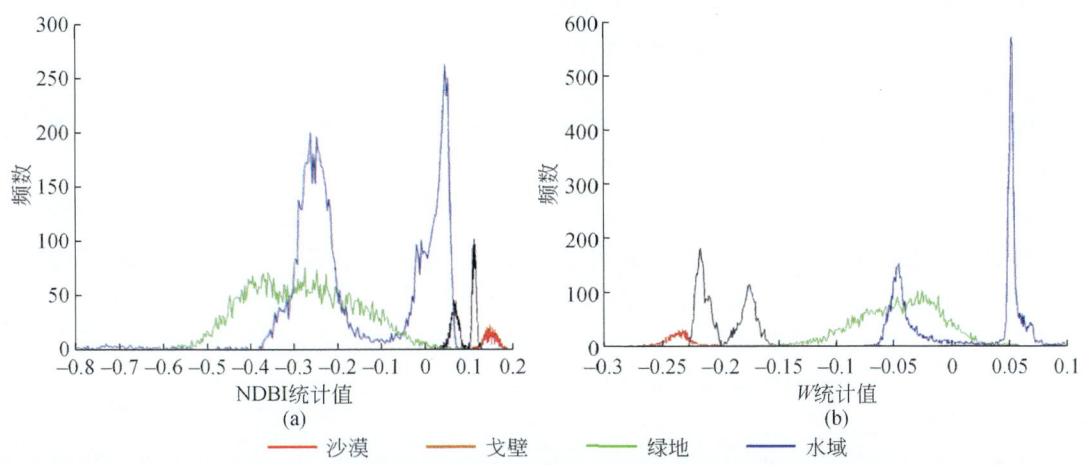

图 3-5 几种不同土地利用类型的 NDBI（a）和 W 统计值（b）

所以，查找沙漠的 NDBI 和 W 阈值，对符合条件的重复图斑进行提取，然后通过对沙地指数（sand surface index，SSI）的分割，可获得地表沙漠化结果。

该方案使用归一化建筑指数 NDBI 和穗帽变换湿度分量 W 作为提取的主要特征量。

在具体提取时，可先对两期影像进行变化检测，然后使用 MATLAB 程序获得 OSTU 阈值，实现影像分割，识别出发生变化的区域 [图 3-6（a）]。

再进行沙漠化信息的提取，技术路线如图 3-6（b）所示，主要通过沙地指数进行：

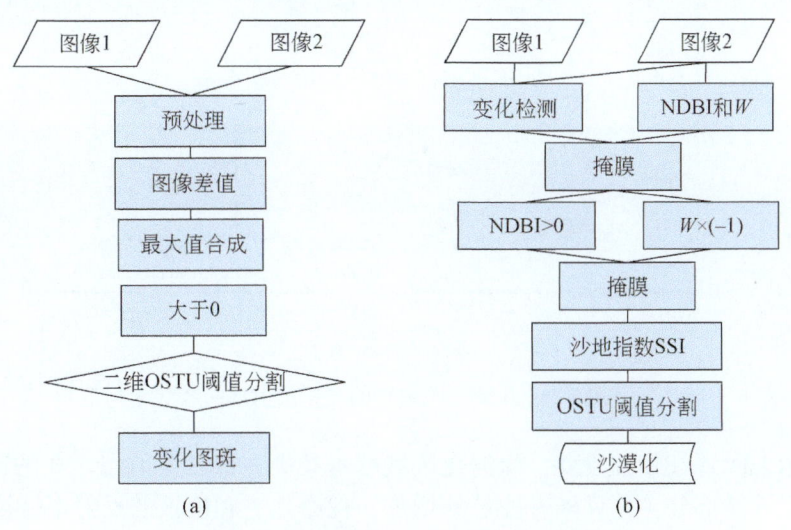

图 3-6 变化监测技术方法（a）和沙漠化监测方法（b）

$$SSI = \log\left[\left(\frac{NDBI}{NDBI}+1\right)\times\left(\frac{W}{W}+1\right)\right] \qquad (3-1)$$

式中，基于 Landsat TM 影像的归一化建筑指数 NDBI =（B5−B4）/（B5+B4）（B4 和 B5

分别为红光和近红外波段的反射率);W 为穗帽变换湿度分量。

基于遥感图像物理特征固定转换方法的沙漠化信息提取的具体流程如下。

1) 穗帽变换

穗帽变换又称 K–T 变换,它实质上是一种根据影像像元灰度向量在多光谱空间的分布特征,对影像实施的旋转平移变换。

对于 TM 影像而言,变换后第一变量 y_1 为亮度分量,是六个波段亮度值的加权和,反映了影像总体的亮度变换。第二变量 y_2 为绿度分量,反映的是近红外与可见光波段的对比关系,也叫绿度指数。第三变量 y_3 为湿度分量,是与土壤湿度/水分状况有关的特征量,反映了可见光与近红外波段以及短波红外 1(B5)、短波红外 2(B7)波段的差值,而植被和土壤的湿度在 B5 和 B7 波段是最为明显的。

2) 图像差值

图像差值是两期反射率影像对应波段相减之后所得的数值。影像上对应像元的地表覆被变化越大,差值也越大。

如图 3-7 所示,在短波红外波段,沙漠的反射率明显较其他波段高,且远远大于其他地表类型。此外,其反射率基本上具有随波长增加呈不断增大的趋势。

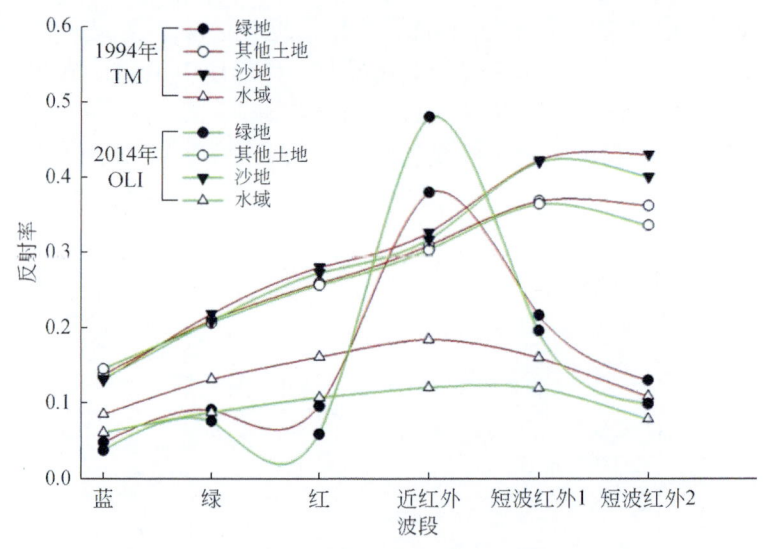

图 3-7 几种不同地物的光谱反射率曲线

统计显示,除近红外波段外,绿洲化区域基本集中在像元差值小于 0 的部分,而沙漠化则位于大于 0 的部分,并且随着波长的增加,裸露地表和植被的反射率特征更加明显。所以,对红光波段、短波红外 1 和短波红外 2 波段进行差值运算,然后使用最大值合成法 (maximum value composition, MVC) 对进行差值运算后的图像进行大于 0 的像元提取,便可以得到所有地表反射率增加的区域,这些区域包括了沙漠化所在区域。

3) 最大值合成

这是一种从一组数中选择其中最大值的方法。ENVI 5.1 中,多个波段的最大值合成是使用波段运算（band math）工具，通过语句 $b_1>b_2>\cdots>b_n$ 来表达（b_1，b_2，$\cdots$，b_n 为遥感影像的多个波段）。差值越大，说明影像的特征差异就越大，对应的地表覆盖变化也就越明显。由于不同地物在各波长处的表现特征不尽相同，所以使用最大值合成方法所得到的值，就是能最大限度地反映其他土地向沙漠化转换的值。

4）二维 OTSU 阈值分割

二维 OTSU 阈值分割的基本原理，是通过概率统计的方法，确定影像中目标和背景的类间方差达到最大值时的分割门限。

假如有一幅 $M\times N$ 的灰度图像，设 $f(x,y)$ 为以 (x,y) 为中心的 $k\times k$ 邻域内的平均灰度值，定义二维直方图 $N(i,j)$ 的值表示为像素灰度值 $f(x,y)=i$ 且像素邻域平均灰度值 $g(x,y)=j$ 的像素的个数。如果设二维直方图中对图像进行分割的门限向量为 (s,t)，w_0 为目标 c_0 在整景影像中出现的概率，那么目标 c_0 和背景 c_1 的类间方差为

$$S=\frac{[w_0(s,t)u_{zi}-u_i(s,t)]^2+[w_0(s,t)u_{zi}-u_j(s,t)]^2}{w_0(s,t)(1-w_0(s,t))} \quad (3\text{-}2)$$

式中，u_z 为总体均值。

在二维直方图中，对阈值 (s,t) 进行遍历搜索，当 S 取得极大值时得到的值 (s_0,t_0) 即为最佳分割门限。定义 $f(x,y)=\begin{cases}0; f(x,y)<s_0, g(x,y)<t_0\\1, 其他\end{cases}$，由此完成图像分割。

具体工作中，可以将待分割波段的像元值以文本的方式保存，通过运行 OSTU 方法的 MATLAB 程序得到该分割门限，然后使用该阈值在 ENVI 5.1 中进行影像分割。

3.3.2　基于地表反射率及地表特征参数反演方法的沙漠化信息提取

前节所述的沙漠化信息的提取方法是通过对影像本身的变化检测，并结合遥感影像反演得到的其他地表特征参数进行沙漠化信息提取。这种方法虽然能对遥感影像的反射率信息加以充分利用，当影像的时相一致时，得到的沙漠化结果较好，但该种方案过于依赖反射率本身。受时相和物候差异的影响，基于反射率的变化检测在反映沙漠化时往往不够灵敏，山体等特征以及耕地轮作等现象都会对沙漠化信息提取造成影响[28]。

在信息提取过程中发现，通过对不同时相的 NDBI 进行变化检测，并使用最大类间方差（OSTU）的方法得到分割阈值，也可以实现沙漠化信息的提取，且这种方法在反映沙漠化信息方面更加稳定、灵活性更高，提取的结果更加可靠（图 3-8）。

不同地物的 NDBI 统计曲线反映出沙漠的 NDBI 特征与其他地物的区别较大，这个现象比较充分地说明了使用该指标进行沙漠化信息提取具有良好的可行性。

基于遥感影像的沙漠化信息提取常以信息分层获取为主要方式。但本方案突破了传统方法的束缚，通过对不同地表特征指标的变化检测，实现沙漠化信息提取。本方案较方案一更加简单，处理步骤更少。从所提取的沙漠化信息看出，使用该方法得到的沙漠化结果，受戈壁、裸地等因素的影响较小，结果更加准确可靠。

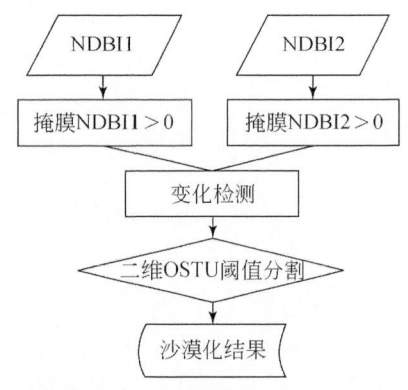

图 3-8 沙漠化提取方案二流程图

3.3.3 基于遥感图像特征空间构建的沙漠化信息提取

研究表明,沙漠化程度分别在归一化植被指数(NDVI)和地表反照率(surface albedo)的一维特征空间中有显著的线性相关关系,建立一个归一化植被指数和地表反照率的二维特征空间可以更进一步显示沙漠化程度。利用地表在 albedo-NDVI 空间的形态特征,提取荒漠化差值指数(desertification difference index,DDI)来获取干旱区荒漠化的时空动态变化具有一定的可行性[29-30]。

DDI 在直观上表现为 albedo-NDVI 空间中垂直于 A-C 边的各分割直线的位置,其意义则反映了不同沙漠化土地在 albedo-NDVI 空间的地表水热组合与变化的差异。实验与对比分析发现,DDI 能将不同沙漠化土地较好地区分开来。因此,在沙漠化监测中可选用能够反映地表水热组合与变化的沙漠化差值指数(DDI)作为监测的指标。

(1) albedo(地表反照率反演模型)。

利用 Liang[31]建立的 Landsat TM 数据反演模型估算了研究区域的地表反照率模型。通过选取 Landsat TM 数据的不同波段反演后,得出地表反照率反演结果。地表反照率的计算方法如下:

$$\text{albedo} = b_1 \times 0.365 + b_3 \times 0.130 + b_4 \times 0.373 + b_5 \times 0.085 + b_7 \times 0.072 - 0.0018 \quad (3-3)$$

$$\text{albedo} = (\text{albedo} - \text{albedo}_{min}) / (\text{albedo}_{max} - \text{albedo}_{min}) \quad (3-4)$$

(2) albedo-NDVI 相关性分析。

在 albedo 数据中选取多个样本点,通过逐期提取样本点的 albedo 值。同时,保存样本点的经纬度。同样地,打开 NDVI 数据,按照上述方法逐期提取 NDVI 值,进行 albedo 和 NDVI 的相关性分析。根据提取的样本点的 albedo 值和 NDVI 值,建立表达 albedo 和 NDVI 相关性的散点图,并计算回归方程,求出 DDI 中所需的参数 k:

$$k = -1/a \quad (3-5)$$

分析得出,地表反照率和归一化植被指数具有显著的线性负相关性(图 3-9)。

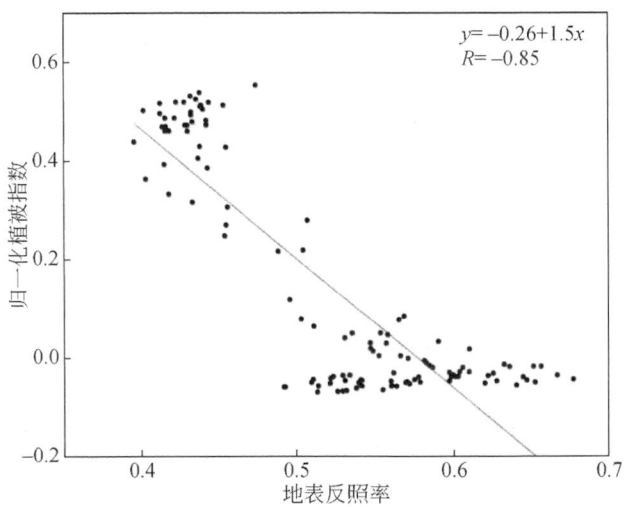

图 3-9 地表反照率与归一化植被指数的线性负相关性

（3）DDI（沙漠化遥感监测模型）。

不同荒漠化土地对应的归一化植被指数（NDVI）和地表反照率（surface albedo）具有很强的线性负相关性。根据此线性负相关性建立一个简单的二元线性多项式，并且用其在代表荒漠变化趋势的垂直方向上划分 albedo-NDVI 特征空间（图 3-10），便可将荒漠化程度不同的土地区分开来。

$$DDI = k \times NDVI - albedo \tag{3-6}$$

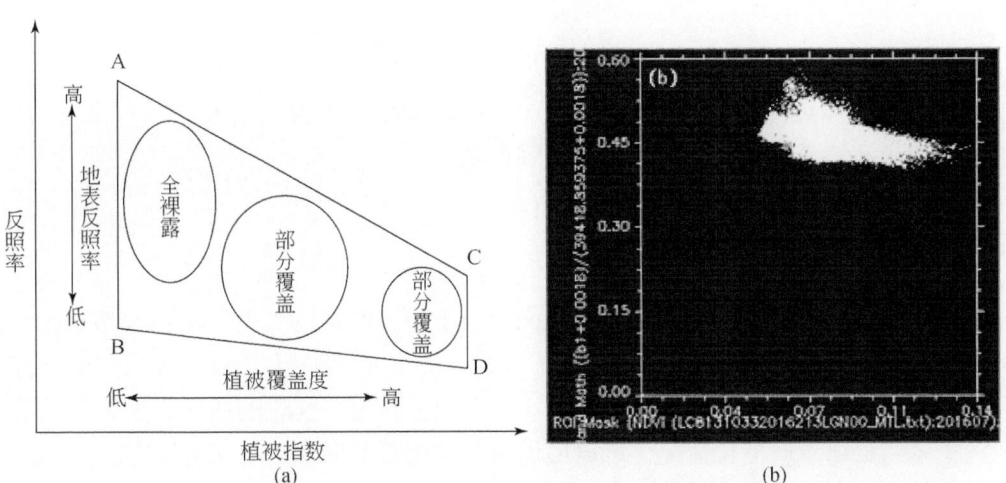

图 3-10 地表反照率和 NDVI 二维特征空间示意图（a）及 albedo-NDVI 特征空间散点图（b）

通过综合比较，本书选择方案二作为河西地区的沙漠化提取方法，以五年为间隔，共得到 1986~2020 年共八期结果。

3.4 绿洲面积变化及变化率分析方法

较长时间和大空间尺度的绿洲时空变化，可以基于 GIS 技术进行分析。本书将从绿洲变化的数量（面积）、变化趋势和变化分布三个层次对绿洲的时空变化进行分析[32-34]。

3.4.1 绿洲面积变化

绿洲面积的变化能够直观地描述一段时间内绿洲面积变化的大小，其数学表达式为

$$\Delta U = U_b - U_a \tag{3-7}$$

式中，U_a、U_b 分别为研究初期与末期的绿洲面积；ΔU 为研究时段区域绿洲面积变化量。

受影像可得性的限制，绿洲提取所选择的样本年之间的年份间隔并不完全相同。为了避免时间间隔不一致所造成难以对比的情况，可采用年平均面积变化，其数字表达式为

$$\Delta U = \frac{U_b - U_a}{T} \tag{3-8}$$

式中，T 为研究时段时长，单位一般为年。

3.4.2 绿洲变化率

绿洲的面积变化不能反映绿洲变化的幅度和速度，即绿洲变化的强度，基于此，可以选择绿洲变化率来描述绿洲变化的剧烈程度，其数学表达式为

$$K_s = \frac{U_b - U_a}{U_a} \times \frac{1}{T} \times 100\% \tag{3-9}$$

式中，K_s 为 0 表明绿洲处于稳定中，大于 0 表明绿洲处于扩张中，值越大扩张强度越大，小于 0 说明绿洲规模萎缩，值越小，萎缩强度越大。

3.4.3 双向动态度模型

绿洲变化率可以简明扼要地描述绿洲的变化强度，但它只考虑了绿洲的净变化量，没有考虑绿洲退缩与扩张这两个相反的过程。例如，在某段时间内，绿洲转出与转入面积都比较大，转换比较剧烈，但其变化率却很小，无法反映绿洲变化的活跃程度。为了清楚反映绿洲扩张与退缩双向变化情况，可以借助双向动态度的概念。

绿洲双向动态度以绿洲面积为基础，反映绿洲"扩张"和"退缩"两个方向的绿洲变化剧烈程度，具体公式如下：

$$K_{ss} = \frac{\Delta S_1 + \Delta S_2}{U_a \times T} \times 100\% \tag{3-10}$$

式中，ΔS_1 为研究时段内绿洲增加面积；ΔS_2 为绿洲减少面积。K_{ss} 值越大表示绿洲变化越

为剧烈，实际上表现的是绿洲的空间变动非常大这一本质。

3.5 变化趋势分析

绿洲变化的转移矩阵和趋势状态指数均通过扩张和退缩面积的大小来反映绿洲的流向。

3.5.1 绿洲变化转移矩阵

绿洲的变化包括扩张和退缩两个方面。绿洲的总面积变化是扩张与退缩相互抵消后的净变化量，不能体现绿洲"扩张"和"退缩"的数量[35-36]。因此，需要对各时期的"退缩"与"扩张"的数量变化进行进一步的统计分析，明确绿洲化和荒漠化过程主要发生在哪些年份。绿洲与荒漠的转移矩阵可以定量地描述绿洲退缩与扩张的动态变化，其数学表达式为

$$S_{ij} = \begin{vmatrix} S_{11} & S_{12} \\ S_{21} & S_{22} \end{vmatrix} \tag{3-11}$$

式中，S 为研究区面积；i 为研究初期土地利用类型，$i=1$ 为绿洲，$i=2$ 为荒漠；j 为研究末期的土地利用类型，$j=1$ 为绿洲，$j=2$ 为荒漠。

3.5.2 趋势动态度模型

绿洲的双向动态度可以反映绿洲变化的剧烈程度，但是不能反映绿洲的变化方向[37-38]。为了反映绿洲变化的方向，采用了趋势状态指数，公式如下：

$$P = \frac{\Delta S_1 - \Delta S_2}{\Delta S_1 + \Delta S_2} \tag{3-12}$$

式中，P 大于 0 绿洲朝着规模增大的方向发展，越接近 1，说明绿洲的转换方向主要为绿洲扩张，呈现非平衡态势，绿洲面积增加；P 小于 0 说明绿洲萎缩，越接近 -1，说明绿洲的发展态势越不平衡，绿洲以退缩为主，绿洲规模减小；P 越接近 0 说明绿洲的规模变化较小，绿洲呈现平衡态势。

3.6 绿洲化及沙漠化空间变化分析

3.6.1 变化强度分析

绿洲变化率用来表示绿洲整体的空间变化信息，但忽略了绿洲变化在广大空间上的巨大差异性[37]。因此，本书借鉴格网化的思想，将绿洲变化率指数运算的范围缩小到格网

单元内，以期对时空变化的细节信息有更好的描述。

格网化绿洲变化率的计算如式（3-13）所示。考虑到初期某些格网内的绿洲面积可能为0，我们用格网单元代替初始绿洲面积，则格网化的绿洲变化率公式为

$$K_{\mathrm{grid}_{T_1-T_2}} = \frac{S_b - S_a}{S_{\mathrm{grid}}} \tag{3-13}$$

式中，S_a、S_b 分别为研究初、末期格网内绿洲的面积；S_{grid} 为格网单元面积；T_1、T_2 为研究初期与末期时间；K_{grid} 为研究时期内绿洲的变化率。

格网化绿洲变化率不仅反映格网单元内绿洲变化情况，其空间分布也反映了绿洲空间分布的变化情况。

K_{grid} 只反映了两个时间断面一个间隔的绿洲变化情况，但对长期的变化却无能为力。对绿洲变化在长时间尺度上的刻画，可使用累积性变化率 CK_{grid}，其数学表达式为

$$CK_{\mathrm{grid}} = \sum_{i=1}^{N-1} \left| K_{\mathrm{grid}_{T_i-T_{i+1}}} \right| \tag{3-14}$$

式中，N 为选用的景观类型样本年数。

CK_{grid} 综合考虑了各期数据的影响，可反映长时间绿洲的变化情况。其值越大，说明绿洲变化越剧烈，越接近于0，说明绿洲越稳定。

3.6.2 变化模式分析

基于格网的绿洲变化率可以反映长时间序列绿洲变化的剧烈程度，但是这种变化忽略了绿洲变化的方向性信息。为了更加深刻地认识绿洲在一个比较长的时间内时空变化的总体规律和特征，可以依据绿洲出现的频率及其相应年份，对绿洲的变化模式予以划分。

变化模式的划分可以利用创建"综合编码"的方式来进行。这个编码既浓缩了格网单元的属性信息，即是否为绿洲的信息，又浓缩了时间，即年份信息，从而可以通过"一码"来判断其模式。

首先合并1986~2020年的绿洲数据，创建新的字段"综合编码"，该编码由八位数组成，每位数代表一个年份，从左到右依次为1986年，1990年，1995年，2000年，2005年，2010年，2015年和2020年，总共八期。若样本年绿洲存在，在综合编码中该年份为1，否则为0。根据排列组合的原理可以发现，"综合编码"字段将可能有127种不同的取值。

同时，对两个相邻年份的绿洲状态做差值运算，将其绝对值相加，得到斑块绿洲的累计变化率。总计有八期绿洲数据，累计变化率的取值为0~7。

将所有年份的绿洲状态指数相加（绿洲为1，非绿洲为0），得到记录绿洲出现频率的字段，利用数学统计方法，可以将34年的绿洲变化，大体分为稳定型、基本稳定型（前期存在型、后期出现型、阶段稳定型）、新近出现型、波动型和昙花一现型几种变化模式。绿洲类型综合编码的划分规则如表3-4所示。

表 3-4 绿洲变化类型的划分规则及编码

变化模式		划分规则	编码
稳定型		绿洲出现频率在七次以上	01111111、10111111、11011111、11101111、11111011、11110111、11111110、1111111
基本稳定型	前期存在型	从初期开始有连续三次以上绿洲	11100000、11100001、11101000、11110000、11100010、11100101、11110001、11100011、11111000、11100110、11110010
	后期出现型	从末期向前，存在连续三次以上绿洲	00000111、00001111、10000111、01000111、00100111、10001111、01100111、00011111、01001111、11000111、10100111
	阶段稳定型	存在连续三次以上绿洲，但不在初、末期	00011100、00001110、00111000、01110001、00111001、01111000、10111000、01001110、10001110、00111100、01110100、01110011、01111001、10011101、10111100、01111100、11011100
波动型		绿洲连续出现小于三次，且非绿洲状态大于两次	10000011、10010001、00001011、00010011、01000011、10000101、00011001、11000001、10100001、00110001、01100001、01010001、01001001、00101001、01100100、10100100、11000100、01000110、01011000、10001100、00100110、10000110、10011000、11001000、00110010、01010010、10001010、01100010、10010010、11000010、01010011、01100011、00011011、10001101、10010101、10001011、11000011、10010011、11001001、10110001、10101001、01011001、01100101、11001100、10100110、01100110、11000110、10110010、11010010、10011011、11001011、11001101、00001101、10000011、00000101、01000001、00100001、00101000、01001000、10001000、10010000、01010000、00001010、10100000、00100010、01000010、10000010
昙花一现型		绿洲不超过两次	00000100、00001000、00100000、01000000、10000000、00000010、00011000、00000110、00110000、01100000、11000000
新近出现型		近期五年内出现	0000011、0000001

3.6.3 区域差异分析

绿洲变化的区域差异可以从绿洲局部变化特征与全区变化特征对比中得出。具体计算时，可以使用绿洲相对变化率进行。绿洲相对率以绿洲单一动态度为基础，用以分析各子区域绿洲变化的差异，其数学表达式为

$$R=\frac{|U_b-U_a|\times C_a}{U_a\times |C_b-C_a|} \tag{3-15}$$

| 31 |

式中，U_a、U_b为研究子区绿洲初期和末期的面积；C_a、C_b为研究初期和末期全区域的绿洲面积。计算结果若R大于0，则该区域绿洲变化较为剧烈。

对于沙漠化而言，由于没有获得U_a、U_b、C_a、C_b的结果，故直接以两期之间新增的沙漠化面积，即ΔU进行表征。所以，沙漠化的时空变化只能进行年平均面积增长和变化强度的分析，分别使用式（3-7）和式（3-8）进行。

第4章 绿洲变化的多尺度分析

河西地区东西绵延近千千米，按流域划分为疏勒河流域、黑河流域和石羊河流域，按市级行政区划分为酒泉、嘉峪关、张掖、金昌和武威五个地级市，按县级行政区划划分为大约20个县（市、区），按乡级行政区划又可划分为100多个乡（镇）。绿洲是河西地区人类赖以生存的最基本地域，人们的生产生活基本均发生在绿洲范围内。合理的人类活动可以保证绿洲的良性发展，促进人与自然的和谐共生。研究绿洲变化的时空过程，尤其是在不同空间尺度上，对绿洲长时间序列的变化进行分析和总结，可以有层次地揭示绿洲演变的规律，发现绿洲发展中存在的问题，从而为合理调控和优化绿洲开发、经营行为奠定基础。

4.1 绿洲总体分布

基于Landsat卫星序列遥感影像，利用前述的提取方法，本书提取了1986年、1990年、1995年、2000年、2005年、2010年、2015年、2020年共八个时期的绿洲边界，得到河西走廊1986~2020年绿洲空间分布图（图4-1）。

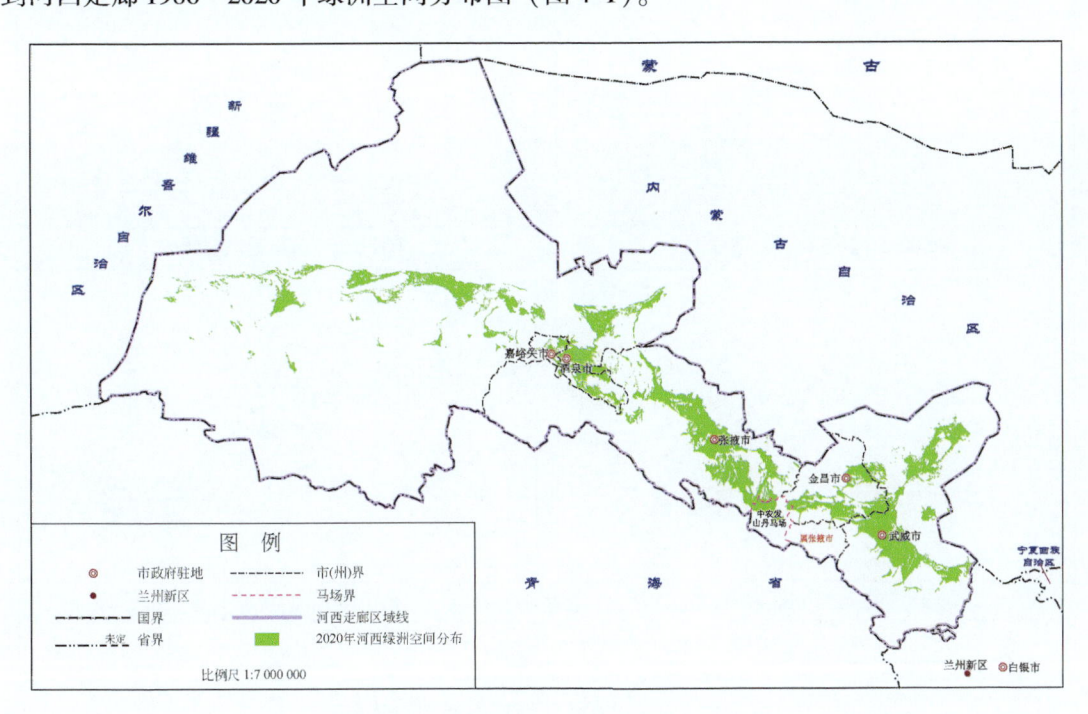

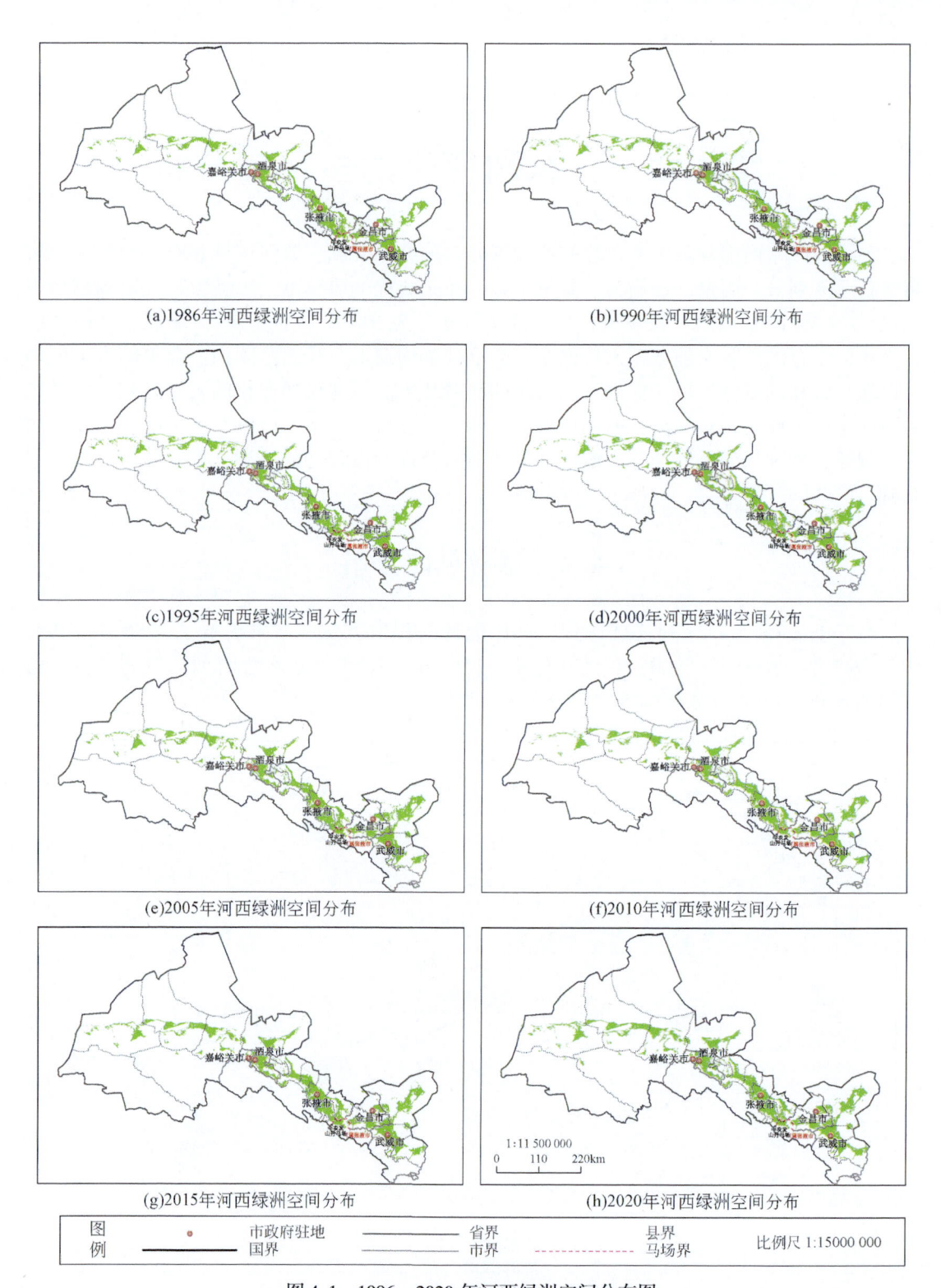

图 4-1　1986~2020 年河西绿洲空间分布图

从总体的空间分布上看，绿洲的空间分布具有相当的稳定性。由图 4-1 可以看出，各个年份绿洲的空间分布位置几乎没有改变，难以用肉眼观察到它们的区别。一方面是由于该图的比例尺过小，另一方面是绿洲的空间分布与当地的自然条件紧密关联，大的自然条件决定了绿洲的宏观分布有一定的位置和范围。事实上，绿洲的空间变化还是相当剧烈的，这正是本书后文所要着力分析的。

以 2020 年（图 4-2）为代表，对河西走廊绿洲的空间分布放大进行观察可以看出，绿洲以在走廊中部和东部地区分布相对集中，形状相对规则，整体性、连通性相对较好，而西部的绿洲则规模略小，分布较为分散，而且比较零碎。这与河西走廊西部地区比中东部地区地势更加平坦辽阔、气候更加干旱、河流更加短小、水资源更加短缺的自然环境特征密切相关。

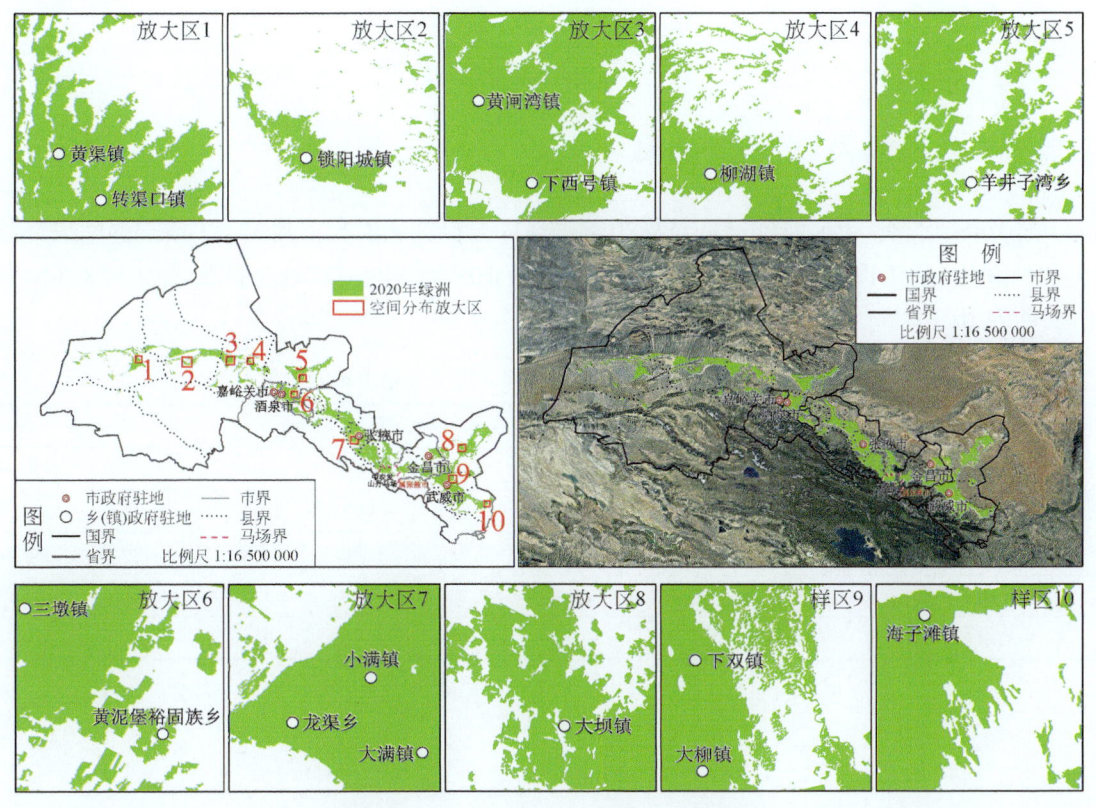

图 4-2　2020 年河西地区绿洲空间分布图

从绿洲在河流的上下游位置来看，中游地区的绿洲规模都比较大，而且在 1986 年之前已具有一定的规模，为绿洲的主要组成部分。尾闾地区的绿洲都比较破碎，并且面积较小，分散度高。这与干旱区的河流越向下游流量越小、最后分散漫流消失的特点也是适应的。

就河西走廊中东部地区的绿洲面积变化及其成因而言，张掖和武威两市大面积连片多年不变的绿洲决定了绿洲空间分布重心的基本稳定，绿洲空间分布未出现显著的迁移。这些绿洲整体位于各个内陆盆地第四系冲洪积松散物质堆积区，地势平坦，便于地下水贮存和地表水渗漏补给，能够实现地表水与地下水之间相互转化，地表水渗入地下后可以被机井开采或以泉水的形式露出地表被再次利用，为绿洲开发、工农业生产、水利建设提供了有利条件。

河西走廊西部地区绿洲以酒泉市瓜州县、玉门市、敦煌市、金塔县为主体，主要依托疏勒河流域而发展，规模相对较小，分布也比较零散。玉门市西部的大范围绿洲主要位于昌马灌区的冲积平原上，水源条件较好，多以农业绿洲为主，近34年来绿洲扩张比较明显。

图4-2显示的是2020年河西绿洲的空间分布情况，由于主图比例较小，难以反映绿洲空间分布的细节，该图用放大图的形式显示了10个典型部位的绿洲空间分布情况。

4.2 数量特征

4.2.1 总面积及绿洲变化率

对1986~2020年各时期绿洲总面积进行统计，得到如图4-3和表4-1所示的结果。从表4-1和图4-3可以发现，1986~2020年，河西走廊的绿洲一直处于扩张之中，绿洲面积由初期的10 708km²增加到末期的16 222km²，34年扩大了51.5%。

表4-1 河西走廊不同时期绿洲面积及变化情况统计表

指标	年份							
	1986	1990	1995	2000	2005	2010	2015	2020
面积/km²	10 708	10 947	11 913	12 783	13 855	14 279	15 478	16 222
面积增长量/km²	—	239	966	870	1 072	424	1 199	744
面积增长率/%	—	2.23	8.82	7.30	8.39	3.06	8.40	4.81
年均增长率/%	—	0.56	1.76	1.46	1.68	0.61	1.68	0.96

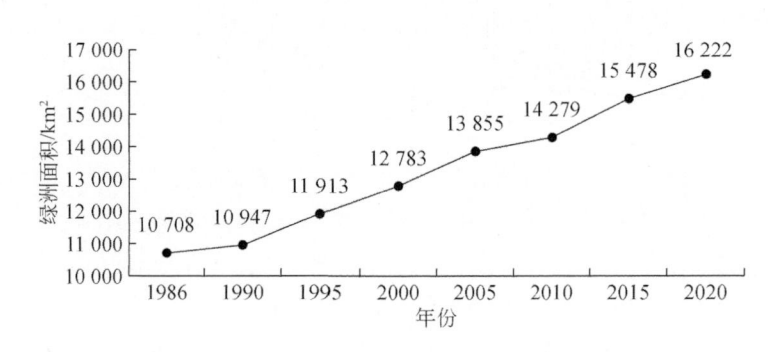

图4-3 1986~2020年河西走廊绿洲面积变化

如表 4-1 所示，河西地区绿洲的变化特征为：1986~1990 年河西地区绿洲总面积增长量为 239km²，1990~1995 年河西地区绿洲增长较为显著，总面积增长量为 966km²。进入 21 世纪后，河西地区绿洲继续保持增长势头，其中 2000~2005 年增长了 1072km²，2005~2010 年增长了 424km²，2010~2015 年增长了 1199km²，2015~2020 年增长了 744km²。其中，2010~2015 年的增长量在整个时间序列内达到最高，其次为 2000~2005 年。

如图 4-4 所示，从单一动态度来看，除 1986~1990 年、2005~2010 年、2015~2020 年外，其他四个时期的单一动态度都比较高，分别为 1.76%、1.46%、1.68%、1.68%，说明这几个时期，绿洲都处于显著扩张阶段。其中，1990~1995 年达到整个时间序列内的峰值。而 1986~1990 年、2005~2010 年、2015~2020 年的单一动态度分别为 0.56%、0.61%、0.96%，说明这几个时期是河西地区绿洲中增长相对较弱的几个时期，尤其是 1986~1990 年和 2005~2010 年。

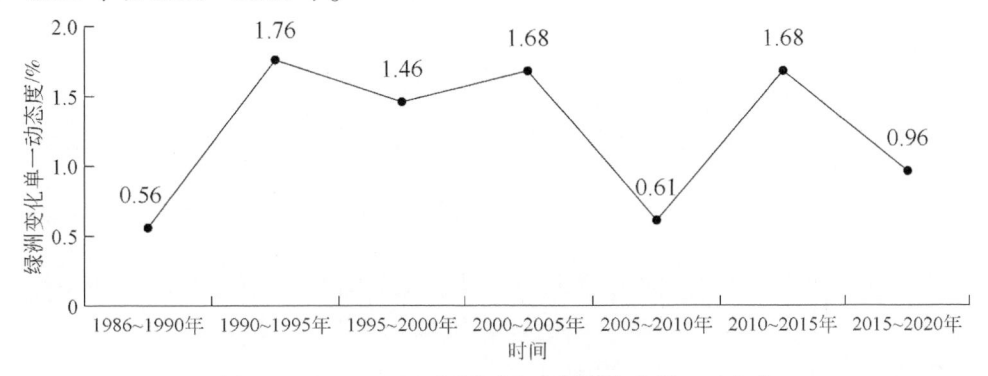

图 4-4　1986~2020 年河西走廊绿洲变化单一动态度

可以看出，1990~1995 年绿洲的扩张强度最大，其次为 2010~2015 年、2000~2005 年、1995~2000 年，其余时期绿洲的扩张强度都较小。其中，以 1986~1990 年为最小，2005~2010 年次之，2015~2020 年再次。因此，在时间尺度上，河西地区绿洲扩张强度的变化经历了"低（1986~1990 年）—高（1990~2005 年）—低（2005~2010 年）—高（2010~2015 年）—低（2015~2020 年）"五个主要阶段。

4.2.2　"扩张"与"退缩"的变化

上文所述为绿洲的"净变化"。研究时期内的绿洲扩张与退缩并存，"净变化"是扩张和退缩相互抵消以后的结果。要进一步探究绿洲变化的情况，还得从"扩张"和"退缩"两个方面进行分析。

由图 4-5（a）可知，研究时段内每两期之间绿洲扩张面积均保持在 800km² 以上，其中 2010~2015 年绿洲扩张面积最大（1808km²），1990~2005 年较大，分别为 1434km²（1990~1995 年）、1424km²（1995~2000 年）和 1472km²（2000~2005 年），而且持续时间较长。2005 年之后，绿洲的扩张进入了持续走低的阶段，2015~2020 年的扩张面积甚至低于 1986~1990 年。这说明绿洲扩张的规模越来越小，绿洲稳定性越来越强。总体来看，在 34 年中，绿洲扩张经历了一个"低（1986~1990 年）—高（1990~2005 年）—低（2005~2015 年）—更低（2010~2020 年）"的过程。

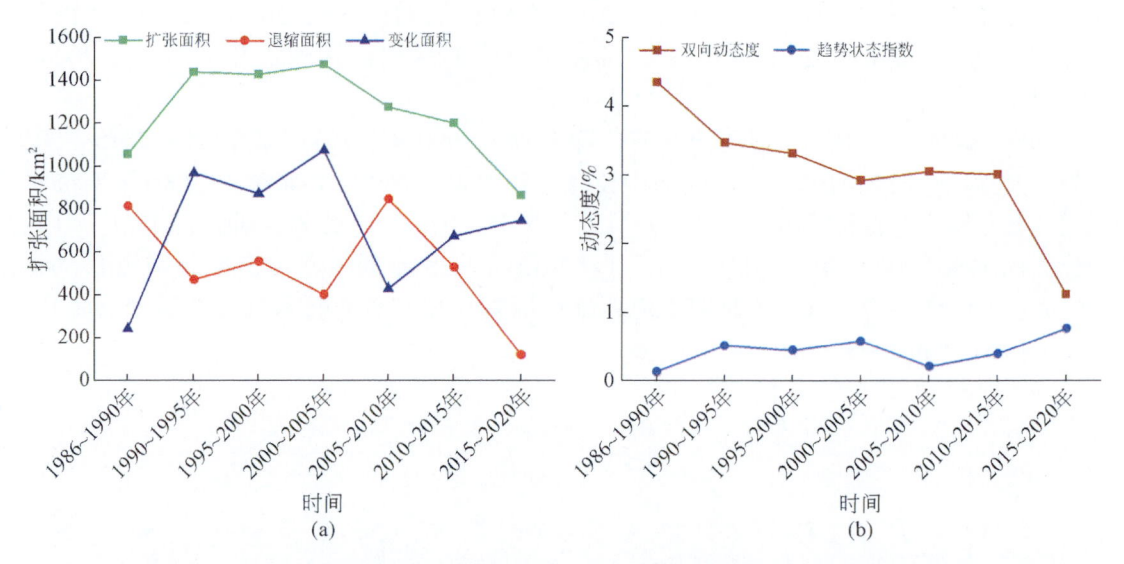

图 4-5　河西地区绿洲退缩与扩张面积（a）、双向动态度及趋势状态指数（b）

绿洲退缩面积在各个时期内均小于扩张面积，说明绿洲扩张是绿洲变化的主导方向。其中，1986~1990 年和 2005~2010 年绿洲的退缩面积较大，分别为 813km²、846km²。其余时期退缩面积较小，其中 2015~2020 年退缩面积最小，仅为 117km²。2010 年之后，绿洲退缩的面积也进入了持续减少的阶段。34 年间，绿洲退缩的总体趋势为"高（1986~1990 年）—低（1990~2005 年）—高（2005~2010 年）—低（2010~2015 年）—更低（2015~2020 年）"。

可以看出，河西地区的绿洲在 2010 年之后进入了一个扩张和退缩都持续下降的过程，说明绿洲在空间上的变化不再剧烈，绿洲的稳定性逐渐增强。

双向动态度反映了绿洲与非绿洲转换的剧烈程度。从总体趋势上看[图 4-5（b）]，绿洲的双向动态度在 1986~1990 年处于高位，在 1990~1995 年之后有一个迅速下降，1995~2015 年是相对平缓稳定下降的，表明绿洲和荒漠之间的转换越来越少。2010 年之后，绿洲的双向动态度迅速降低，表明两者之间的转换进一步减少，绿洲更趋于稳定。

从趋势状态指数[图 4-5（b）]看，1986~1990 年和 2005~2010 年两个时期的趋势状态指数较小，趋近于零，可以认为这两个时期的绿洲变化较其他年份更加平稳。从整个 1986~2020 年来看，绿洲呈现出"平衡（1986~1990 年）—非平衡（1990~2005 年）—平衡（2005~2010 年）—非平衡（2010~2020 年）"的态势。

4.3 基于三大流域的绿洲变化特征分析

河西走廊自东向西，保持县级行政区划相对完整的原则，可分为三个独立的内陆河流域：金昌市的永昌县、金川区，武威市的凉州区、古浪县、民勤县，属石羊河流域；酒泉市的肃州区、金塔县，张掖市的甘州区、高台县、临泽县、山丹县、民乐县属黑河流域；酒泉市的敦煌市、瓜州县、玉门市属疏勒河流域。

图4-6为河西走廊三大内陆河流域的空间范围。从图4-6可以看出，三大流域以黑河流域绿洲面积最大，疏勒河次之，石羊河最小。黑河流域的绿洲大多集中在祁连山北麓的河流冲积平原上，主要由张掖市的山丹县、民乐县、甘州区、临泽县、高台县，嘉峪关市，酒泉市的肃州区、金塔县境内的绿洲组成。疏勒河流域绿洲主要分布在阿尔金山—黑马山一线北麓的河流冲积平原上，其中在流域东部的昌马冲积平原、中部的疏勒河沿岸平原和西部的党河冲积平原分布比较集中，包括玉门市西部的大片绿洲、瓜州县中部和敦煌市境内的绿洲等。石羊河流域内绿洲主要分布在石羊河流域中下游的冲积洪积平原地区，主要由古浪县、凉州区、永昌县、金昌市、民勤县的绿洲组成。

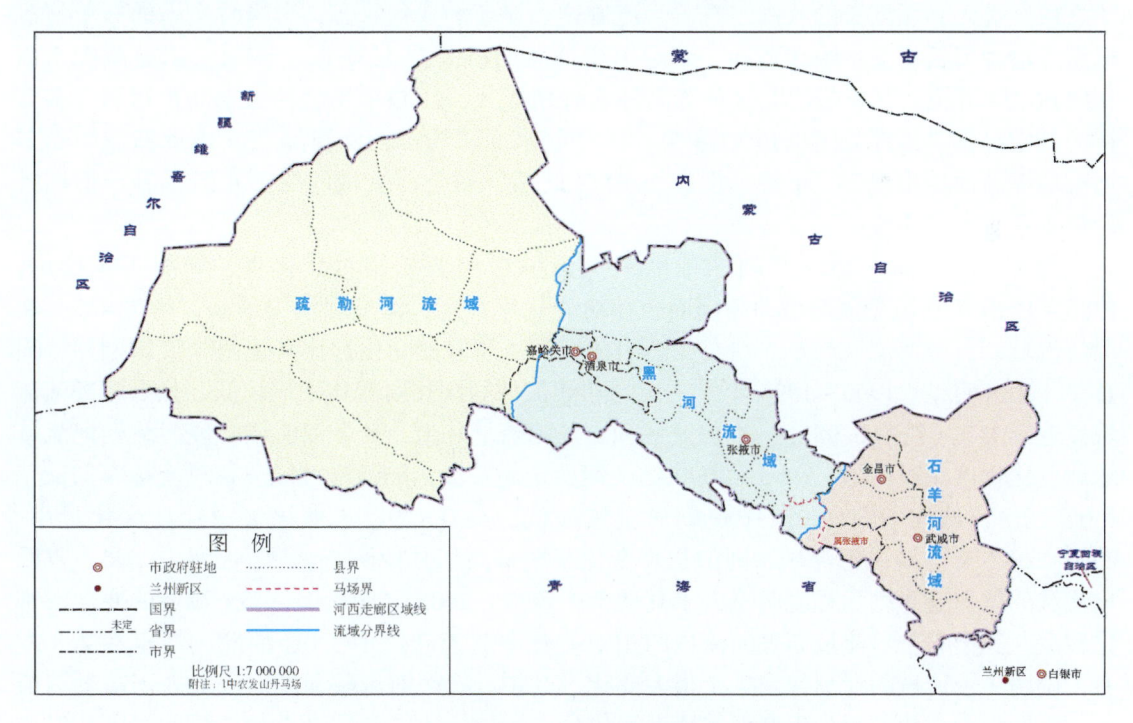

图 4-6　河西地区三大内陆河流域的空间范围
图中所绘为2020年河西绿洲空间分布

如图4-7所示，河西走廊三大流域绿洲在整个研究时间序列内均呈扩张趋势，其中黑河流域扩张最大，约为2312km²；其次为石羊河流域，约为2086km²；疏勒河流域最小，约为1084km²。

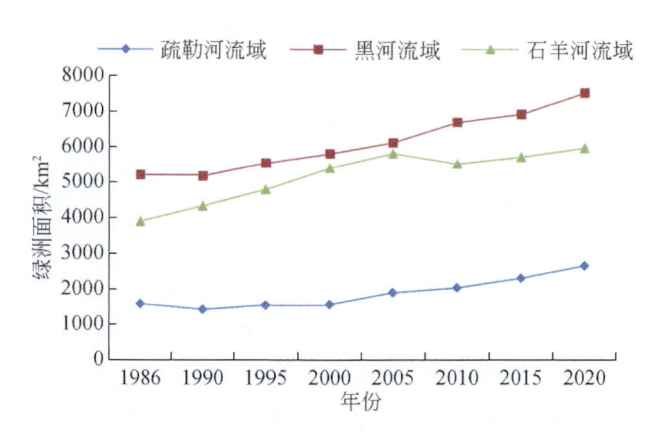

图4-7　1986~2020年河西地区三大内陆河流域绿洲面积变化统计

三大流域中，黑河流域和疏勒河流域的绿洲面积增加相对和缓，基本为持续增加状态，但石羊河流域的却有所不同：2005年前增加的势头比较猛，之后呈现下降趋势，2010年之后又进入和缓增长的状态。石羊河流域这一显著的变化状态，与当时实施的石羊河流域重点治理项目有关。治理期间，武威市累计关闭机井共3338眼，压减农田灌溉配水面积约66.52万亩，禁止带田和复种等高耗水种植模式，压减小麦带种玉米面积达100多万亩，其中民勤县累计关闭机井3018眼，压减配水面积约44.18万亩[39]，由此造成了石羊河流域绿洲面积出现明显下降。但在2010年之后，石羊河流域的绿洲止跌回升，但回升的势头一直比较缓慢。

图4-8是1986~2020年河西地区三大流域绿洲面积相对变化率，如图4-8所示，1986~1990年，疏勒河流域的绿洲面积相对变化率在三大流域绿洲中最高，约为4.5，而黑河流域和石羊河流域为0.2左右，表明疏勒河流域绿洲变化远比其他两个流域剧烈，而且对比十分明显。1990~1995年，三大内陆河流域绿洲相对变化率均较低，只有疏勒河流域接近于1.0（约为0.987），黑河流域和石羊河流域均低于疏勒河流域，说明疏勒河流域绿洲变化程度相对剧烈。1995~2000年，河西走廊三大内陆河流域绿洲相对变化率均低于1.0，三个流域均不剧烈，其中疏勒河流域最低，为0.129，说明该流域绿洲变化最小。2000~2005年，疏勒河流域绿洲的相对变化率明显高于其他两个流域，约为2.596，表明该流域的绿洲变化剧烈程度明显大于其他两个流域。2005~2010年，三个流域的变化率都比较高，其中石羊河流域和黑河流域的相对变化率甚至超过了3.0，而疏勒河也在2.8左右，说明三个流域的绿洲都发生了很大变化。其中，石羊河流域和黑河流域高于疏勒河流域，表明它们变化的剧烈程度大于疏勒河流域。2010~2015年，疏勒河流域的绿洲相对变化率高于石羊河流域和黑河流域，约为2.8，表明疏勒河流域绿洲变化剧烈程度较高。2015~2020年，三大内陆河流域的绿洲相对变化率疏勒河流域最高，其他两个基本持平。

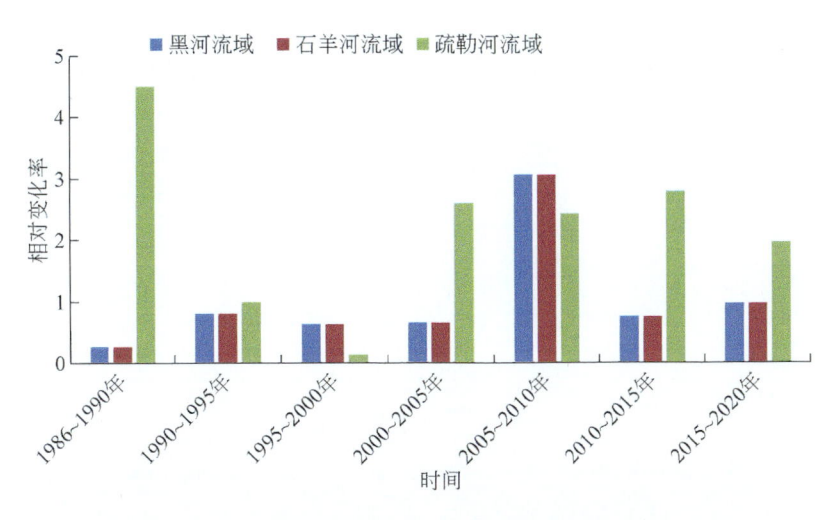

图 4-8 1986~2020 年河西地区三大流域绿洲面积相对变化率

总体而言，1986~2020 年疏勒河流域绿化变化程度最为剧烈，而石羊河流域和黑河流域较为稳定。疏勒河流域的变化之所以剧烈，其中一个原因可能与国家在疏勒河流域实施了甘肃省河西走廊（疏勒河）农业灌溉暨移民安置综合开发项目有关。据相关资料，该项目于 1994 年完成了可研报告，1995 年 10 月世界银行专家对项目进行了正式评估，该项目经国务院批准，列入国家"九五"计划甘肃省重点项目。该项目确定利用世界银行贷款 1.50 亿美元，概算总投资 26.73 亿元，新开发土地约 54 600hm^2，安置移民约 20 万人，发展灌溉面积达 97 800hm^2。2002 年以来，甘肃省政府对该项目进行了中期调整，移民由 20.0 万人调减为 7.5 万人，新建移民乡（场）由 16 个调减为 6 个，行政村由 160 个调减为 57 个，新开耕地由 54 600.00hm^2 调减为 28 533.33hm^2。该项目于 1996 年 5 月启动，2006 年 12 月竣工。虽然该项目的规模有所缩减，但其引起的绿洲扩张却十分显著，是导致疏勒河流域绿洲扩张的主要因素。

因绿洲的相对变化率仅考虑了绿洲的净变化量，而没有考虑绿洲扩张与退缩的两个相反的过程。因此，为了清楚反映绿洲扩张与退缩双向变化情况，需借助双向动态度的概念，以明确绿洲扩张与退缩的双向变化情况。

将 1986~2020 年绿洲变化的双向动态度按时间变化进行统计，结果如图 4-9 所示。总体而言，疏勒河流域绿洲的双向动态度呈"大起大落"式变化，石羊河流域的变化也比较剧烈，但幅度不如疏勒河流域，而黑河流域的变化最为和缓。说明三大绿洲中，疏勒河流域最富于变化，石羊河流域次之，黑河流域最为稳定。这种变化特征是由三大流域各自的自然条件和环境决定的：疏勒河流域地域最为辽阔，平原面积广大，但最为干旱，水资源量最少，且河流流路最不固定，故绿洲易于发生变化；石羊河流域的地域、平原面积、干旱程度都比疏勒河流域小，地势坡度相对较大，河流相对固定，流域范围相对紧凑，而且水资源量要比疏勒河流域大得多，因此绿洲相对稳定；黑河流域虽然地域范围广阔，但由于部分地区受到南北两山的限制，绿洲的发育范围比较固定，加上绿洲摆荡幅度最大的下游区域因位于内蒙古自治区额济纳旗而未包含在本研究区内，而本书只关注位于甘肃省范围内的中游。此外，黑河流域的上游集水区范围广大，黑河的水量不仅非常大，而且还非常稳定，也导致了黑河流域绿洲巨大的稳定性。

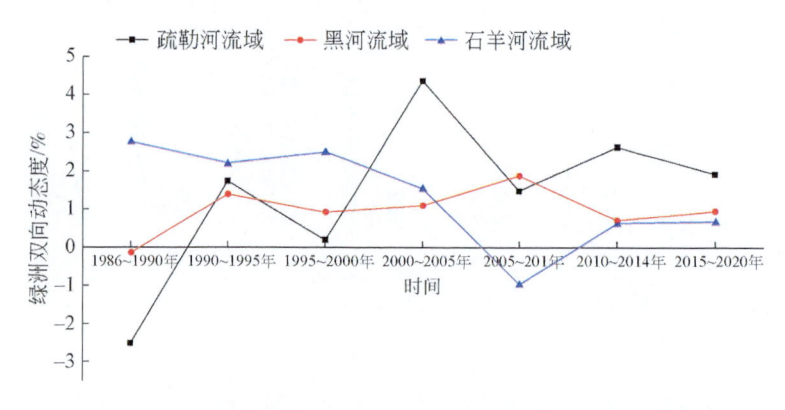

图 4-9　1986～2020 年河西地区三大流域绿洲面积双向动态度变化

就具体各个流域而言，如图 4-9 所示，黑河流域的绿洲面积由退缩向扩张逐渐变化，且变化过程中一直呈扩张变化的状态，其中，2005～2010 年扩张最为剧烈。而石羊河流域在整个时间序列内的绿洲面积变化状态则与黑河流域有所不同，绿洲面积从 1986 年的较强的双向动态度逐渐向较弱的扩张甚至退缩演变，在 2005～2010 年，石羊河流域绿洲面积退缩较为显著，但在 2010 年后，石羊河流域的绿洲面积双向动态度由负转正，表明绿洲由退缩向扩张演变。疏勒河流域绿洲在 1986～1995 年呈明显的扩张趋势，但趋势并不稳定，在 1995～2000 年这五年内，疏勒河流域绿洲面积几乎无增长，而在 2000～2005 年又呈现出明显的扩张态势，在 2005～2020 年开始扩张且呈稳定的状态。

总体而言，河西地区三大流域内绿洲面积在 1986～2020 年总体均呈扩张趋势，但扩张—收缩的趋势不稳定。例如，石羊河流域在 2005～2010 年内呈短暂退缩的状态。石羊河流域的绿洲退缩应该与石羊河流域重点治理工程，尤其是"关井压田"政策的实施有关。石羊河流域的生态输水工程为石羊河流域绿洲扩张起到了重要的作用，且在其他诸多生态保护和治理工程也发挥了很大的促进作用。

4.3.1　石羊河流域绿洲变化特征分析

石羊河流域是绿洲变化比较剧烈的一个流域。截至 2020 年，石羊河流域绿洲面积在空间上聚集性分布较为明显，尤其是在民勤县、金川区、永昌县和凉州区等县区。1986～2005 年，石羊河流域农业发展较好，绿洲持续扩大。但在 2005～2010 年，由于地下水的过度开采，石羊河径流量不断减少，石羊河流域的生态恶化严重。与自然条件相对较好的黑河流域相比，石羊河流域下游地下水储量较少，且地表蒸散发量较高，土地沙漠化和土地盐碱化较为严重，下游地区绿洲退缩的风险较高。

如图 4-10（a）所示，石羊河流域下游的民勤县绿洲呈放射状分布，且沿水系分布的空间特征较为明显。位于石羊河中游平原地区的凉州区，农业较为发达，且气候适宜作物生长，该地区大面积的农作物种植业已成体系，因此凉州区绿洲化较为明显，从空间分布上看，该区域绿洲分布较为规则且空间连续性较好。金昌市的金川区和永昌县绿洲分布也相对较为规则、整齐，永昌县与凉州区相似，该区域种植业较为发达且相对成体系。因此，上述三个区域绿洲在空间分布上看，空间连续性较好。而同样位于石羊河中游地区的古浪县绿洲分布则较少，且连续性与凉州区相比较差，但仍有大面积连续分布的绿洲出现。

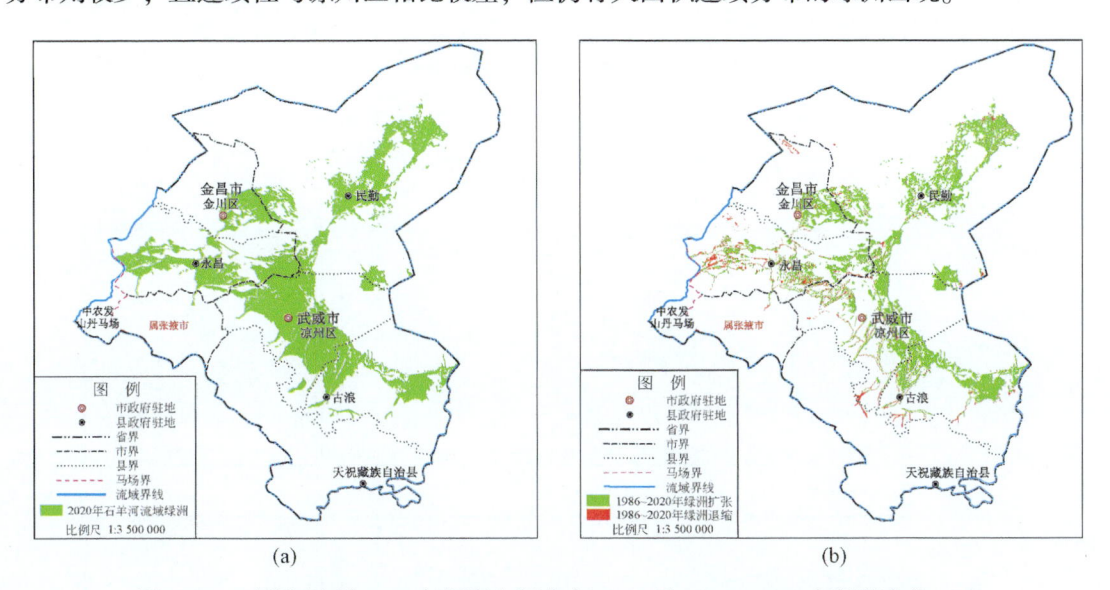

图 4-10　石羊河流域 2020 年绿洲空间分布（a）及 1986~2020 年绿洲变化（b）

如图 4-10（b）所示，1986~2020 年石羊河流域绿洲面积变化总体呈扩张趋势，但在局部地区仍有退缩，即在扩张区域的边缘部分有退缩的情况发生。较为明显的是永昌县西部和民勤县东北部，在民勤县南部和凉州区中部地区也有出现。

面积变化的空间分布特征显示，石羊河流域呈扩张趋势的地区主要分布在民勤县、金昌市、永昌县、凉州区以及古浪县。在民勤县南部、凉州区北部明显出现一处新增的绿洲，根据高精度卫星影像可知，该区域位于民勤县南湖镇。古浪县绿洲扩张的趋势也较为明显。

图 4-11 为石羊河流域 1986~2020 年绿洲变化细节图，其中左半部分图组显示的是新增的绿洲，而右半部分图组显示的是退缩的绿洲。由图 4-11 可以看出，石羊河流域绿洲扩张的面积远大于退缩的面积。石羊河流域绿洲扩张呈整体化、规则化的空间形态，且逐年扩张；而退缩呈斑点状、破碎化的空间形态，扩张趋势远大于退缩趋势。

1986~2020 年，石羊河流域绿洲总体扩张了 1913km²。绿洲在 1986~2005 年一直处于扩张趋势，年平均扩张面积为 101km²，该时期的绿洲扩张剧烈。绿洲退缩集中在 2005~2010 年，退缩面积为 290km²。这一时期的退缩应该与当时实行的"关井压田"政策密切相关。2007 年，国务院批复启动石羊河流域重点治理，实施关井压田、节水改造、水资源配置保障、生态建设、水源涵养等措施。10 年间，石羊河流域关闭农业灌溉机井

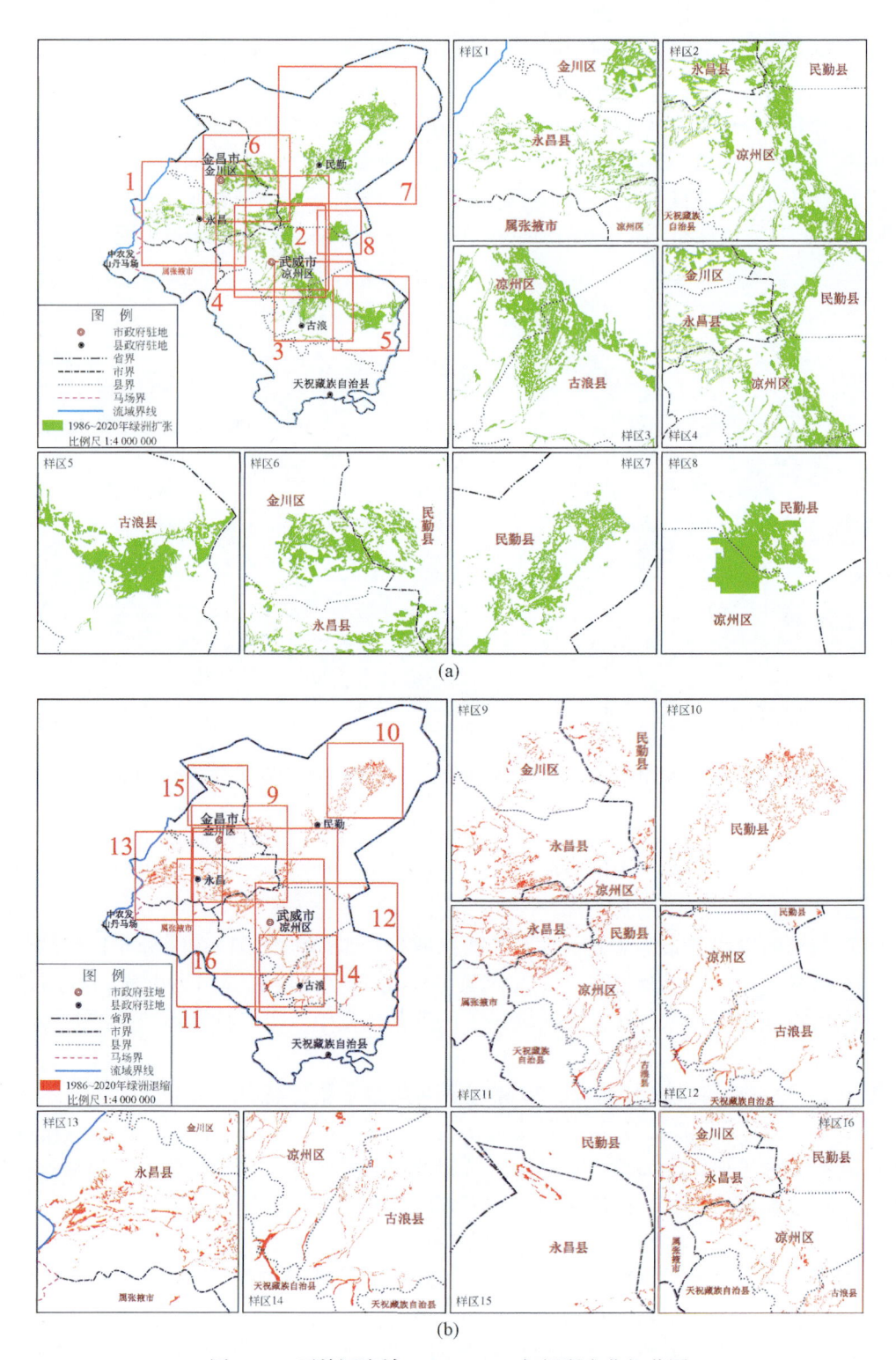

图 4-11 石羊河流域 1986~2020 年绿洲变化细节图

第 4 章 | 绿洲变化的多尺度分析

共 3318 眼、压减农田灌溉配水面积约 66.3 万亩；安装地下水智能化计量设施共 1.64 万套；在流域南部祁连山水源涵养区、北部湖区实施易地搬迁 2.4 万人，流域生态恶化趋势得到遏制。绿洲在 2010~2020 年再次呈现扩张趋势，扩张面积为 455.0km²，扩张强度较大。就民勤湖区来说，2010 年以来，红崖山水库不断向青土湖下泄生态用水，使得干涸半个世纪之久的青土湖"复活"，形成了 26.7km² 的水面及 106.0km² 的旱区湿地。整体来看，绿洲经历了"稳定扩张—略微收缩—又有扩张"的过程。石羊河流域的绿洲相对变化率，除 2010~2015 年小于全区外，其他年份均大于全区，说明绿洲的变化比较剧烈。

4.3.2 黑河流域绿洲变化特征分析

1986~2020 年，黑河流域绿洲变化总体经历了"略微收缩—稳定扩张"的过程。黑河流域绿洲整体呈扩张趋势，扩张面积为 1992km²，其中绿洲在 1986~1990 年略微收缩，收缩面积为 31km²，1990 年以后绿洲处于稳定扩张中。1990~2020 年黑河流域绿洲的扩张总面积为 2352km²。

由绿洲单一动态度可以看出，不同时期的扩张强度不同。其中，扩张最为剧烈的年份是 2005~2010 年，扩张面积达到 574km²，其次为 2010~2015 年、1990~1995 年，其他年份绿洲扩张强度较弱。从相对变化率上来看，2005~2010 年相对变化率大于 1，表明同其他两个流域比较，黑河流域变化剧烈程度较大，除此之外，其他年份绿洲相对变化率均小于 1，绿洲变化较弱。

如图 4-12（a）所示，2020 年，黑河流域的绿洲分布仍较规则和完整，总体沿嘉峪关市、肃州区、高台县、临泽县、甘州区、民乐县以及山丹县呈条带状分布，在金塔县呈倒三角状分布。根据前节所述，黑河流域在河西地区三大流域内绿洲分布面积最广，且最为稳定。

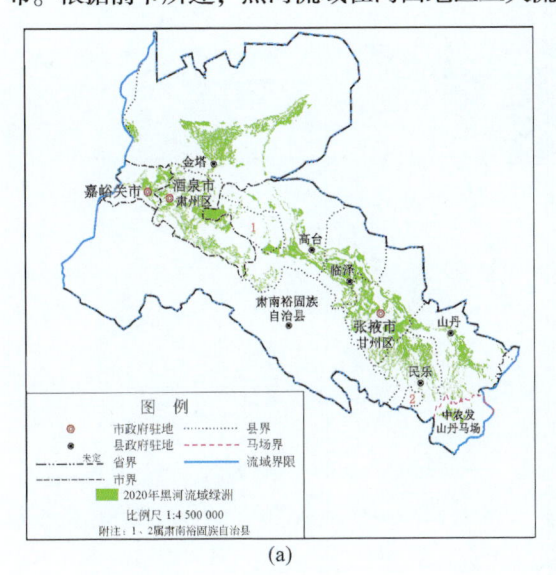

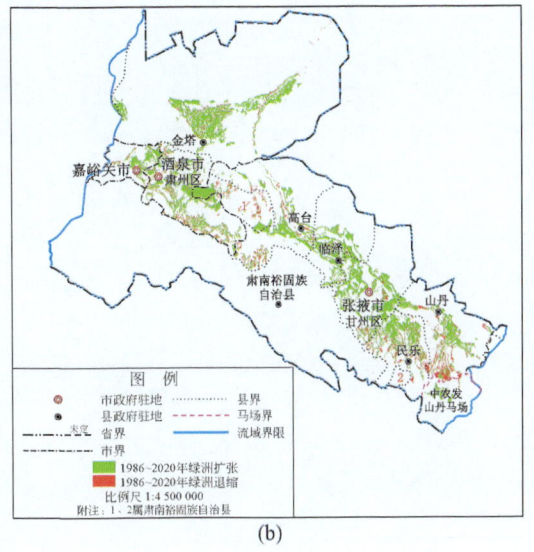

图 4-12 黑河流域 2020 年绿洲空间分布（a）及 1986~2020 年绿洲变化（b）

如图4-12（b）所示，从空间分布上看，绿洲面积扩张是主要的变化趋势，扩张主要以原有绿洲的持续扩张为主，兼有比较大规模的集中连片开发。而退缩状况则呈细微的斑点状分布，退缩面积相对扩张面积而言是极少的。退缩主要发生在张掖市的甘州区、民乐县以及山丹县，酒泉市的金塔县也有部分的退缩情况。

为更加详尽地显示黑河流域绿洲变化的细节，本节分别选取了黑河流域绿洲扩张和退缩的各八个典型样区（图4-13）进行放大分析。各典型样区的变化情况如下。

样区1：为黑河流域金塔县段，绿洲呈明显的边缘扩张趋势，扩张部分整体较为规整，但内部呈破碎的斑块化扩张，这表明绿洲扩张主要是在耕地周围，且扩张沿水系分布。

样区2：为金塔县西部与玉门市东南部的交界处，绿洲面积扩张较为明显，且基本呈整体的块状分布，与此相同的是，玉门市西部的绿洲扩张也呈明显的块状分布，该部分区域绿洲呈稳定的扩张趋势。

样区3：为黑河流域嘉峪关段中部地区，该区域主要是以原有绿洲主体为中心呈规则的同心圆状的扩张趋势，绿洲中存在的空白部分在2020年有所缩小。

样区4：为黑河流域高台县段东北部，该区域绿洲扩张呈块状分布，有极少部分区域呈破碎的斑块状。表明该区域的绿洲扩张面积较大，趋势向好。

样区5：为黑河流域临泽县段，该区绿洲的增长面积较大且基本较为规整，但是绿洲内部的增长状况较为零散。该区域中部和南部是绿洲面积增长的集中区域。临泽县段绿洲总体呈扩张状态，以原有绿洲外围的扩张为主，绿洲内部也呈破碎的斑块化扩张。绿洲退缩与扩张相互作用剧烈的区域，位于中部洪积平原的前缘，扩张状态主要以内部填充和外围渐进式扩张为主。

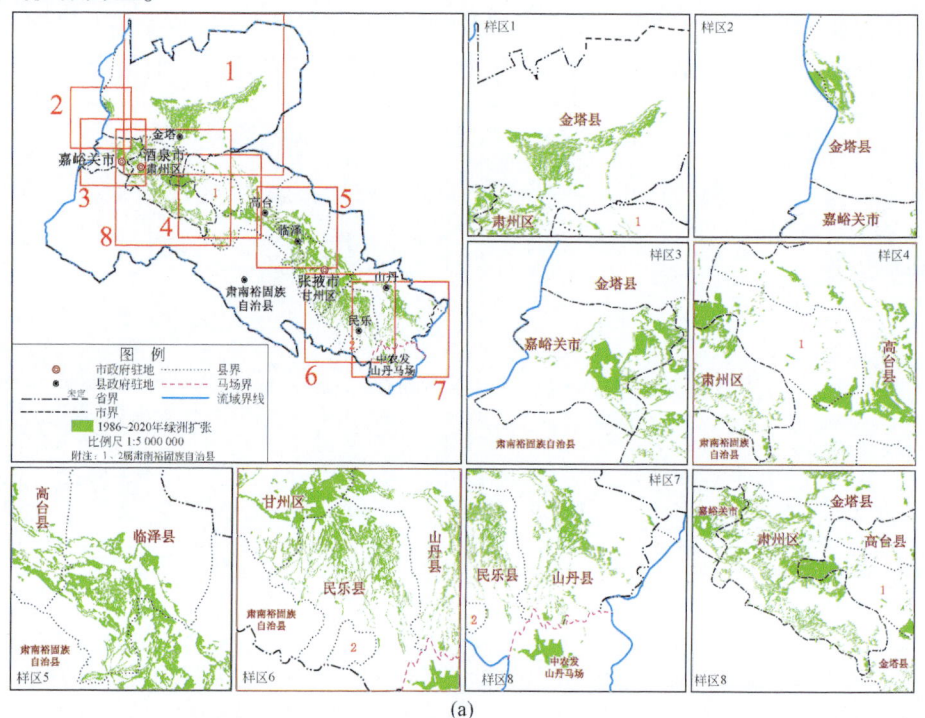

(a)

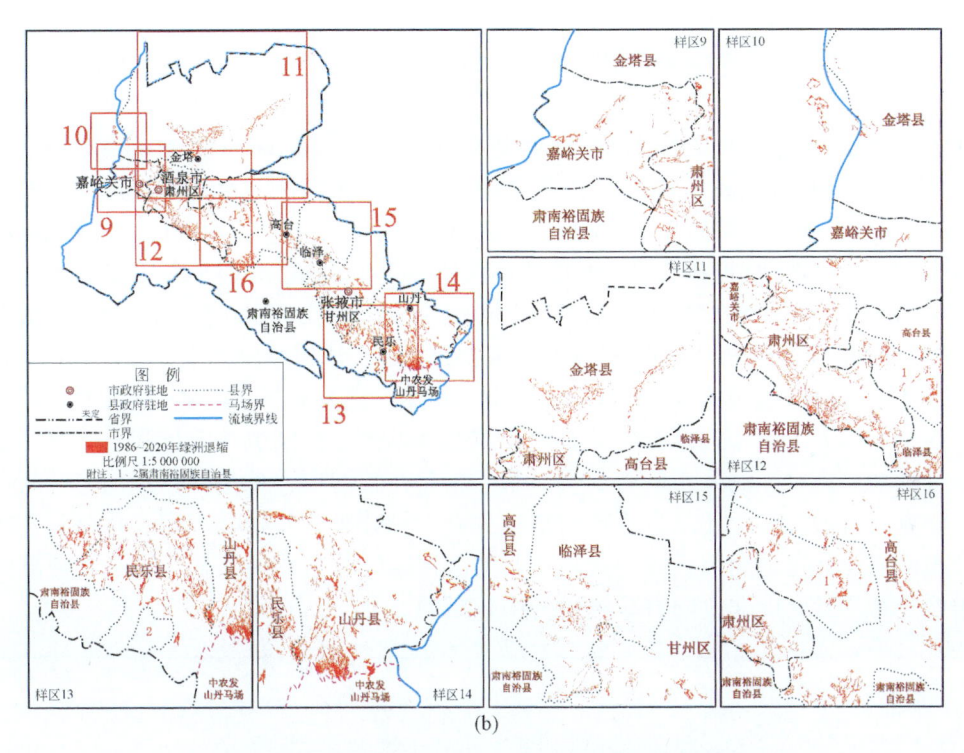

图 4-13　黑河流域 1986~2020 年绿洲变化细节图

样区 6：在黑河流域民乐县内，从绿洲面积扩张空间分布可知，绿洲扩张主要以原有绿洲为主体向外围延伸的扩张状态，而原有绿洲内部却有少部分退缩的情况。

样区 7：为黑河流域绿洲山丹县段，该区域南部出现较大面积且较为成片的绿洲扩张情况，但未出现绿洲退缩。而山丹县所在绿洲主体的扩张主要是向外围延伸，而绿洲内部出现部分退缩，北部区域的绿洲在向外围延伸的基础上，内部呈破碎斑块化扩张。

样区 8：为黑河流域肃州区段，绿洲变化表现为在原有绿洲主体向外延伸，在绿洲内部的退缩相对不明显，整体上呈比较明显的扩张趋势。扩张的区域主要分布在肃州区北部和中部地区，上述两个区域绿洲扩张较为规则、完整，而中心地区绿洲扩张较为破碎。

……

就样区 12 中所示的绿洲退缩状况而言，肃州区南部部分区域绿洲扩张较为剧烈，而西南部既存在扩张也存在退缩的状况。

样区 15 显示的是临泽县及其周围的绿洲退缩情况，该区域在南部和西北部退缩较为明显，属绿洲退缩较为严重的区域。而在中部地区，绿洲扩张则较为剧烈，主要是在原有绿洲的基础上向外围扩张，同时绿洲的退缩也从外围向内部退缩。因此，这一区域绿洲化和荒漠化两种过程都有出现。

总而言之，黑河流域绿洲的空间分布较为完整且具有良好的连续性。绿洲扩张在其原有的基础上，既有向外围延伸的趋势，又有内部的填充式扩张。尽管存在绿洲退缩的情况，但对绿洲整体的扩张基本影响不大。

4.3.3 疏勒河流域绿洲变化特征分析

1986～2020年疏勒河流域绿洲扩张过程的主要特征是"略有收缩—相对稳定—略微扩张"。疏勒河流域绿洲整体规模呈扩张态势，绿洲扩张面积达到1084km²。绿洲退缩时期为1986～1990年，退缩面积达160km²，退缩较为剧烈。1995～2000年，绿洲面积增加幅度仅为15km²，绿洲规模相较前一时段基本保持不变。绿洲扩张时期集中在1990～1995年以及2000年以后，从绿洲变化单一动态上可以看出，2000～2005年和2010～2020年为绿洲剧烈扩张时期，除此之外其他时段绿洲扩张较为平稳。从相对变化率上可以看出，绿洲在1986～1990年、2000～2020年变化强度大于全区，变化较为剧烈，其他年份比较平稳。

如图4-14（a）所示，2020年疏勒河流域绿洲总体面积同黑河流域和石羊河流域相比较小，且疏勒河流域绿洲分布较为集中，基本分布在敦煌市、瓜州县、玉门市一线，在阿克塞哈萨克族自治县和肃北蒙古族自治县也少有少量分布。其中敦煌市、瓜州县、玉门市绿洲分布面积较大且绿洲形状较为规整，其他区域绿洲分布较为零散。疏勒河流域绿洲整体呈带状分布，且向南北方向有顺河道的明显延伸。

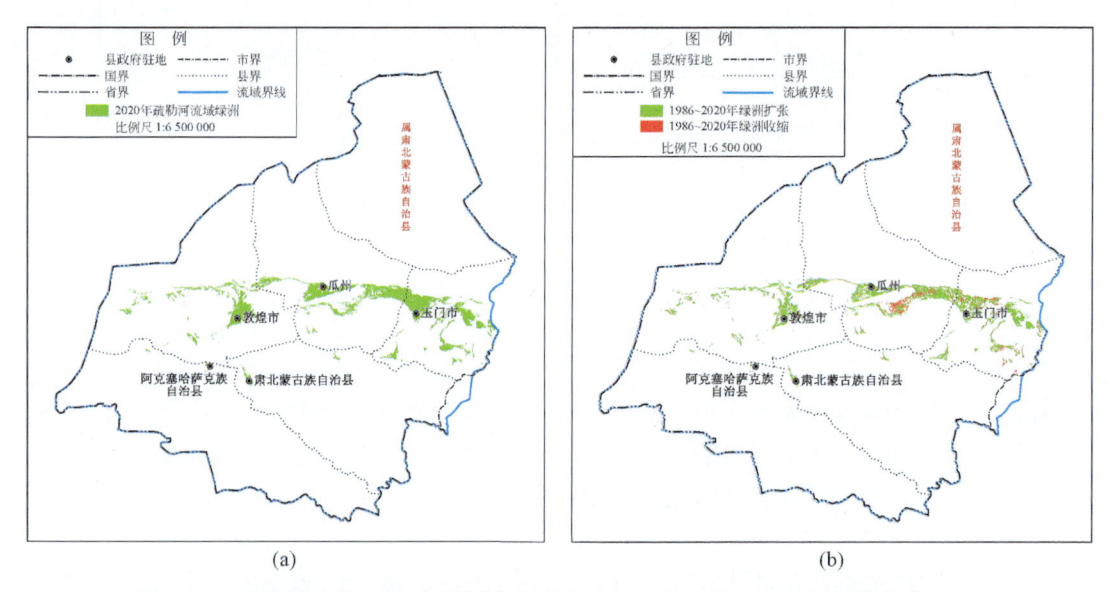

图4-14 疏勒河流域2020年绿洲空间分布（a）及1986～2020年绿洲变化（b）

如图4-14（b）所示，1986～2020年，疏勒河流域绿洲呈波动扩张的趋势，沿绿洲主体在绿洲内部的扩张为绿洲扩张的主要特征。但在扩张的趋势下，也有一定的绿洲退缩，主要发生在瓜州县境内部分绿洲主体内部，该区域内部出现退缩的情况较为明显。

为研究疏勒河流域的绿洲扩张和退缩情况，选取了16个典型样区进一步对疏勒河流域绿洲的变化细节进行分析和讨论。

如图4-15所示，样区1中1986～2020年敦煌市内绿洲主要以扩张为主，根据样区1

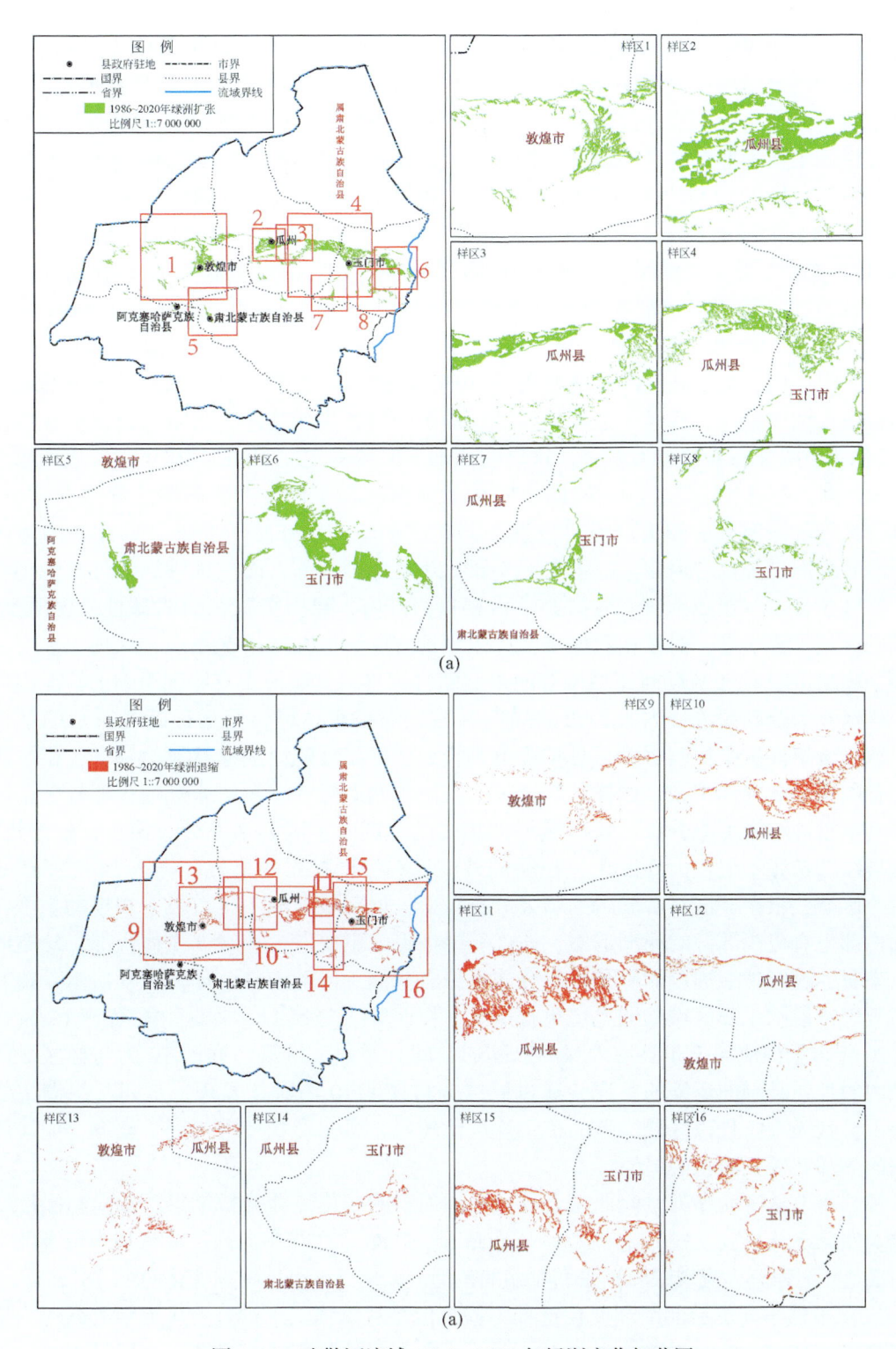

图 4-15 疏勒河流域 1986~2020 年绿洲变化细节图

与样区9的对比显示，疏勒河流域内敦煌市绿洲扩张程度远大于绿洲退缩的程度。样区1呈现了疏勒河流域内敦煌市绿洲扩张的区域，该区域的绿洲扩张呈放射状且沿水系分布，绿洲扩张主要发生在中部地区的河流冲积扇。该区域绿洲扩张主要是以向绿洲外围延伸为主，在绿洲主体内部，有微小退缩的情况发生。瓜州县是疏勒河流域绿洲演变中发生扩张的范围较广，影响较大的区域。图4-15中，样区2~样区4为1986~2020年疏勒河流域境内瓜州县的绿洲扩张空间分布放大的分析结果。根据样区2的分析，瓜州县中南部的绿洲扩张最为明显，样区3与样区10同属一块放大区的绿洲扩张与退缩分析，通过两图对比发现，该区域绿洲在1986~2020年是扩张与退缩并存的状态，且该部分区域绿洲的退缩较为严重。

此结果表明，虽然疏勒河流域整体在1986~2020年呈扩张的状态，但在局部地区仍存在绿洲退缩的情况。样区3显示的区域绿洲扩张呈条带状延伸，其南部出现的空白恰好与样区10中的绿洲退缩较为切合，这表明该部分区域确实在1986~2020年出现了绿洲退缩。样区4与样区11、样区15属同一区域的绿洲面积变化，上述两图之间的对比显示，该部分区域的绿洲退缩较为严重，且退缩与扩张的空间分布较为特殊，即在绿洲主体内部，既有绿洲扩张也有退缩，二者犬牙交错。均在绿洲内部，而该区域绿洲外围也稍有扩张。样区5显示，在疏勒河流域肃北蒙古族自治县内，绿洲扩张较为明显且呈现出整齐、规则的绿洲扩张状态，而在相同区域，并未发现有绿洲退缩的情况出现，该现象表明，在1986~2020年，位于疏勒河流域南部的肃北蒙古族自治县境内少有绿洲退缩的情况出现。

样区6为疏勒河流域内玉门市的局部区域绿洲扩张情况，根据样区6所示的结果可知，该区域绿洲扩张比较明显，且扩张范围较大，扩张后的绿洲形状比较整齐，很少出现破碎化的斑块状绿洲扩张。如样区7所示，玉门市西南部的绿洲扩张规模也比较大，绿洲扩张基本沿冲积扇平原分布，该区域绿洲扩张的范围基本因其水系分布而成，较为规则。该区域绿洲扩张不仅在内部发生，在绿洲外围也有绿洲扩张的痕迹。样区14与样区6同为一个区域，根据样区6所展示的结果分析可得，该区域绿洲不仅有较大规模的扩张，在绿洲内部也有极少部分的绿洲退缩，该部分绿洲退缩主要发生在绿洲主体内部，从空间分布上来看，该区域绿洲退缩呈条带状分布在原有绿洲主体的内部。如样区9所示，疏勒河流域敦煌市段的东部区域绿洲呈斑块状退缩。样区10、样区11、样区12、样区15为1986~2020年疏勒河流域瓜州县境内绿洲退缩的空间分布放大结果。样区10为与样区2同一区域内的瓜州县绿洲退缩的状况，通过样区2与样区10的对比发现，瓜州县绿洲主要以向外围扩张为主，且该区域绿洲的扩张连续性较好，绿洲形状较为规则、整齐，而该区域绿洲内部却有较大面积的退缩。

根据本节从时间序列对河西三大流域绿洲面积的变化统计分析结果、双向动态度结果和相对变化率分析到从空间上的总体分布情况、1986~2020年河西三大流域内绿洲的空间分布现状、河西三大流域绿洲扩张和收缩的范围，以及三大流域绿洲变化的细节分析得出：

（1）虽然不同流域的绿洲变化过程不同，但是从总体上来讲，三大流域的绿洲均呈现扩张趋势。其中，黑河流域扩张面积最大，其次为石羊河流域，疏勒河流域最小。从相对变化率上看，疏勒河流域和石羊河流域的绿洲平均相对变化率分别为2.19、1.95，略大于全区，绿洲变化较剧烈，而黑河流域的绿洲变化率为 0.99，绿洲变化最弱。

（2）就单一动态度的统计结果而言，河西地区三大流域中黑河流域在完整的时间序列内的变化波动最小，疏勒河流域在 1986～2020 年的变化波动性最大，而石羊河流域在 2010 年前波动性强，2010 年后石羊河流域绿洲趋于稳定的扩张趋势。1986～2020 年河西走廊三大流域内部绿洲逐期面积相对变化率的统计结果来看，疏勒河流域相对变化率最高，石羊河流域次之，黑河流域相对较小。

（3）总而言之，河西三大流域内部绿洲在 1986～2020 年呈显著的扩张趋势，且绿洲扩张面积远大于绿洲退缩的面积。

4.4 基于地级市的绿洲变化特征分析

河西走廊在行政区划上包括甘肃省的五个地级市（河西五市）：酒泉市、嘉峪关市、张掖市、金昌市、武威市。如表 4-2 所示，1986～1990 年武威市绿洲的相对变化率值最高，为 6.47，表明武威市在 1986～1990 年绿洲变化程度最为剧烈，其次为嘉峪关市，绿洲相对变化率为 2.67，酒泉市、张掖市及金昌市均低于上述两市，但其中酒泉市与金昌市绿洲相对变化率值均大于 1，变化程度相对较大。1990～1995 年河西五市绿洲变化率大于 1 的市级行政区包括武威市和张掖市，分别为 1.66、1.15，此结果表明武威市和张掖市在 1990～1995 年绿洲变化程度较为剧烈。

自 2000 年之后，酒泉市与嘉峪关市的绿洲相对变化率均大于 1，结果表明自 2000 年后酒泉市和嘉峪关市绿洲变化较为剧烈，且在 2005～2010 年、2015～2020 年嘉峪关市绿洲相对变化率均比其他市高，表明在上述两个时间阶段内嘉峪关市绿洲变化程度与河西五市中的其他市级行政区相比更为剧烈。如表 4-2 中所示的河西五市绿洲变化动态度数据统计结果分析，1986～2020 年河西五市的绿洲变化整体均呈扩张趋势，但仍存在绿洲退缩的情况。1986～1990 年，张掖市绿洲变化动态度值为 -0.44，酒泉市绿洲变化动态度值为 -1.09。结果表明，张掖市和酒泉市绿洲出现了不同程度的退缩，酒泉市绿洲退缩规模比张掖市大。在 2005～2010 年武威市绿洲出现绿洲退缩的情况，绿洲变化动态度为 -1.46，绿洲退缩较同一时间阶段的其他市级行政区而言较为明显。

4.4.1 武威市绿洲变化特征分析

武威市的绿洲面积约占河西绿洲总面积的 28%，是研究区内较为繁荣的绿洲之一。1986～2020 年，武威市绿洲经历了"快速扩张—陡然减少—缓慢扩张"的过程（图 4-16），总面积扩张了 1435.07km²。1986～2005 年，绿洲面积的扩张强度虽逐年减弱，但是整体上均处于较高的水平，年均扩张 42.21km²，呈剧烈扩张趋势。2005～2010 年绿洲面积陡然下降，退缩面积为 314.9km²。2010～2020 年绿洲继续扩张趋势，扩张强度减弱，年均扩张面积为 14.54km²。武威市的绿洲相对变化强度除 2010～2020 年之外，均大于全区强度。

表 4-2　河西五市绿洲变化动态度及相对变化率

时间	武威市 K	武威市 R	金昌市 K	金昌市 R	张掖市 K	张掖市 R	酒泉市 K	酒泉市 R	嘉峪关市 K	嘉峪关市 R
1986~1990 年	3.62	6.47	0.76	1.35	−0.44	0.79	−1.09	1.95	1.49	2.67
1990~1995 年	2.93	1.66	0.32	0.18	2.03	1.15	0.82	0.46	0.71	0.40
1995~2000 年	2.51	1.72	2.41	1.65	0.88	0.61	0.59	0.41	1.15	0.78
2000~2005 年	1.52	0.90	1.57	0.94	0.76	0.45	3.13	1.86	3.29	1.96
2005~2010 年	−1.46	2.36	0.35	0.57	1.49	2.43	2.06	3.35	3.55	5.76
2010~2015 年	1.35	0.44	0.21	0.14	1.20	0.34	2.82	1.07	9.84	1.08
2015~2020 年	0.74	0.02	0.24	0.59	0.57	0.17	1.80	1.18	1.82	5.94
均值	1.60	1.94	0.84	0.77	0.93	0.85	1.45	1.47	3.12	2.66

注：表中 K 表示河西五市绿洲变化动态度；R 表示河西五市相对变化率。

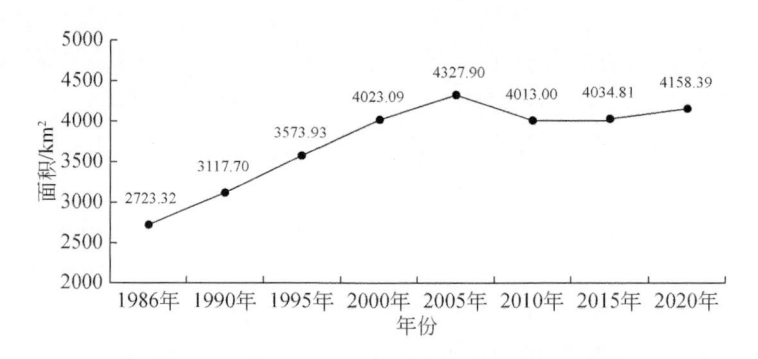

图 4-16　1986~2020 年武威市绿洲面积变化

如图 4-17（a）所示，武威市 2020 年绿洲主要分布在凉州区、民勤县以及古浪县（因天祝藏族自治县位于祁连山区，天然植被和草原覆盖面积较大，且近年来天祝藏族自治县绿洲变化不显著，因此不纳入武威市绿洲变化的分析中）。武威市绿洲总体分布较为集中，凉州区、古浪县在 2020 年绿洲分布连续性好，且绿洲面积较大。如图 4-17（a）所示，凉州区境内的绿洲是武威市绿洲中空间连续性最好，形状最为规则、整齐的绿洲。此外，民勤县绿洲主要分布在石羊河尾闾以及石羊河水系周围，民勤县西部也有部分绿洲分布，但总体而言，民勤县绿洲以水系为依托，沿石羊河干流水系不断扩张，主要是以农业用地为主，天然绿洲分布较少。民勤县东南部与凉州区交界处也存在较小规模但形状规则的绿洲。

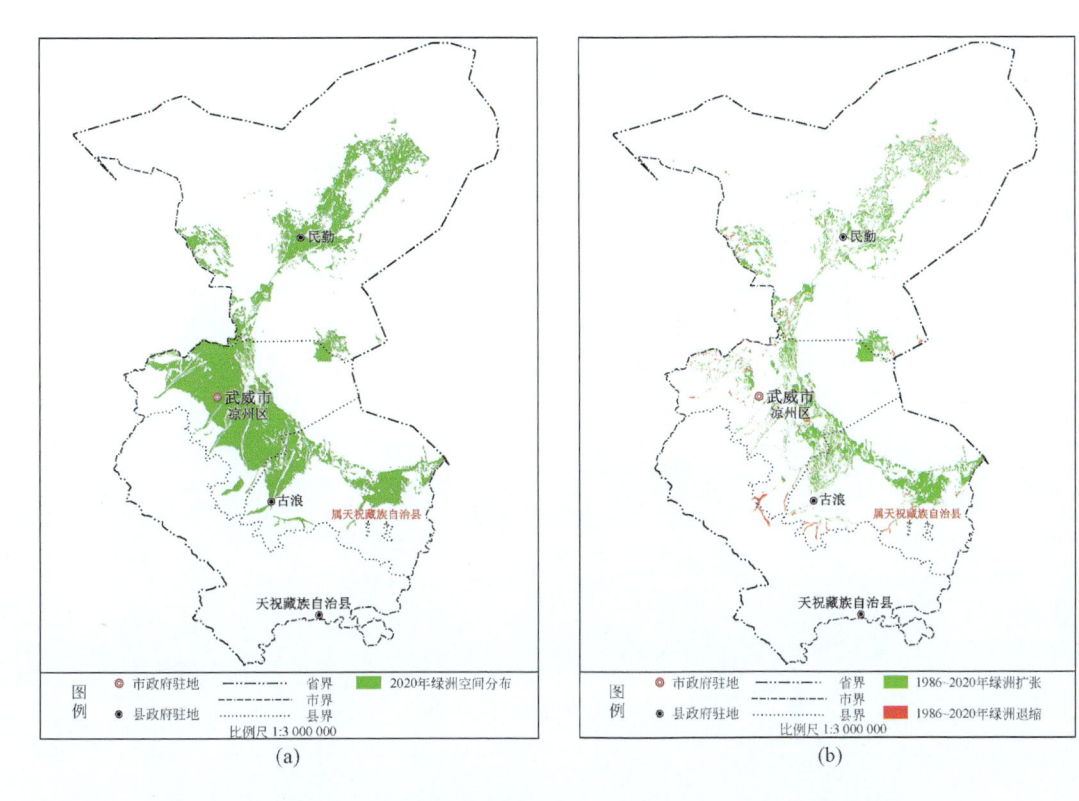

图 4-17　武威市 2020 年绿洲空间分布（a）及 1986～2020 年绿洲变化（b）

为直观地呈现武威市绿洲在 1986～2020 年的空间变化，将 1986～2020 年整个时间序列的武威市绿洲扩张及收缩的空间分布呈现在图 4-17（b）中。在 1986～2020 年武威市绿洲主要呈显著的扩张趋势，在民勤县石羊河尾闾青土湖周边有微小的绿洲退缩，民勤县西南部的绿洲内部也有部分绿洲退缩的现象。凉州区中部有微小的绿洲退缩出现，但整体上武威市绿洲以扩张为主。民勤县绿洲扩张主要发生在河流冲积平原，且主要向绿洲外围扩张并有向荒漠区延伸的趋势（图 4-17）。从宏观视角来说，武威市绿洲扩张的趋势远大于退缩的趋势。

图 4-18 是武威市 1986～2020 年绿洲变化细节图。如图 4-18 所示，武威市绿洲扩张主要发生在民勤县、凉州区以及古浪县内。样区 1 为民勤县北部石羊河尾闾青土湖周边的绿洲扩张情况，尾闾斑块较为破碎。该区域绿洲扩张主要发生在绿洲内部，且绿洲扩张较为破碎。但从整体上来看，该区域绿洲扩张的规模较大，整体形状较为规则。该部分区域绿洲扩张主要发生在红沙梁镇、西渠镇、东湖镇、泉山镇、收成镇、大滩镇和双茨科镇。样区 2 中包括民勤县的大坝镇、三雷镇、苏武镇和薛百镇，主要以扩张为主，且主要向绿洲外围的扩张比较剧烈，而该区域基本上没有出现绿洲退缩的情况。以三雷镇为中心的绿洲向北、向东北方向扩张最为明显，且扩张的绿洲较为规则；而苏武镇周边的绿洲扩张则相对比较破碎，但扩张范围较广；薛百镇的绿洲主要是向外围扩张，同时绿洲内部也有少部分的扩张。样区 2 所示的区域内，主要还是由绿洲主体向绿洲外围扩张的趋势较为明显。

| 河西走廊绿洲化沙漠化时空过程 |

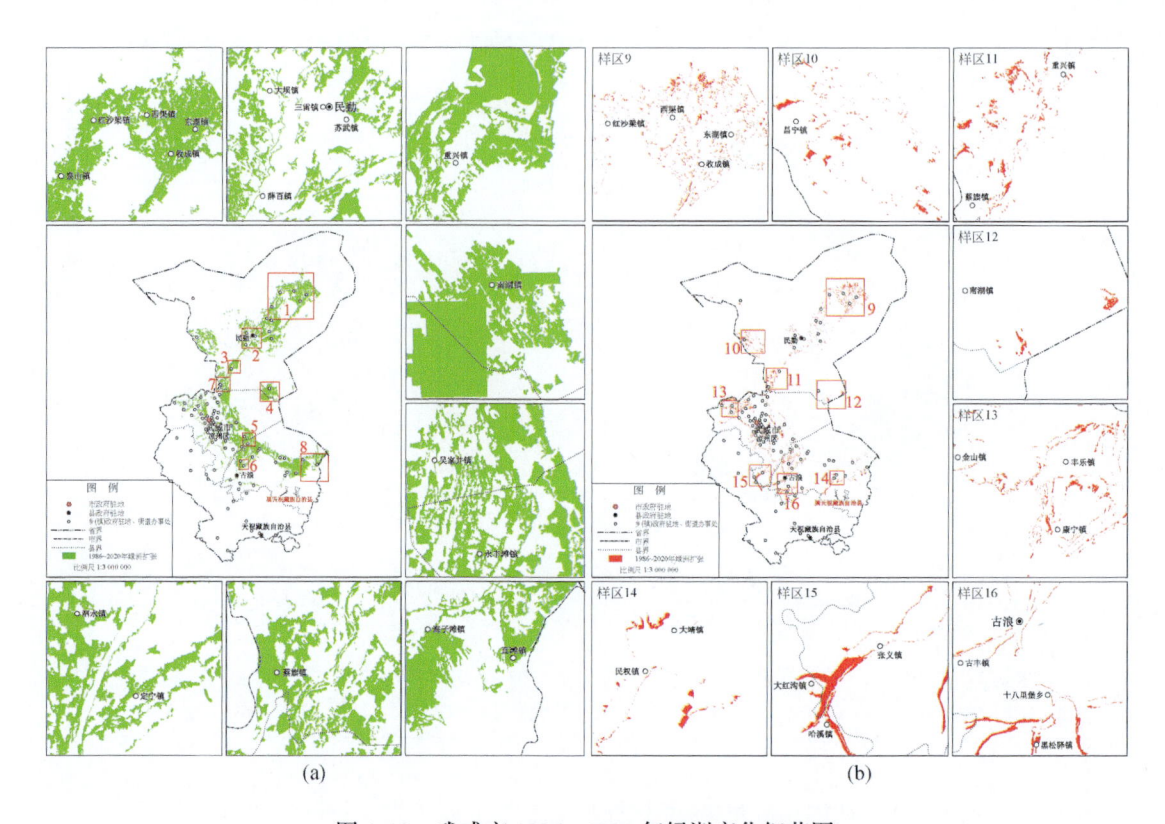

(a) (b)

图 4-18　武威市 1986～2020 年绿洲变化细节图

样区 3 是位于民勤县中部的重兴镇,该区域明显呈现出繁荣的绿洲扩张趋势。重兴镇在绿洲内部发生扩张的趋势不太明显,主要是由向绿洲外围扩张的趋势较明显。民勤县重兴镇近 34 年来绿洲主要向北扩张,且扩张后的绿洲形状比较规则。样区 4 为民勤县南湖镇所辖区域,此处是绿洲扩张较为明显的区域。该区域绿洲呈独立扩张的状况,可谓是在 34 年绿洲变化中新兴的较小规模绿洲。样区 4 中南湖镇绿洲向外围扩张的情况较为明显,绿洲内部未出现或出现极小规模的绿洲扩张,而南湖镇绿洲退缩则出现在南湖镇南部和东南部的区域。样区 5 选取了凉州区的吴家井镇和古浪县的永丰滩镇,吴家井镇绿洲扩张以绿洲内部的扩张为主,呈较为细小的斑块,而永丰滩镇主要以绿洲外围扩张为主。

样区 6 选取了古浪县西部的泗水镇和定宁镇,该区域绿洲位于河流冲积平原上,并沿水系向绿洲外围扩张,该区域绿洲扩张的程度较为明显。样区 8 选取了古浪县东部的海子滩镇、直滩镇和裴家营镇。样区 9 呈现的绿洲较为规则且面积较大。结合图 4-17 以及样区 9 的分析结果可得,样区 9 所示的绿洲主要向绿洲内部扩张,在整个时间序列内,该区域绿洲扩张较为明显,且基本未出现退缩的情况。

如样区 9～样区 16 中武威市绿洲退缩的细节图所示,武威市绿洲退缩较为严重的区域包括黑松如驿镇、大靖镇、古丰镇、张义镇、金山镇、丰乐镇和康宁镇周围的绿洲。样区 9 为与样区 1 相对应的 1986～2020 年绿洲退缩的空间分布。从样区 9 的分析中可得,西渠镇北部的绿洲有较为明显的退缩，且绿洲退缩主要发生在绿洲外围，而东湖镇等其他乡镇的绿洲退缩不明显，在空间上呈斑块状分布，主要发生在绿洲内部。收成镇南部和大滩镇东部的绿洲退缩呈条带状分布，与该部分区域绿洲主体的分布类似，说明该区域的绿洲退缩主要发生在绿洲内部。样区 11 为重兴镇的绿洲退缩情况，结合图 4-17（b）中整体所示的武威市绿洲退缩空间分布图来看，重兴镇在绿洲内部出现了较小规模的绿洲退缩，在重兴镇西南部绿洲外围也出现了绿洲退缩，这表明重兴镇近年来绿洲扩张主要延伸至民勤县北部地区，而绿洲的退缩则主要发生在重兴镇绿洲内部和外围的少部分区域。样区 7 选取了民勤县西南的蔡旗镇，根据与样区 11 中绿洲退缩的对比结果表明，蔡旗镇在 1986~2020 年不仅有绿洲扩张，也存在绿洲退缩的情况。蔡旗镇毗邻红崖山水库，水源条件较好，且位于石羊河水系。因此，蔡旗镇绿洲向周围的河漫滩平原延伸，且绿洲变化较为剧烈。主要是以绿洲外围的扩张和绿洲内部的退缩为主，退缩状况与其他几个样区相比比较明显。

综上所述，1986~2020 年武威市内绿洲总体呈扩张趋势，在 34 年中武威市绿洲扩张较为明显，但在不同时期武威市绿洲扩张和退缩的程度不同，绿洲演变的剧烈程度也不尽一致。近年来，民勤县绿洲备受关注，民勤县绿洲的扩张与人类活动的影响密切相关。同时，武威市其他地区的绿洲扩张与退缩的变化也显著受到人类活动的影响。

4.4.2 金昌市绿洲变化特征分析

金昌市绿洲规模较小，约占河西绿洲总面积的 10%。整个时间序列内，金昌市绿洲以扩张趋势为主，如图 4-19 所示，截至 2020 年，金昌市绿洲总面积可达 1492.72km^2，相比于研究初始年份 1986 年的 1179.43km^2，绿洲扩张的总面积约达 313.29km^2。金昌市绿洲在不同时期绿洲扩张的强度不同，其在时间序列上较为显著的特征主要是：在 1995~2005 年金昌市绿洲扩张较为剧烈，而其他年份的绿洲扩张较为平稳。绿洲相对变化强度除 1986~1990 年和 1995~2000 年之外，均小于全区域的均值。

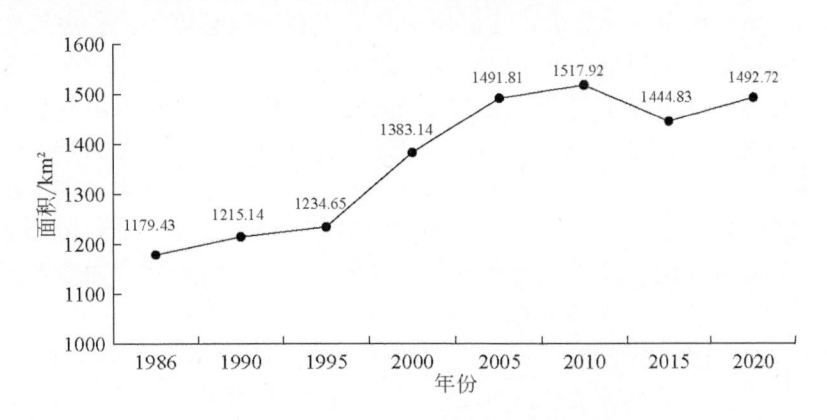

图 4-19　1986~2020 年金昌市绿洲面积变化

图4-20是金昌市2020年绿洲空间分布和1986~2020年绿洲变化图。如图4-20（a）所示，金昌市境内的绿洲主要分布在永昌县以及金川区东部。永昌县绿洲东西跨度较大，且分布较为连续。从图4-20（a）可得，永昌县中部地区的绿洲主要沿水系分布，以河漫滩平原和河流冲积平原为主。永昌县东部的绿洲也主要以水系为依托，向东西方向扩张。永昌县西部的绿洲则较为破碎，但仍有与水系相关的分布规律可循，金昌市绿洲沿河流水系分布的规律较为明显。金川区城区东北部的绿洲整体位于洪积平原上，该区域绿洲主要呈由南向北逐渐延伸的趋势。永昌县东部的绿洲主要位于河流两侧的冲积平原，南部临山，是典型的山麓河流冲积平原。因此，绿洲分布较为密集且在空间上的连续性较好。永昌县中部区域的冲积平原最为显著，由于该区域水系分布复杂，此处绿洲亦处于河流冲积扇上，向西毗邻永昌县城，南临山脉。此外，永昌县东部的绿洲较为稳定，且规模较大。

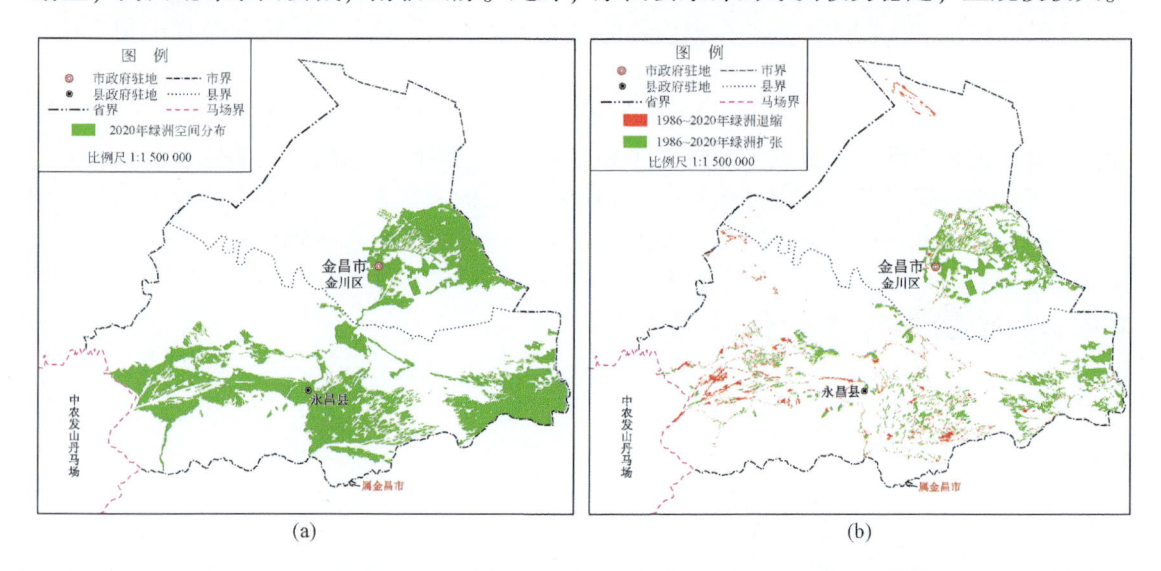

图4-20　金昌市2020年绿洲空间分布（a）及1986~2020年绿洲变化（b）

如图4-20（b）所示，金昌市绿洲退缩主要发生在永昌县境内，在永昌县境内的绿洲整体均发生了或多或少的退缩，其中永昌县西部的绿洲退缩较为明显。而中部和西部的绿洲与西部地区比较而言退缩不明显。永昌县绿洲的扩张主要出现在永昌县东部地区。永昌县中部地区的绿洲也以内部退缩为主，但中部区域绿洲稳定性较强，绿洲主体在1986~2020年并未发生较大的改变，绿洲的退缩扩张也仅发生在绿洲内部及外围的微小范围内。

图4-21为金昌市1986~2020年绿洲变化细节图。图4-21中，样区1为金川区双湾镇附近的绿洲，是典型的以农业用地为主的人工绿洲。1986~2020年，双湾镇周边的绿洲主要以扩张为主，以原有的绿洲为基础向双湾镇北部的沙漠逐渐延伸，但如样区10所示，1986~2020年双湾镇周边的绿洲内部发生小规模的退缩，主要发生在双湾镇西部的绿洲内，呈条带状分布。样区2为永昌县西部的红山窑镇绿洲在近34年的扩张变化空间分布。红山窑镇绿洲在1986~2020年绿洲退缩比扩张严重，结合高精度遥感图像目视解译与图4-21样区13所示的绿洲退缩放大结果显示，永昌县红山窑镇绿洲退缩主要是在绿洲内部，

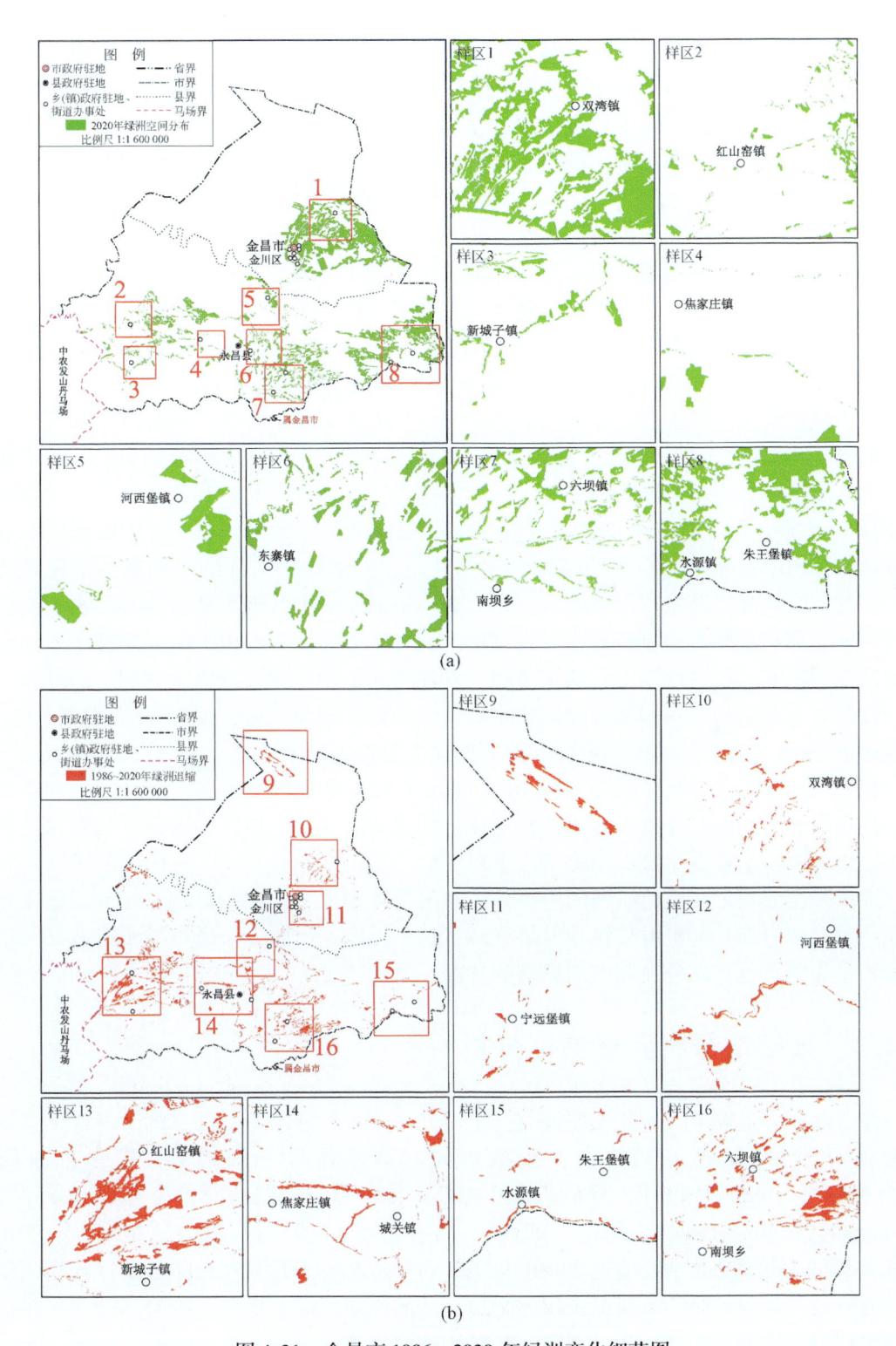

图 4-21　金昌市 1986~2020 年绿洲变化细节图

这是由于红山窑镇周边的农业用地出现了弃耕的现象,在农作物生长季内主要以裸土为主,遥感图像的分析显示该区域并没有植被反射的光谱特征。红山窑镇西部为裸土和无植被覆盖的山地,山地地貌以类丹霞地貌为主,不存在绿洲变化的情况。因此,红山窑镇绿洲退缩的主要原因是耕地弃耕。样区3为与红山窑镇毗邻的新城子镇,两个乡镇在空间上呈南北方向延伸的分布规律。1986~2020年,新城子镇南部的绿洲并未出现剧烈的变化,新城子镇北部是人工绿洲,以耕地为主,位于新城子镇南部的山麓冲积平原。

样区4位于永昌县西部的焦家庄镇绿洲,主要位于河流冲积扇的外围,该地绿洲基本属于耕地,也存在零星分布的天然植被和人工绿洲。该区域水源较为充足,焦家庄镇南部存在形状规则的绿洲扩张,主要是耕地的开垦。对比样区14内焦家庄镇南部的绿洲退缩情况,仅为小部分的绿洲退缩,因此,焦家庄镇周围的绿洲在1986~2020年内主要以扩张为主。样区5选取了永昌县北部的河西堡镇,该地区绿洲扩张较为明显且空间连续性较好。同时,与样区12对比可得,河西堡镇的绿洲退缩以绿洲外围的退缩为主,而扩张以绿洲内部的扩张为主。通过对比样区6中的东寨镇、样区7中的六坝镇、南坝乡的绿洲扩张及样区15所示的上述三个乡镇的绿洲退缩情况,可以总结出,永昌县中部地区绿洲以内部扩张和内部退缩同时存在的情况为主。其中,六坝镇西南部的绿洲退缩情况较为明显,而其他区域绿洲退缩较为破碎;上述三个乡镇的绿洲扩张则主要发生在绿洲内部,其中六坝镇北部和东北部的绿洲扩张较为规则。此外,上述三个乡镇的绿洲均位于永昌县东部的冲积平原上,以耕地为主,且东寨镇、六坝镇和南坝乡的绿洲集中在同一个冲积平原上。样区8为永昌县东部的朱王堡镇和水源镇绿洲扩张较为明显,绿洲扩张面积较大,对比样区16中上述两乡镇的绿洲退缩状况不明显,且较为破碎。

根据上述分析,对金昌市绿洲在1986~2020年的变化总结如下:金昌市绿洲主要位于金昌市内水系周围,分布在河流冲积平原上的绿洲居多。金川区绿洲面积与永昌县相比较小,绿洲扩张主要发生在绿洲外围,向北部的荒漠区延伸。而永昌县境内绿洲面积较大,除扩张主要发生在原始绿洲的内部外,在绿洲外围也有扩张的趋势;绿洲退缩主要发生在原始绿洲内部,这是由于耕地弃耕导致了绿洲退缩。因此,金昌市绿洲在1986~2020年以扩张为主,也有部分绿洲出现退缩的状况。

4.4.3 张掖市绿洲变化特征分析

河西五市中张掖市的绿洲规模最大,是研究区内最为繁荣的绿洲,约占河西走廊绿洲总面积的32%。1986~2020年,张掖市的绿洲整体呈扩张趋势,扩张总面积为1135.31km²。1986~1990年,绿洲出现小规模退缩,绿洲退缩的面积约为65.12km²。自1990年后,张掖市绿洲进入快速扩张阶段,其中1990~1995年、2005~2010年、2010~2015年绿洲变化动态度为2.03、1.49和1.21,均大于区域平均值1.06,是绿洲扩张最为剧烈的阶段,其他时期的绿洲扩张较为平稳。从面积增长量上来看,1990~1995年张掖市绿洲面积增长量为368.70km²,1995~2000年的面积增长量为177.08km²,2005~2010年张掖市绿洲的面积增长量为158.54km²,2005~2010年张掖市绿洲面积的增长量为

324.16km², 2015~2020 年的绿洲面积增长量为 182.01km², 2010~2015 年张掖市绿洲出现微小的退缩，退缩面积约为 10.06km²。根据上述数据统计结果可得，张掖市绿洲自 1990 年开始出现逐年增长的趋势，其中，1990~1995 年张掖市绿洲面积增长量最高，而 2010~2015 年绿洲面积基本保持不变（图 4-22）。从相对变化率上看，张掖市绿洲在 1990~1995 年、2005~2010 年绿洲变化强度较全区域大，其他时段小。

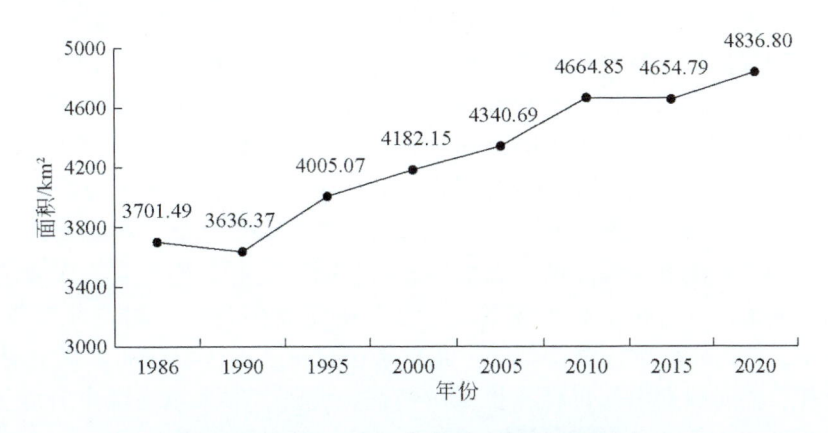

图 4-22　1986~2020 年张掖市绿洲面积变化

图 4-23 为张掖市 2020 年绿洲空间分布和 1986~2020 年绿洲变化图。如图 4-23（a）所示，截至 2020 年，张掖市绿洲自西向东主要分布在张掖市北部地区的高台县、临泽县、甘州区、山丹县以及民乐县。张掖市绿洲主要分布在肃南裕固族自治县北部的山麓冲积平原周围，分布较为集中，且绿洲轮廓较为规则，主要以农业用地为主。1986~2020 年，张掖市绿洲扩张较为稳定。仅在 1986~1990 年，绿洲出现了小规模的退缩。随后，1990~2010 年张掖市绿洲出现了大幅的扩张。到了 2010 年后，绿洲仍呈扩张趋势，并逐渐趋于稳定。张掖市绿洲总体呈东部绿洲分布范围较大、西部绿洲分布范围较小的空间分布状况。张掖市的高台县、临泽县、甘州区、民乐县和山丹县沿线大部分绿洲以农业绿洲为主，多位于河流域冲积平原上或者河流冲积平原外围，分布规律较为明显。

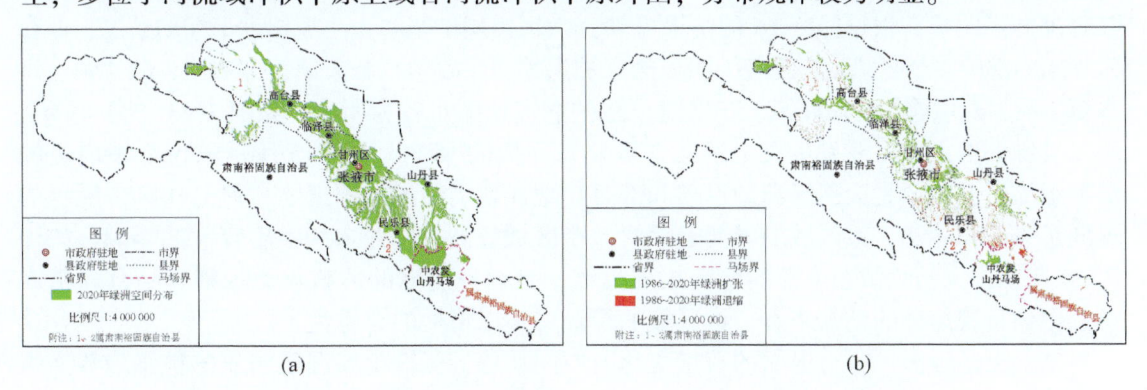

图 4-23　张掖市 2020 年绿洲空间分布（a）及 1986~2020 年绿洲变化（b）

如图 4-23（b）所示，1986~2020 年张掖市绿洲主要呈扩张趋势，山丹县西南部和南部的绿洲出现退缩状况。高台县绿洲在 34 年间以向绿洲外围延伸为主，临泽县绿洲向北部延伸的趋势较为明显，在绿洲内部的扩张也比较明显。临泽县绿洲主要分布在中部河流冲积平原及南部山麓洪积扇上。甘州区绿洲包括大部分农业绿洲和城市绿洲，绿洲扩张主要向甘州区南部延伸。甘州区内绿洲退缩主要出现在甘州区城区周边和甘州区南部的农业绿洲。高台县绿洲扩张主要出现在高台县南部的冲积平原上，该区域主要以农业绿洲为主，中部区域的绿洲扩张主要沿水系周边，高台县西南部存在零星分布的扩张和退缩的状态。总体而言，张掖市绿洲扩张的趋势逐年上升，绿洲退缩的情况并不明显。

图 4-24 是张掖市 1986~2020 年绿洲变化细节图。图 4-24 中，样区 1~样区 8 为张掖市绿洲扩张的细节图。样区 1 为肃南裕固族自治县所辖区域，该区域为农业绿洲，1986~2020 年出现绿洲扩张的情况较为明显，并未出现绿洲退缩的情况。样区 2 为肃南裕固族自治县明花乡，明花乡南部为荒漠区，无绿洲分布，而明花乡北部主要为农业绿洲。样区 3 为张掖市高台县南部的宣化镇和骆驼城镇，该区域绿洲在 1986~2020 年未发生退缩，主要以扩张为主。样区 4 为临泽县中部的平川镇和蓼泉镇。该区域绿洲扩张主要表现为向北部的荒漠延伸，同时绿洲内部也存在扩张的情况，此外，蓼泉镇南部也有绿洲外围扩张。样区 5 为甘州区东南部的上秦镇、梁家墩镇、党寨镇、碱滩镇以及三闸镇，该区域绿洲位于祁连山北麓的河流冲积平原上，绿洲扩张面积较大且形状较为规则，扩张较为明显。样区 6 为民乐县西北部的六坝镇及周边的绿洲扩张情况，绿洲扩张位于河流冲积扇上，包括大部分的农业绿洲和小部分天然绿洲，多为新开垦的耕地。如样区 7 所示，山丹县北部的位奇镇周边的绿洲主要是向绿洲外围扩张，且主要发生在河流冲积平原上，以规则的耕地为主，由此可见近年来该区域农业发展情况较好；陈户镇位于样区 7 中的绿洲边缘上。如样区 8 所示，山丹县大马营镇南部的绿洲扩张较为明显，以农业用地为主。而大马营镇西部也有零星的绿洲扩张。由于大马营镇西侧为山地，该区域的绿洲扩张以天然绿洲的扩张为主，其间也存在一定面积的农业绿洲。

样区 9~样区 16 为张掖市绿洲退缩的细节图。对比样区 12 所示的绿洲退缩情况表明，该区域绿洲退缩主要出现在绿洲内部和蓼泉镇南部的绿洲，尽管存在绿洲退缩的情况，但其程度并不明显。根据样区 16 的结果可知，六坝镇周围基本未出现绿洲退缩的情况，但在六坝镇南部的多个乡镇均出现较为明显的绿洲退缩，主要包括新天镇、丰乐镇、顺化镇、洪水镇一线，六墩农场、民联镇、三堡镇一线的绿洲退缩也较为明显。如图 4-23（b）所示，民乐县绿洲的退缩主要发生在上述几个乡镇及周边的绿洲。样区 15 所示的位奇镇周边的绿洲退缩情况主要是天然绿洲的退缩和部分耕地弃耕引起的绿洲退缩，但与样区 7 所示的绿洲扩张面积相比，该区域的绿洲退缩对整个区域绿洲扩张并未产生出较大的影响。如样区 14 所示，大马营镇东南部的绿洲出现退缩，且绿洲退缩的形状较为规则，结合高精度遥感图像目视解译的结果来看，该区域的绿洲退缩以耕地的弃耕为主。

结合上述绿洲扩张与退缩的数量变化及空间变化，张掖市绿洲呈明显的扩张趋势。张掖市绿洲沿祁连山北麓呈条带状分布，大多位于祁连山北麓的河流冲积平原上。张掖市绿洲扩张以农业绿洲为主，沿原始绿洲主体向绿洲外围扩张的情况较为明显。在张掖市绿洲

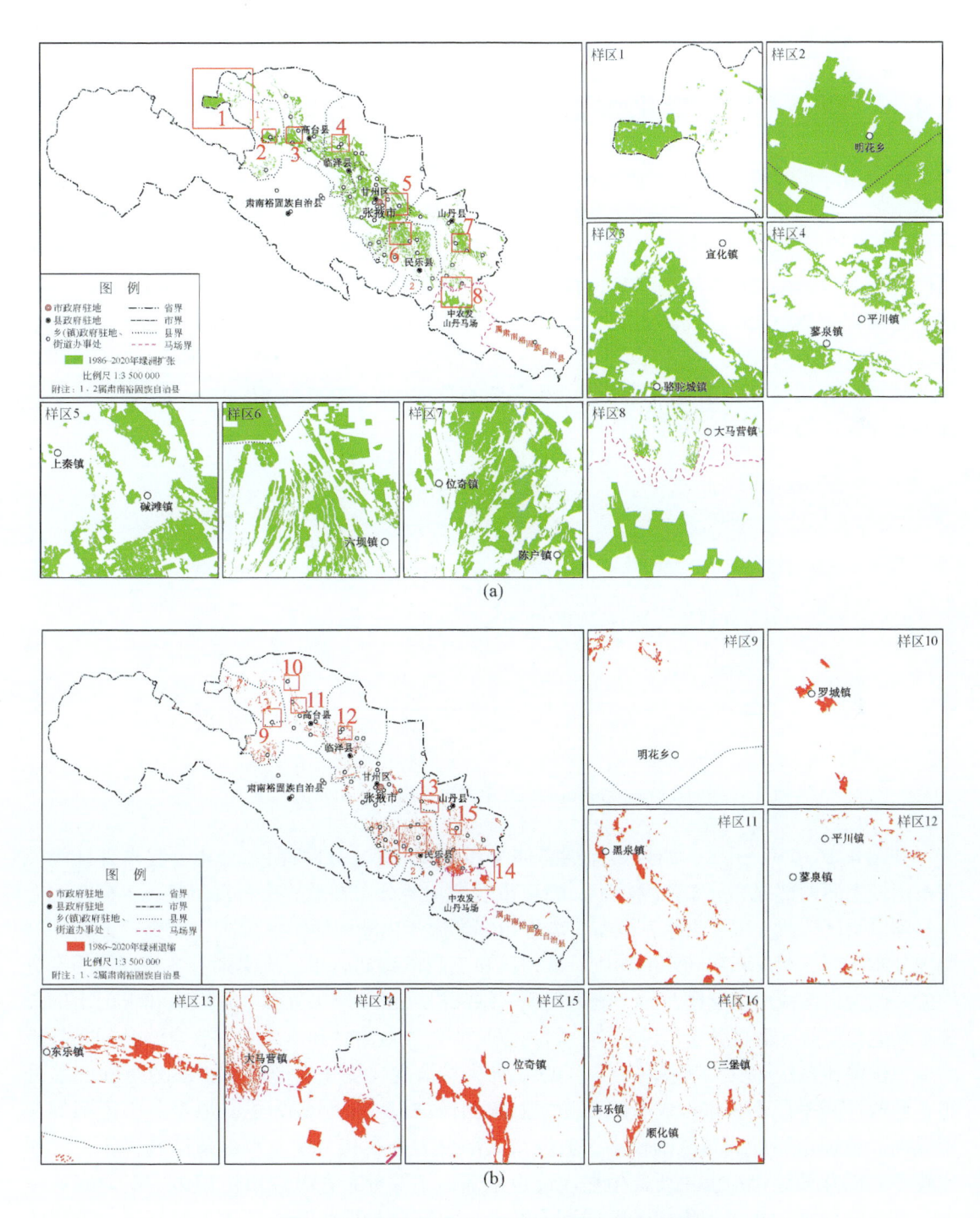

图 4-24　张掖市 1986~2020 年绿洲变化细节图

扩张的同时，也存在绿洲退缩的情况。绿洲退缩主要出现在民乐县和山丹县，甘州区及甘州区以西的绿洲未出现绿洲退缩的情况或绿洲退缩不明显。

4.4.4 酒泉市绿洲变化特征分析

酒泉市绿洲规模与张掖市相比而言较小，约占河西走廊绿洲总面积的29%。1986~2020年，该区域内的绿洲经历了"略有收缩—缓慢扩张—快速扩张"的过程，绿洲面积增加了1521.82km²。如图4-25所示，1986~1990年绿洲处于退缩状态，绿洲退缩面积为131.27km²。1990~2000年，酒泉市绿洲逐渐开始扩张，绿洲扩张面积为206.34km²，年均扩张面积为20.6km²。2000年后，绿洲进入快速扩张阶段，年均扩张面积为85km²，其中2000~2005年绿洲扩张最为剧烈，其绿洲扩张面积可达481.53km²。根据1986~2020年酒泉市绿洲相对变化率的统计结果分析可得，除1990~2000年和2015~2020年外，绿洲的变化强度均大于酒泉市全域。

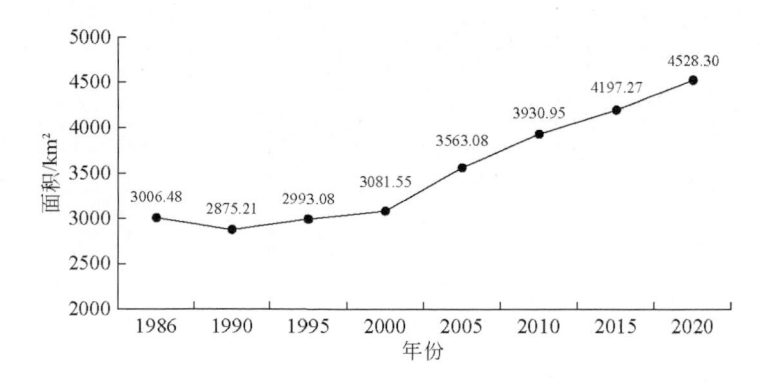

图 4-25 1986~2020 年酒泉市绿洲面积变化

如图4-26（a）所示，酒泉市绿洲总体分布呈条带状，自西向东分布，且东部绿洲分布范围较大而西部绿洲分布范围较小。酒泉市绿洲主要分布在敦煌市、瓜州县、玉门市、金塔县和肃州区一线，主要沿水系分布。敦煌市绿洲属于内陆河沙漠区模式，主要特征为天然绿洲分布于河流两岸和尾间湖泊周边。瓜州县和玉门市绿洲属于干流模式，主要特征为部分河流一侧为山区或山前戈壁，另一侧为荒漠，绿洲沿河道呈带状分布。敦煌市和玉门市的绿洲较其他几个县区而言分布范围较小。阿克塞哈萨克族自治县和肃北蒙古族自治县因其特殊的地理位置和自然环境，上述两个县区的绿洲基本未发生变化。金塔县中部的绿洲明显分布在河流冲积平原上，多以农业绿洲为主，肃州区内以农业绿洲为主，也存在小范围的城市绿洲。敦煌市绿洲分布范围较小，敦煌市大部分为荒漠和戈壁，水源条件与其他县区相比较差，因此敦煌市绿洲主要集中在敦煌市东部，主要分布在敦煌市区周边，多为农业绿洲。瓜州县绿洲分布较为集中的区域有两部分，一部分是瓜州县西部的瓜州县区、瓜州镇周边的绿洲，另外是位于瓜州县东部的以双塔镇、河东县以及三道沟镇一线为主的农业绿洲区，该绿洲北部为疏勒河干流，且绿洲西侧有小型水库，因此，绿洲较为稳定。

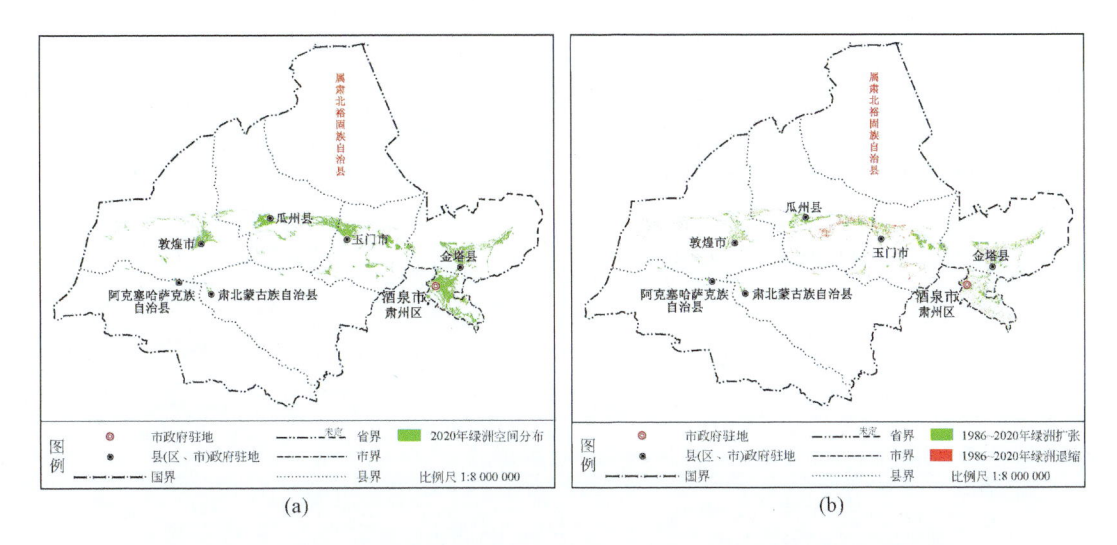

图 4-26　酒泉市 2020 年绿洲空间分布（a）及 1986~2020 年绿洲变化（b）

结合图 4-26（b）中近 34 年来酒泉市绿洲扩张与退缩的空间分布情况可以得出，1986~2020 年酒泉市绿洲退缩在空间上并不明显，主要的绿洲退缩发生在瓜州县和玉门市，在敦煌市和肃州区也有极少部分绿洲发生退缩情况。近 34 年来，酒泉市绿洲扩张在空间分布上较为明显，绿洲扩张最为明显的县区包括瓜州县、玉门市和金塔县，其中金塔县绿洲扩张面积较大，是上述几个县（市）中绿洲扩张最为明显的县区。金塔县绿洲扩张主要存在于金塔县中部的河流冲积平原上，该区域蓄水较好，且有水库灌溉，因此绿洲扩张较为稳定，且在 34 年来扩张最为明显。该区域绿洲主体为农业绿洲，在绿洲内部也存在天然绿洲，绿洲生态较好。肃州区绿洲主要位于鸳鸯池水库和北大河下游的河流冲积平原上，该区域绿洲水源条件较好且基本为农业绿洲，绿洲主体较为稳定，在近 34 年内变化强度不高，变化不剧烈，主要是以绿洲扩张为主。

如图 4-27 所示，样区 1 为酒泉市敦煌市西南部的阳关镇，该区域东靠黄水坝水库。因此，该区域在 34 年来绿洲变化较为稳定，绿洲扩张主要位于绿洲外围，而绿洲内部未发生退缩。例如，样区 9 的阳关镇周边绿洲退缩主要发生在阳关镇西北部的绿洲外围，该区域的绿洲退缩主要是因为耕地撂荒导致的农业绿洲退缩，其余绿洲仍处于扩张或稳定不变的状态。样区 2 为敦煌市区周边的绿洲扩张状态。该区域绿洲主体位于党河下游的冲积平原上，属尾闾绿洲。因此，该区域绿洲扩张的趋势较为稳定，主要发生在绿洲内部及河流两侧和绿洲外围，有向北部的荒漠区延伸的趋势。样区 3 位于瓜州县西部的绿洲，包括瓜州镇、广至藏族乡、南岔镇以及渊泉镇。该区域绿洲以农业绿洲为主，其间包括较少部分的天然绿洲。根据样区 3 可得，瓜州乡、广至藏族乡以及南岔镇周边绿洲在 1986~2020 年主要以扩张为主，主要发生在农业绿洲内部和农业绿洲外围，呈现以沿水系分布为主的特点，瓜州镇北部为疏勒河干流，因此该区域的农业绿洲发展较好。样区 4 为瓜州县东部的绿洲，主要包括布隆吉乡、腰站子东乡族镇、双塔镇和沙河回族乡。该区域位于昌马灌区，绿洲规模较大但分布较为零散。在兔葫芦河尾闾出现较小规模的绿洲，以农业绿洲与

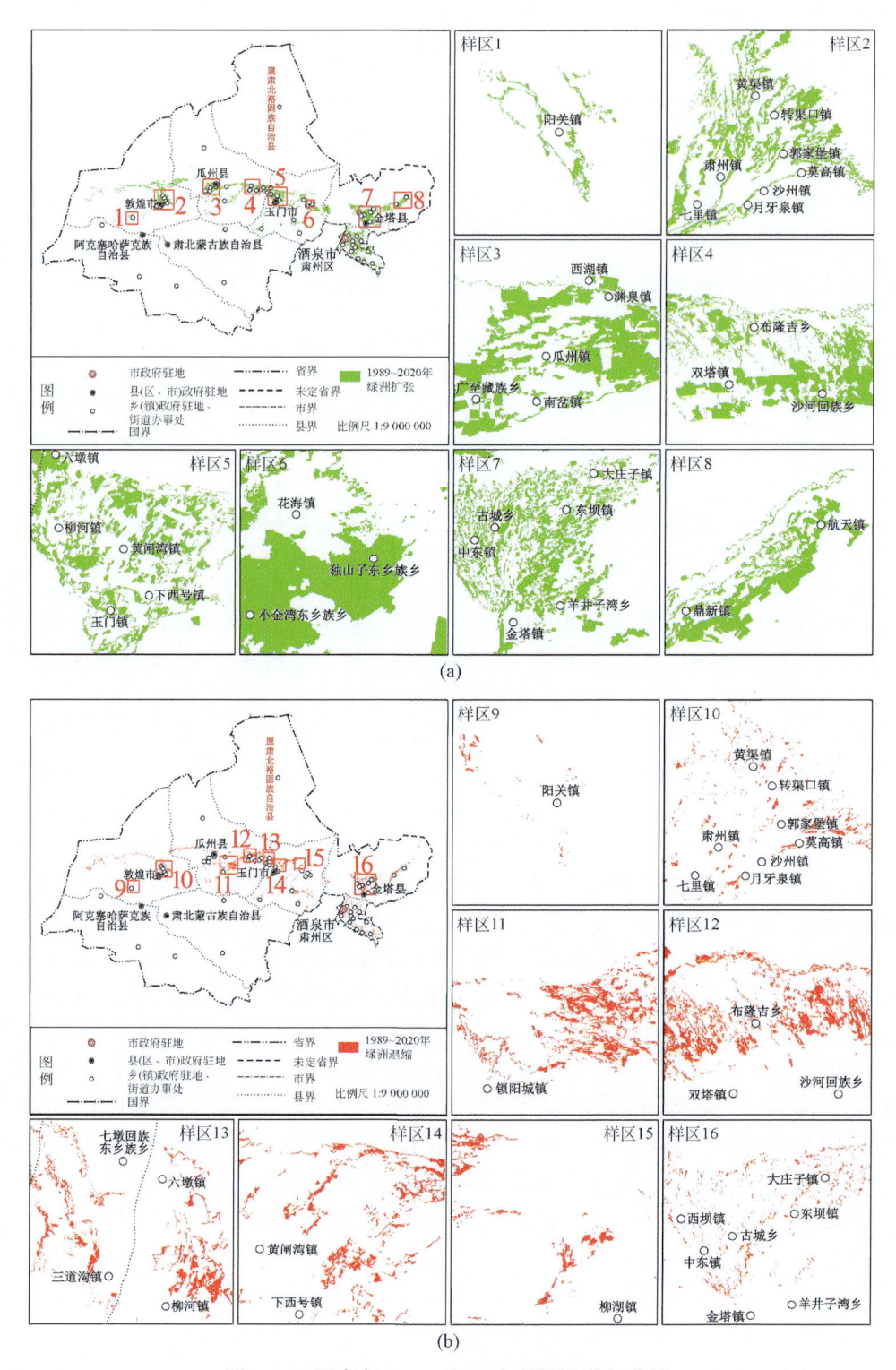

图 4-27　酒泉市 1986~2020 年绿洲变化细节图

天然绿洲为主。样区 5 为玉门市西部的绿洲，该区域同属昌马灌区，因此绿洲空间分布规模较大。该区域绿洲扩张以绿洲内部的填充和绿洲外围的扩张两种类型为主，绿洲内部的填充使该区域绿洲在整体的空间分布上更为完整。样区 6 为玉门市东部的绿洲扩张空间分布状况，该区域绿洲主要呈扩张趋势，且扩张以绿洲内部的填充为主。

样区 7 为金塔县绿洲扩张的细节分析图，该区域绿洲主要位于鸳鸯池灌区，故也称鸳鸯池灌区绿洲，是北大河下游尾闾的冲积扇绿洲，呈倒三角形。1986～2020 年，该区域绿洲呈显著的扩张趋势，扩张主要发生在绿洲内部。同时，在金塔绿洲外围也出现了绿洲的扩张，主要位于大庄子乡北部的绿洲。样区 8 为金塔县鼎新镇和航天镇所在的样区，该区域绿洲主要沿黑河水系分布，西邻北河湾上水库，南接沙枣墩水库以及芨芨水库等。该区域周边水库较多且位于黑河水系周边，水源条件较好。该区域绿洲主要为农业绿洲，在 1986～2020 年，该区域绿洲呈显著的扩张趋势，绿洲扩张以向东部扩张为主。

就样区 10 所示的敦煌市区周边绿洲退缩的情况而言，敦煌市区周边绿洲主要以扩张为主，且绿洲扩张的趋势远大于绿洲退缩的趋势。对比样区 10 可得，该区域绿洲的退缩发生在绿洲内部，主要位于莫高镇、郭家堡镇和转渠口镇周边，但绿洲退缩的情况不明显。如样区 12 所示，伴随着绿洲扩张的同时，昌马灌区绿洲的退缩也尤为明显，尤其以布隆吉乡、双塔镇和沙河回族乡周边绿洲为主的退缩尤为明显。样区 13 的绿洲退缩主要出现在柳河镇、黄闸湾镇等乡镇周围。样区 14 为金塔县绿洲的退缩情况。1986～2020 年，金塔县绿洲退缩主要发生在绿洲内部，该部分退缩主要是由自然和人文条件不足导致的农业绿洲退缩，以耕地撂荒为主。样区 15 中未出现明显的绿洲退缩，但在该区域西端出现了较为明显的绿洲退缩情况，该区域绿洲退缩主要是因为天然绿洲受环境影响较大，在近 34 年的变化中出现明显绿洲退缩的情况。

综上所述，酒泉市绿洲总体分布表现为东部绿洲分布范围较广而西部分布范围较小。东部绿洲分布较为聚集，绿洲几何形状较为简单；西部绿洲分布较分散，绿洲集合形状较为破碎。酒泉市绿洲大多位于河流冲积平原上。就整个研究时间序列而言，酒泉市绿洲的扩张趋势远大于退缩的趋势。其中，瓜州县昌马灌区绿洲、金塔县绿洲的扩张最为明显。

4.4.5 嘉峪关市绿洲变化特征分析

嘉峪关市的绿洲规模是河西五市中最小的，仅占河西走廊地区绿洲总面积的 1% 左右。嘉峪关市绿洲一直处于稳定扩张中，绿洲扩张总面积为 119.46km^2。1986～2000 年为缓慢扩张状态，年均扩张面积为 1.11km^2。2000 年之后，绿洲进入相对快速的扩张时期，其中 2010～2015 年绿洲扩张总面积最大，约为 61.52km^2。嘉峪关市绿洲年均扩张面积约为 3.51km^2。自 2010 年后，嘉峪关市绿洲面积趋于稳定，未发生显著变化。从相对变化率上看，除 1990～1995 年、1995～2000 年外，嘉峪关市的绿洲扩张均大于全区域均值（图 4-28）。

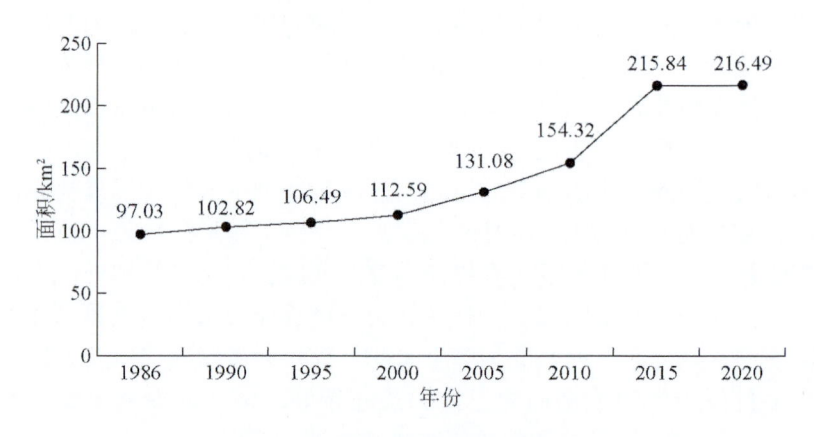

图 4-28　嘉峪关市绿洲面积变化

如图 4-29 所示，截至 2020 年，嘉峪关市绿洲空间分布主要以嘉峪关市中部、东北部和东南部为主，绿洲斑块几何形状较为完整、简单。嘉峪关市绿洲空间分布主要位于嘉峪关市区周边、嘉峪关市新城镇周边及嘉峪关市文殊镇周边。嘉峪关市绿洲整体分布表现为西部绿洲分布较为离散，而东中部地区绿洲分布范围较广，且绿洲较为稳定。嘉峪关市绿洲主要沿北大河水系分布。嘉峪关市区周边的绿洲以农业绿洲和城市绿洲交错分布为主，其中农业绿洲面积较大，新城镇周边绿洲以农业绿洲为主，文殊镇绿洲位于北大河尾闾的冲积扇平原上，呈三角状，主要包括大部分耕地和小范围的天然绿洲。嘉峪关市西部零散分布的绿洲属酒钢一队农场的农业用地，该区域北靠十八里沟山地，东邻大草滩水库，因此绿洲扩张较为明显，但因周边为荒漠区和未利用地，该区域绿洲分布范围并不广。嘉峪关市中部的绿洲为黄草营村的耕地，该区域的绿洲主要为农业绿洲，绿洲的几何形状较为规则且单一。本节将重点分析嘉峪关市绿洲范围较广的嘉峪关市区周边的绿洲、文殊镇周边的绿洲及新城镇周边的绿洲。

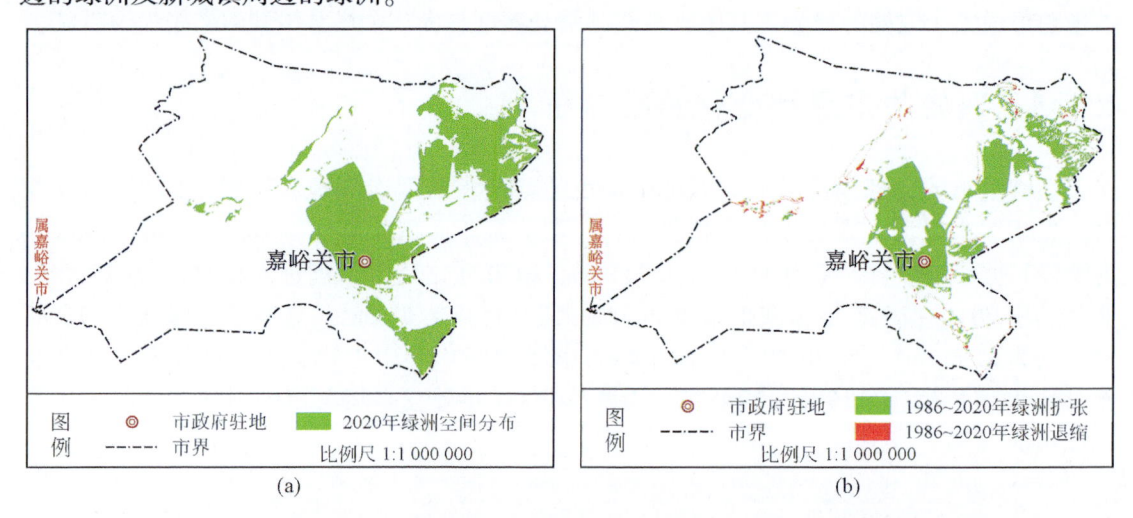

图 4-29　嘉峪关市 2020 年绿洲空间分布（a）及 1986~2020 年绿洲变化（b）

如图4-29（b）所示，1986~2020年嘉峪关市绿洲扩张较为明显，尤其以嘉峪关市区周边的绿洲为主，该区域绿洲主要向原始绿洲外围扩张，且扩张范围较大。该区域内部的空白区主要为嘉峪关市内的建设用地，嘉峪关市区内的城市绿洲分布较为明显。而嘉峪关市外围的绿洲以峪泉镇的农业绿洲在近年来扩张范围较大，嘉峪关市周边的绿洲在近34年内基本未出现退缩的情况，且该区域绿洲扩张的趋势明显大于绿洲退缩的趋势。该区域绿洲退缩主要出现在新城镇绿洲的最外围，结合高分辨率遥感图像目视解译结果可知，该区域绿洲退缩主要是由于耕地摞荒导致的农业绿洲退缩。文殊镇周边的绿洲在近34年内未出现明显的退缩和扩张变化，绿洲主体较为稳定，仅在文殊镇西北部的河口村等地的外围出现较小规模的绿洲扩张情况。而在嘉峪关西部的酒钢农场一队所在的周边绿洲出现了较为明显的绿洲扩张和退缩的情况，这主要是由于该区域内天然绿洲分布范围较大，受自然环境的影响，该区域绿洲与其他部分的绿洲相比在近34年内变化程度较为剧烈。

鉴于嘉峪关市绿洲分布在河西走廊地区地级行政区划中所占比例最小，且嘉峪关市无下辖县级行政区，因此，本小节在选取样区时考虑上述情况，选取了14个样区以研究嘉峪关市在1986~2020年的绿洲扩张与退缩的细节（图4-30）。例如，样区1为嘉峪关市西部的酒钢农场一队所在的绿洲，该区域绿洲扩张主要位于绿洲外围，在绿洲外围的扩张较为明显，且有较为完整的绿洲扩张出现。样区2为嘉峪关市区周边的峪泉镇绿洲，该区域绿洲在整个研究时间序列内的扩张很明显，且扩张面积较大。样区3为嘉峪关市区北部的

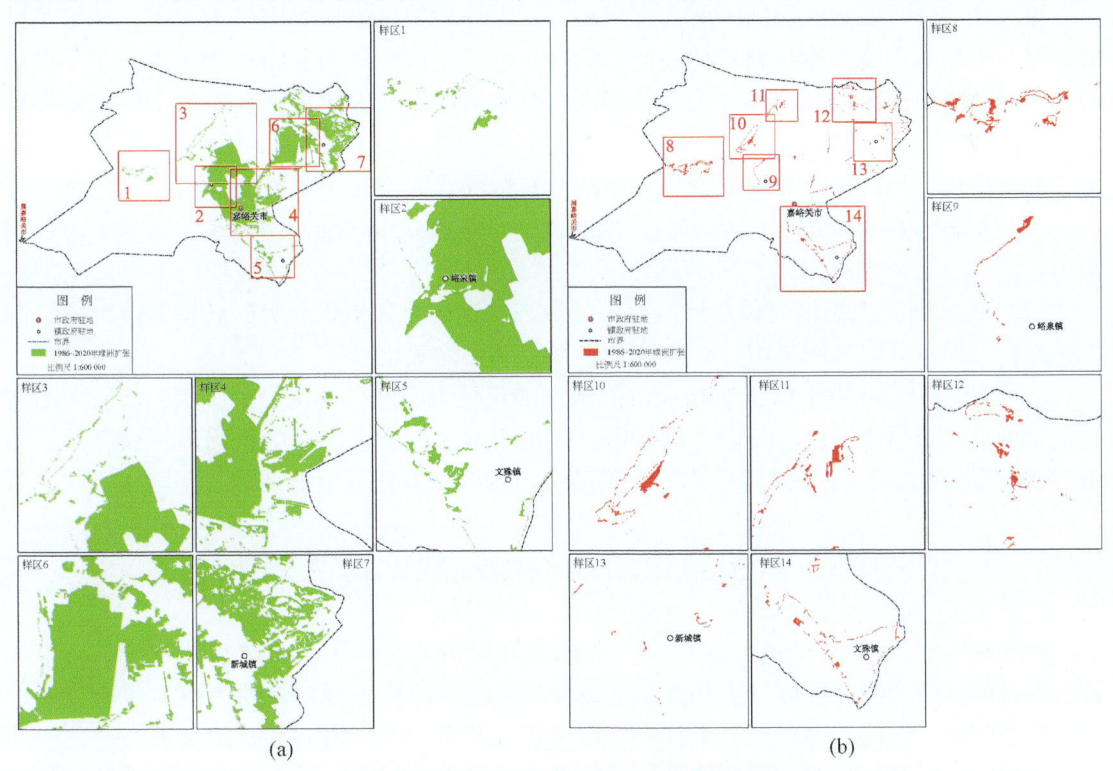

图4-30　嘉峪关市1986~2020年绿洲变化细节图

绿洲扩张，该区域绿洲扩张的几何形状较规则，以城市绿洲为主。样区4为以嘉峪关市东部的贾家庄子为主的农业绿洲的扩张情况，该区域绿洲扩张主要出现在绿洲外围的农业用地，而未见明显的绿洲退缩。样区5为位于北大河尾闾河流冲积平原上的文殊镇，该区域绿洲区域稳定，出现了向西部扩张的趋势。样区6为新城镇西南部的农业绿洲，该区域绿洲总体较为稳定，向新城镇方向延伸的趋势明显，且已逐渐与新城镇的绿洲连接，形成几何形状规则的、规模较大且完善的农业绿洲的雏形。样区7为嘉峪关市新城镇所在地周边的绿洲，该区域绿洲主体较为规则，且绿洲内部扩张较为明显，绿洲向西南延伸，与酒泉市肃州区的果园镇绿洲相连，绿洲变化较为稳定，未出现明显的波动。

如样区8所示，该区域绿洲在近34年内出现了较为严重的绿洲退缩，该绿洲位于荒漠区，大草滩水库的水源条件对农业绿洲的稳定发展起到了重要作用，该区域绿洲退缩的主要原因在于自然环境影响下天然绿洲的退缩。如样区8所示的绿洲退缩情况显示，该区域绿洲扩张的趋势远大于绿洲退缩的趋势，峪泉镇周边的绿洲扩张是以农业绿洲扩张为主，以城市内部建设的人工绿洲为辅的绿洲扩张格局。样区14为嘉峪关市西南部的文殊镇绿洲退缩的情况，该区域绿洲在内部出现了小规模的退缩情况。样区13为新城镇1986~2020年绿洲的退缩情况，如样区13所示，新城镇在近34年内基本未出现较大范围的绿洲退缩，仅在绿洲内部出现零星的绿洲退缩情况，并不影响该区域绿洲扩张的趋势。

根据上述分析结果显示，嘉峪关市在1986~2020年绿洲主要以扩张为主，虽然嘉峪关市绿洲在河西走廊地区绿洲中所占比例最少，但嘉峪关市绿洲类型较为丰富，涵盖了城市绿洲、天然绿洲及农业绿洲三种类型。同时，嘉峪关市绿洲的分布较为集中，主要以嘉峪关市区及周边乡镇的绿洲为主，部分绿洲与其他县区的绿洲相连，在空间上形成规模较大的绿洲。

综上所述，河西五市的绿洲变化及空间分布情况有如下几个主要的特征：

（1）绿洲规模最大的为张掖市，其次为酒泉市、武威市、金昌市三市，嘉峪关市规模最小。

（2）从绿洲面积变化来看，河西五市的绿洲均呈现显著扩张趋势，其中武威市的绿洲扩张面积最大，其次为酒泉市、张掖市、金昌市和嘉峪关市。

（3）从相对变化率上看，嘉峪关市的绿洲变化最为剧烈，其次为武威市，然后为酒泉市、张掖市、金昌市三市。其中，酒泉市、张掖市两市大于全区域的平均值，而金昌市的相对变化率为0.80，低于区域平均值，说明该市的绿洲变化强度较弱。

4.5 基于县级单元的绿洲变化特征分析

河西地区的20个县（市、区）中，天祝藏族自治县、阿克塞哈萨克族自治县和肃北蒙古族自治县的大部分区域位于祁连山区或荒漠戈壁草原区，绿洲规模本身就很小，而且变化也不显著，因此本书对这三个县不加以分析。其实，肃南裕固族自治县的大部分也处于祁连山中，但其在河西走廊平原地区也拥有数量可观的绿洲，故本书并未将该县排除在外。由此，参与分析的县域单元总共有17个（表4-3）。

表 4-3　不同绿洲变化类型所包括的县（市、区）

变化类型	所含县（市、区）
"持续扩张"型	嘉峪关市、肃州区、高台县、金川区、古浪县
"稳定—扩张"型	金塔县、临泽县、敦煌市、肃南裕固族自治县、民乐县
"萎缩—扩张"型	瓜州县、山丹县、甘州区、玉门市
"扩张—萎缩—扩张"型	凉州区、民勤县、永昌县

从县级行政区划的尺度上分析可得，河西走廊的绿洲扩张区域主要集中在河西走廊东南地区的古浪县、凉州区、民勤县等地区，扩张面积占河西走廊扩张总面积的48%。其中，古浪县的绿洲面积扩张达到260km²，为研究区内扩张最为剧烈的地区，占总扩张面积的25%。

根据绿洲变化的过程特征，将各个县（市、区）划分为"稳定—扩张"型、"萎缩—扩张"型、"持续扩张"型、"扩张—萎缩—扩张"型四种变化类型。各类型所包括的地区如表4-3所示。

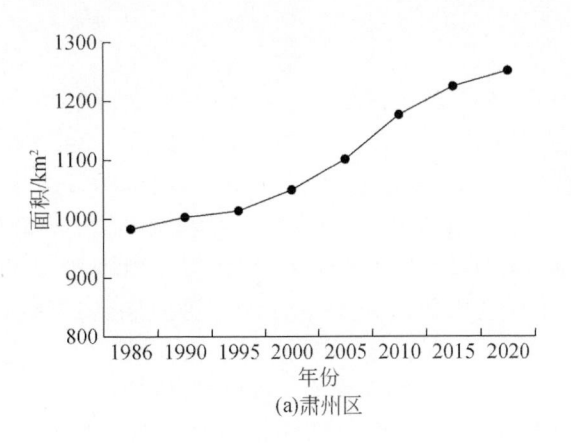

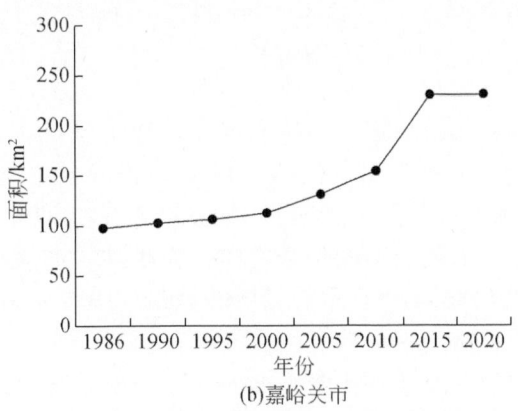

4.5.1　"持续扩张"型

"持续扩张"型即指，在1986~2020年均呈现扩张趋势。具备这种特征的地区包括嘉峪关市、肃州区、高台县、金川区、古浪县五个县（市、区）。但不同年份的扩张强度不同，嘉峪关市、肃州区绿洲扩张最为剧烈的年份比较晚，为2010~2015年，金川区较早，为1995~2000年，而古浪县更早，为1986~1990年。肃州区、高台县各个时期的绿洲扩张强度基本稳定，也就是一直处于稳定扩张之中（图4-31）。

(a) 肃州区

(b) 嘉峪关市

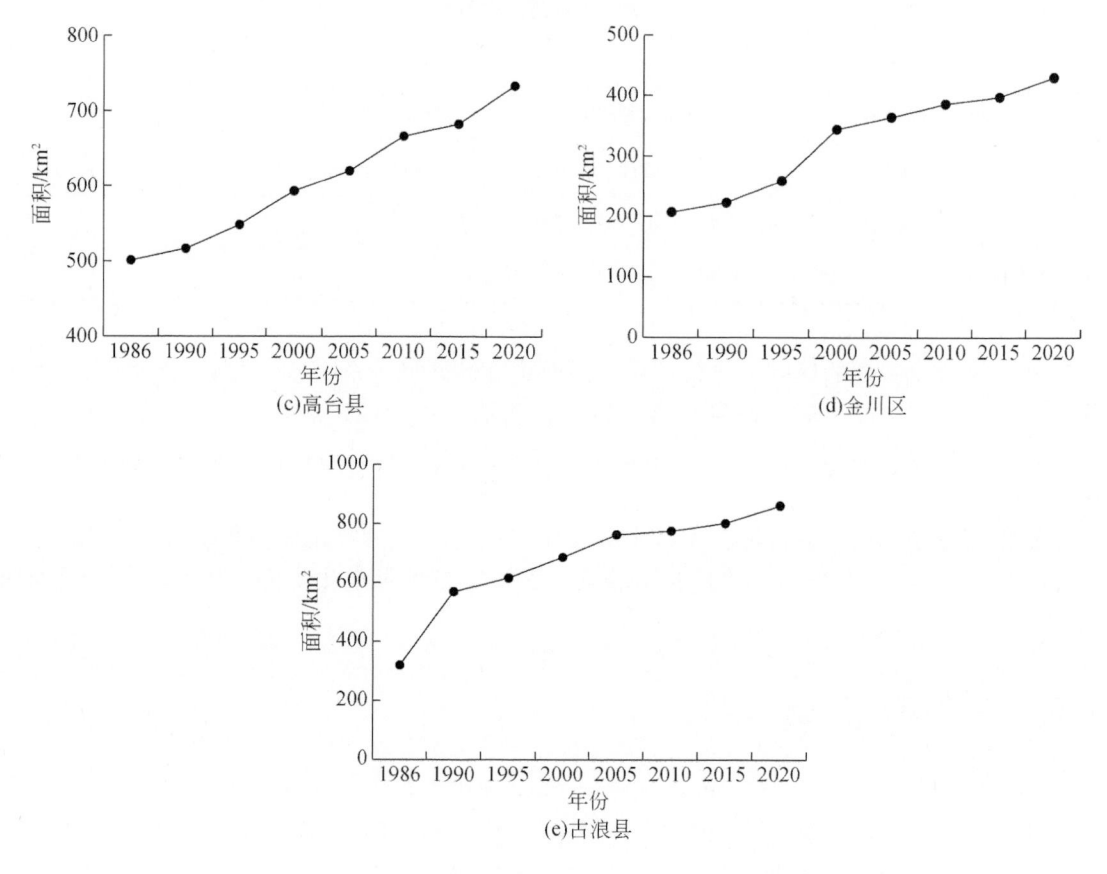

图 4-31 "持续扩张"型县（市、区）绿洲净扩张面积

4.5.2 "稳定—扩张"型

为与"持续扩张"型县（市、区）的变化特征做出区别，本节将在前期绿洲面积基本保持稳定，后期出现了较为明显扩张的县（市、区）的绿洲变化特征定义为"稳定—扩张"型，包括金塔县、临泽县、敦煌市、肃南裕固族自治县、民乐县五个县（市）。其中，金塔县的绿洲以 2000 年为转折点，2000 年之前绿洲规模基本不变，2000年之后处于不断扩张之中；临泽县绿洲规模变化的转折点出现在 1990 年；敦煌市绿洲在 1986~1990 年有轻微的扩张，1990~2000 年基本稳定，2000 年之后进入剧烈扩张阶段；肃南裕固族自治县绿洲在 1986~1990 年出现轻微的萎缩，之后持续扩张，尤其是2010~2015 年扩张更加明显；民乐县绿洲在 2005 之前基本稳定，2005 年以后处于扩张中，尤其以 2005~2010 年扩张显著（图 4-32）。

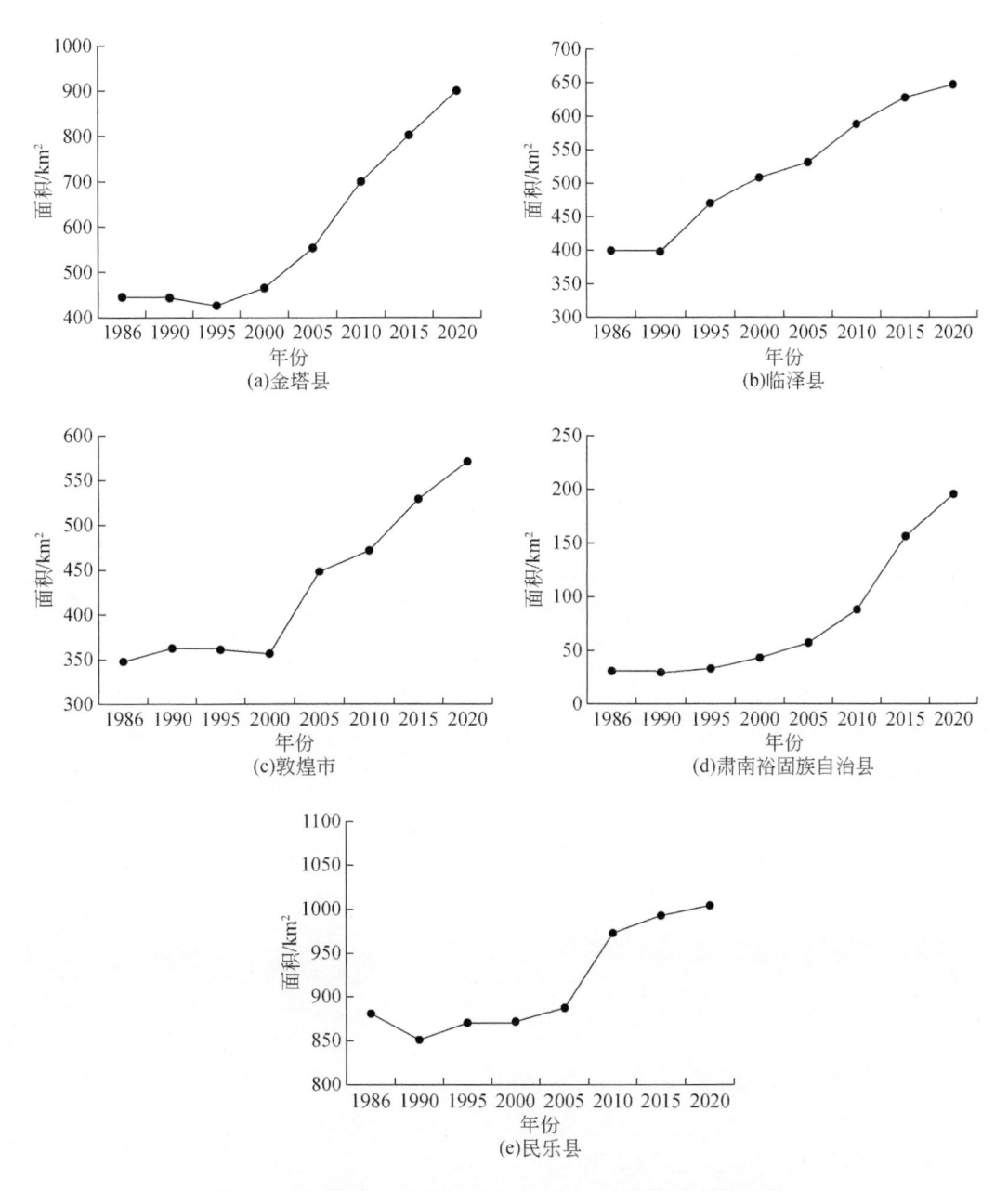

图 4-32 "稳定—扩张"型县（市、区）绿洲净扩张面积

4.5.3 "萎缩—扩张"型

瓜州县、山丹县、甘州区、玉门市四个县（市、区），在 1986~1990 年绿洲面积出现明显的萎缩，1995~2020 年又持续扩张，不同时期扩张的强度不同，出现这类绿洲变化特

征的地区被定义为"萎缩—扩张"型。瓜州县绿洲扩张强度最大的年份为2000～2005年，甘州区出现在1990～1995年；山丹县的绿洲1990～1995年扩张强度较大，1995年之后扩张强度减弱，呈稳定扩张趋势；玉门市绿洲扩张出现较晚，以2010年为转折点，之前有所波动，之后持续扩张，尤其是以2010～2015年扩张幅度最大（图4-33）。

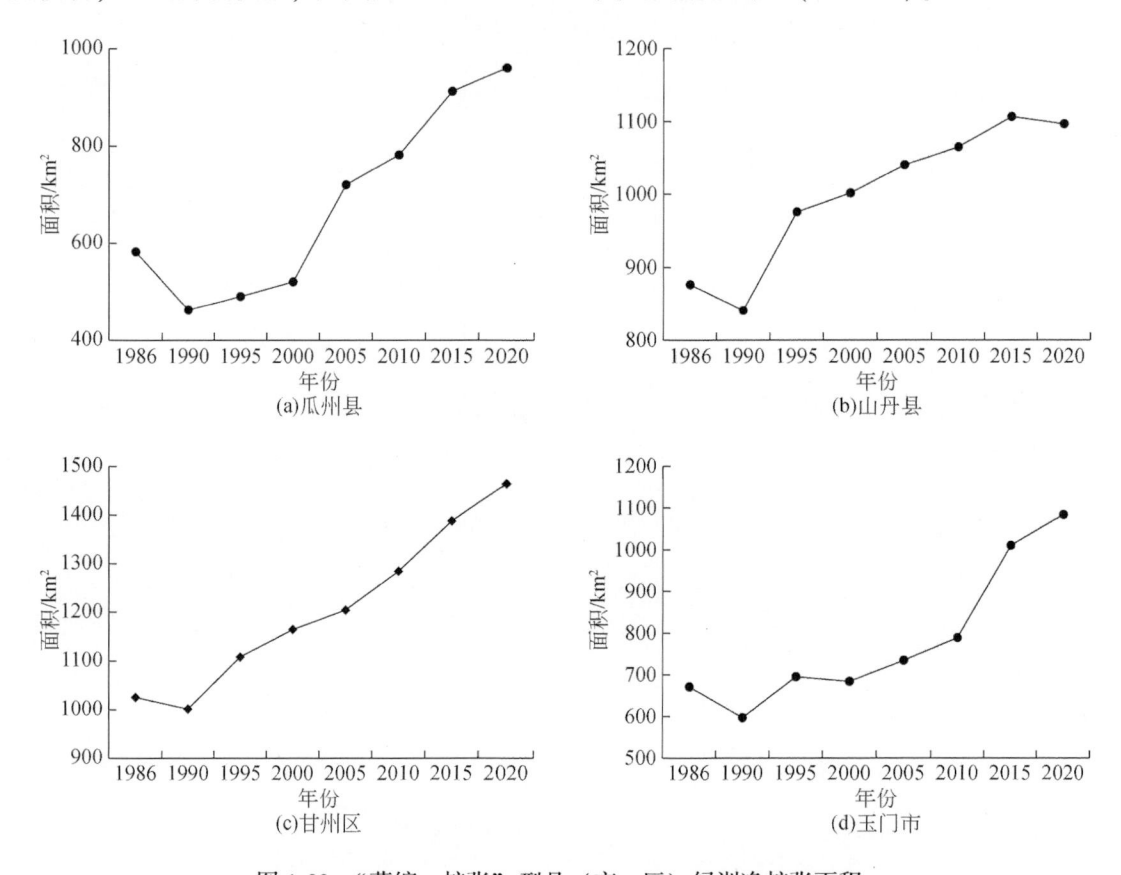

图4-33 "萎缩—扩张"型县（市、区）绿洲净扩张面积

4.5.4 "扩张—萎缩—扩张"型

在近34年中，河西地区绿洲变化多样。在部分县（市、区）内，绿洲面积在前期处于持续扩张中，中间有某个阶段出现明显萎缩，之后再持续扩张。此类县（市、区）包括凉州区、民勤县、永昌县三个县（区）。其中，凉州区和民勤县的绿洲变化过程相似，1986～2005年稳定扩张，2005～2010年出现绿洲萎缩，2010～2020年绿洲继续扩张；永昌县的绿洲在1990～1995年出现萎缩，其余年份均处于扩张中，2005年后绿洲面积扩张速度明显减缓（图4-34）。

统计各个县（市、区）1986～2020年的绿洲数量变化特征，图4-35为各县（市、区）扩张的净面积，从图4-35中可以看出，1986～2020年河西地区17个县（市、区）的

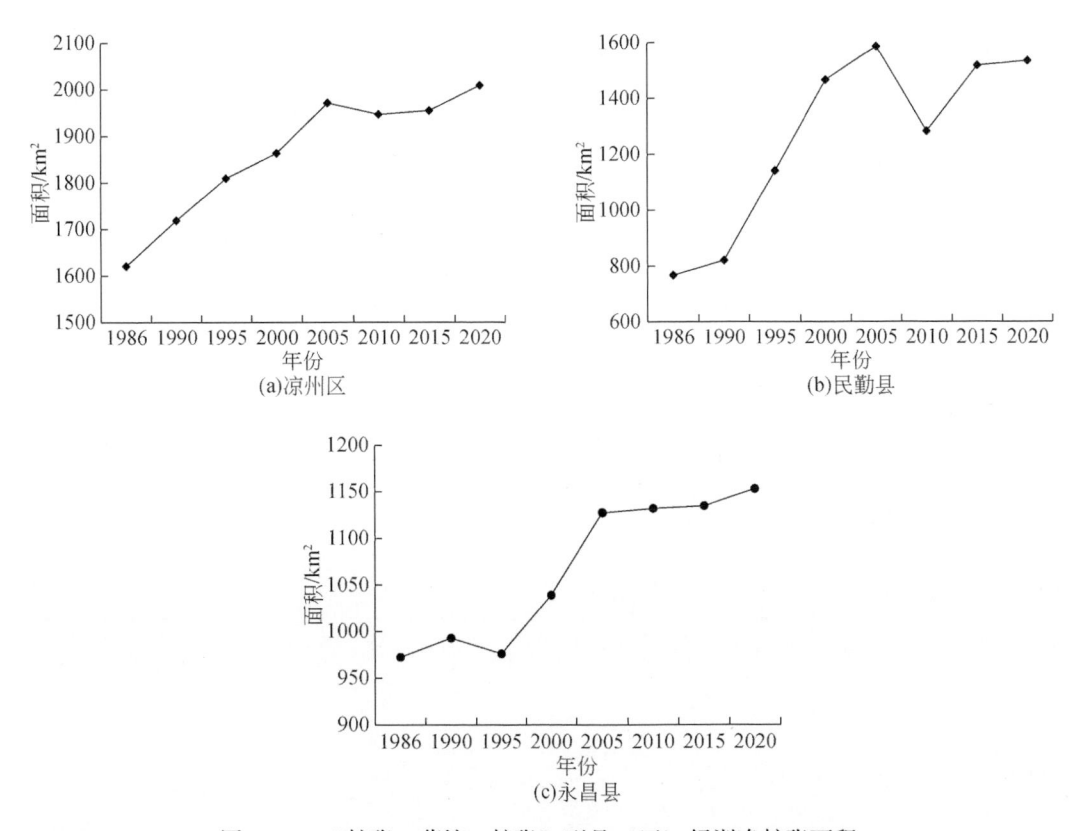

图 4-34 "扩张—萎缩—扩张"型县（区）绿洲净扩张面积

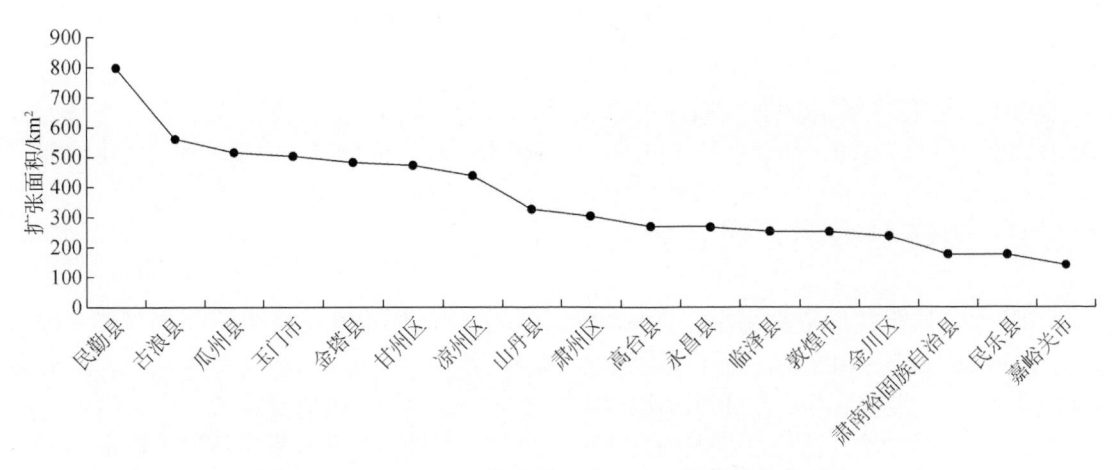

图 4-35 1986～2020 年各县（市、区）绿洲扩张净面积

绿洲均呈现明显扩张的趋势，但是不同县（市、区）的扩张面积不同：民勤县扩张面积最大，其次为古浪县，之后是瓜州县、玉门市、金塔县、甘州区、凉州区、山丹县、肃州区、高台县、永昌县、临泽县、敦煌市、金川区、肃南裕固族自治县、民乐县，嘉峪关市

| 73 |

的绿洲扩张面积最小。

图 4-36 为各县（市、区）单一动态度，反映了区域内绿洲的扩张强度。从图 4-36 中可以看出，不同县（市、区）的扩张强度不同，其中肃南裕固族自治区的扩张强度最大，其次为古浪县、嘉峪关市、金川区、金塔县和民勤县，均大于河西地区的均值，而瓜州县、敦煌市、玉门市、临泽县、高台县、甘州区、肃州区、山丹县、凉州区等县（市、区）的小于平均值，而且是依次降低的，扩张强度较小的为永昌县、民乐县。

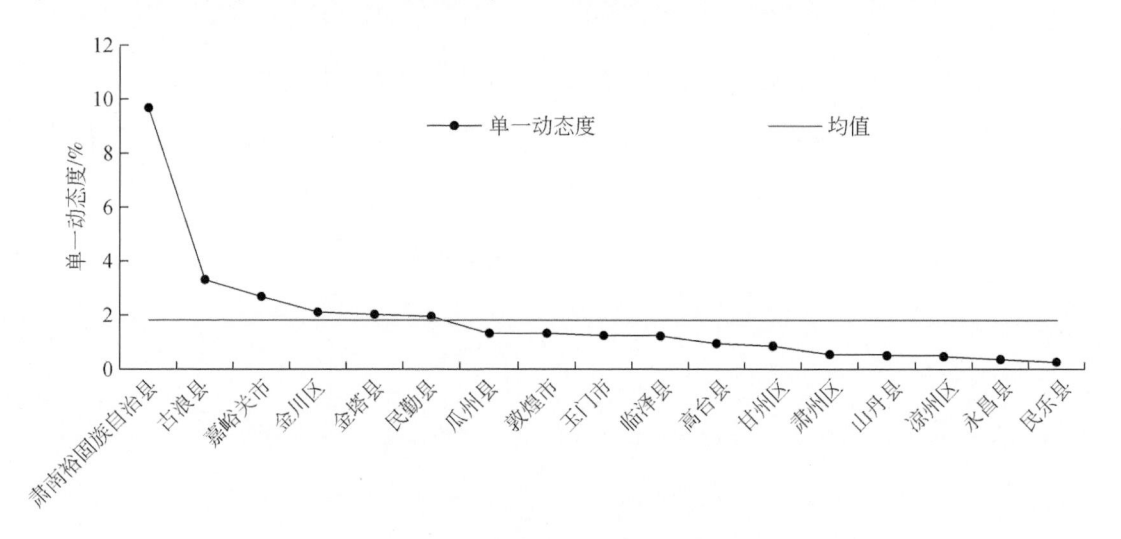

图 4-36 1986~2020 年各县（市、区）绿洲面积单一动态度

4.6 典型县区绿洲化时空变化分析

如前文所述，河西地区有绿洲分布的县（市、区）有 17 个，我们分别从黑河流域、石羊河流域、疏勒河流域选择金塔县、民勤县、敦煌市三县（市）进行典型绿洲的变化分析。

4.6.1 金塔县绿洲化时空变化分析

金塔县隶属于甘肃省酒泉市，地处河西走廊中段北部边缘，位于东经 97°58′~100°20′、北纬 39°47′~40°59′，全县总面积为 1.88 万 km²，东西长约 250km，南北宽约 400km。东部、北部与内蒙古自治区额济纳旗毗连，西面与甘肃省嘉峪关市、玉门市、肃北内蒙古自治县接壤，南与酒泉市和张掖市的高台县为邻。金塔县属于典型的温带干旱大陆性气候，冬季寒冷，夏季炎热，温差大，日照充足，蒸发大。金塔县曾荣获全国农业先进县、全国科技进步先进县、全国商品粮基地县、全国平原绿化达标县、全国百强产棉县、全国基本农田保护工作先进单位等称号。根据第七次人口普查数据，截至 2020 年 11 月 1 日零时，金塔县常住人口为 121 766 人。2022 年，金塔县生产总值为 92.6 亿元，同比增长 11.9%。其中，第一产业为 34.9 亿元，同比增长 6.6%，第二产业为 30.6 亿元，同比增长36.3%，第三产业为27.0亿元，同比增长2.9%。

1. 变化速度与趋势分析

如图4-37（a）所示，从面积上看，35年来，金塔县绿洲的面积变化经历了"稳定不变—略微退缩—快速扩张"的过程。其中，1986~1990年绿洲的面积保持不变，1986年、1990年绿洲面积分别为442.00km²、444.00km²；1995年绿洲面积轻微缩小，为427.00km²；1995年之后，绿洲进入持续扩张阶段，绿洲面积逐年增大，由1995年的427.00km²增加到2020年的899.96km²，25年内扩张了超过一倍。

从绿洲变化动态度上看（单一动态度），1986~1990年绿洲基本没有变化，单一动态度仅为0.08%；1990~1995年绿洲变化的强度为-0.77%，说明绿洲萎缩，且萎缩强度不大；1995~2010年绿洲的变化强度逐年增大，其中2005~2010年达到5.32%，为整个研究时期内绿洲变化最为剧烈的时期；2010~2020年绿洲变化强度减小，2010~2015年和2015~2020年绿洲变化强度分别为3.63%和3.06%［图4-37（b）］。

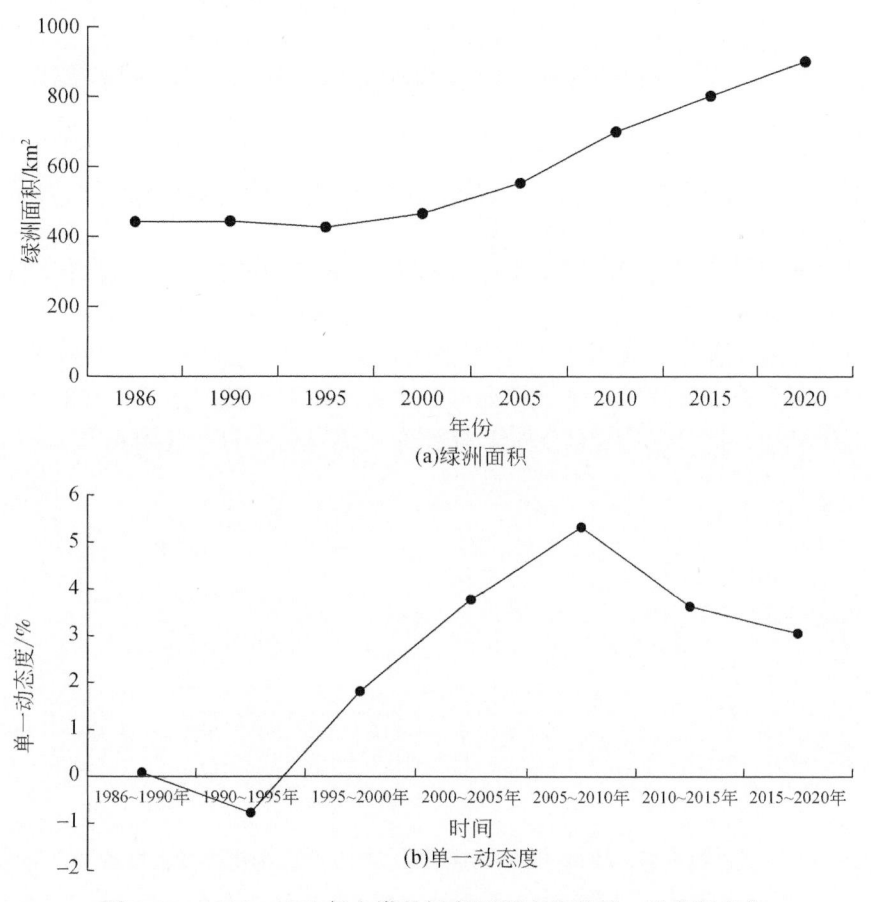

图4-37 1986~2020年金塔县绿洲面积变化及单一动态度变化

从绿洲扩张与退缩面积上看，绿洲的扩张面积经历了一个"稳定不变—快速扩张"的过程，以 1995 年为分界点，1995 年之后绿洲扩张面积增大，其面积变化与绿洲整体的变化强度过程相同；绿洲的退缩面积在 1986~1990 年为 21.20km²，1990~1995 年达到研究期的最大值，为 37.50km²，1995 年之后逐年减小，其中 2005~2010 年退缩面积最小，仅为 5.30km²，2010~2015 年略微增大，为 14.70km²，2015~2020 年又回到 5.82km²（图 4-38）。

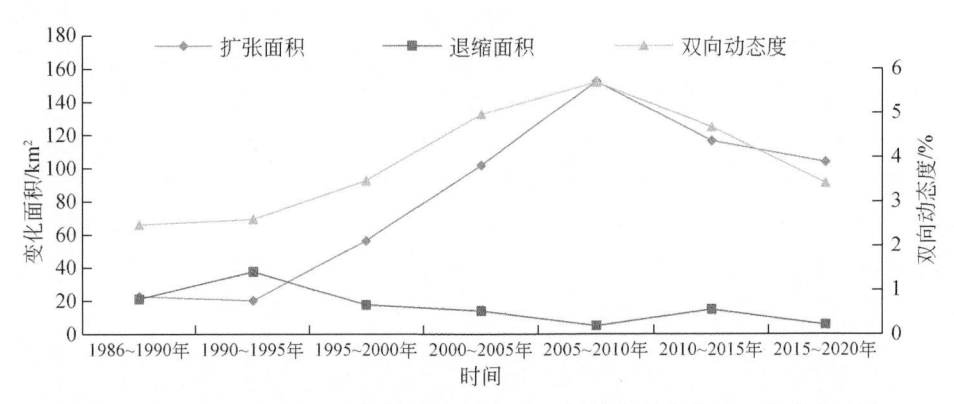

图 4-38　1986~2020 年金塔县绿洲扩张面积、退缩面积变化及双向动态度图

从绿洲扩张与退缩的双向动态度上看，绿洲与非绿洲之间的转换强度在 1986~2010 年是逐渐增大的，绿洲越来越不稳定，2010~2020 年双向动态度陡然下降，说明绿洲在经过一段时间的剧烈变化后，开始趋于稳定。

金塔县绿洲的趋势状态指数的变化趋势和单一动态度变化一致，其变化趋势呈现"平衡—非平衡—极端非平衡—非平衡"的态势。其中，1986~1990 年，绿洲呈现平衡态势；1990~1995 年，绿洲呈现以萎缩为主的非平衡态势；1995~2010 年，绿洲呈现以扩张为主的极端非平衡态势，绿洲的扩张过程远远大于退缩过程；2010~2020 年，非平衡态势较前一阶段有所减弱，但仍保持较高水平，绿洲变化仍以扩张为主（图 4-39）。

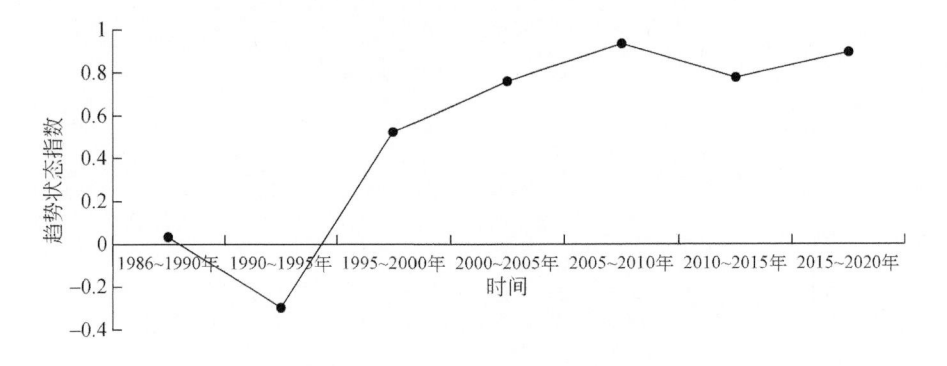

图 4-39　1986~2020 年金塔县绿洲趋势状态指数变化

从整体上讲，1986~2020 年金塔县绿洲的规模增大，绿洲的面积由 442.00km² 增加到 899.96km²，增长强度为 103.61%；绿洲退缩与扩张并存，不同时期绿洲退缩与扩张面积

不同，绿洲在经过一段时间的剧烈变化之后，2010~2020年趋于稳定；绿洲的变化趋势在经历了前期（1986~1990年）的"平衡"状态之后，一直处于"非平衡状态"。

2. 空间变化分析

利用叠置分析获得近34年绿洲扩张与退缩区域的时空分布（图4-40和图4-41）。从时间上看，绿洲扩张集中在1995~2000年、2000~2005年、2005~2010年、2010~2015年四个时间段。其中，1986~1990年集中在倒三角绿洲的南部地区中东镇-金塔镇-羊井子湾乡西部一带，分布较为扩散，面积较小；1990~1995年主要位于羊井子湾乡；1995~2000年绿洲扩张面积增大，且斑块增多，主要集中在倒三角绿洲的东部地区，包括大庄子镇、东坝镇、金塔镇北部以及羊井子湾乡一带；2000~2005年绿洲扩张在各个乡镇内均有分布，东部地区的绿洲扩张仍然较为剧烈，但是位于中部的古城乡以及中东镇的北部地区也出现了大面积的绿洲扩张，新开垦的绿洲多为植被生长状况较好的荒草地，同时也可以看到一些远离主体绿洲的荒漠区被开垦；2005~2010年绿洲在前一阶段扩张的基础上继续扩张，其中中坝镇东部、古城乡、中东镇的南部、西坝镇、鼎新镇绿洲与倒三角绿洲之间的沙漠地区以及鼎新镇和航天镇南部地区均为绿洲扩张较为集中的区域；2015~2020年绿洲的扩张强度减弱，主要集中在西坝镇的生地湾农场、东坝镇中东部、倒三角绿洲西南区域的北沙窝、常家岗、二道坂岗及头道坂岗沿线、鼎新镇绿洲与倒三角绿洲之间的沙漠地区以及鼎新镇和航天镇南部的部分地区。

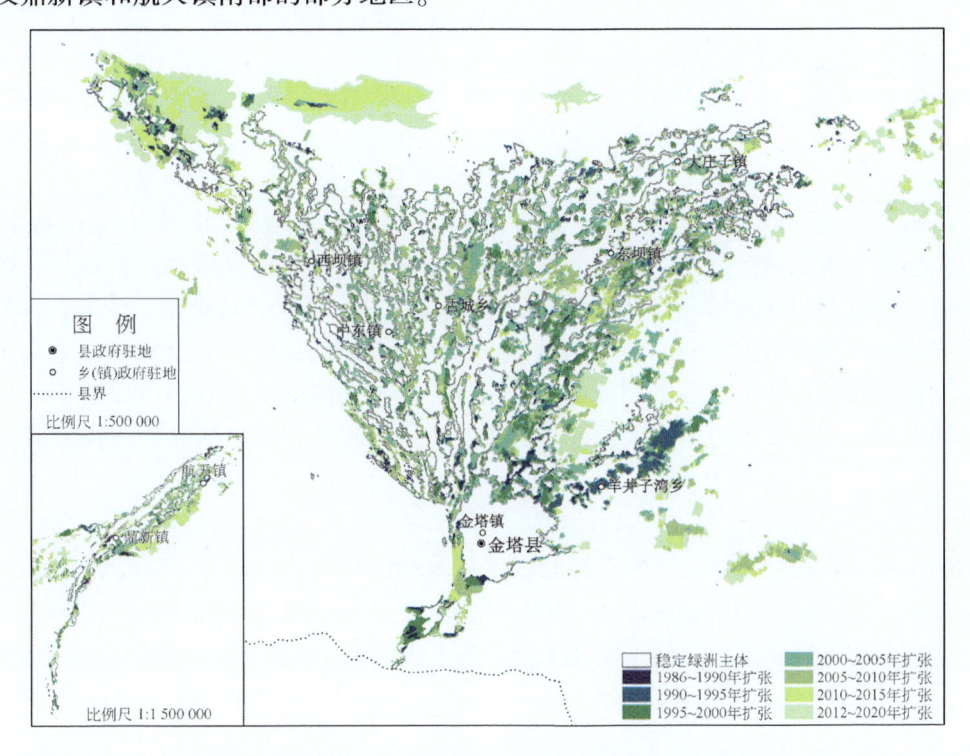

图4-40　1986~2020年金塔县绿洲扩张区域空间分布

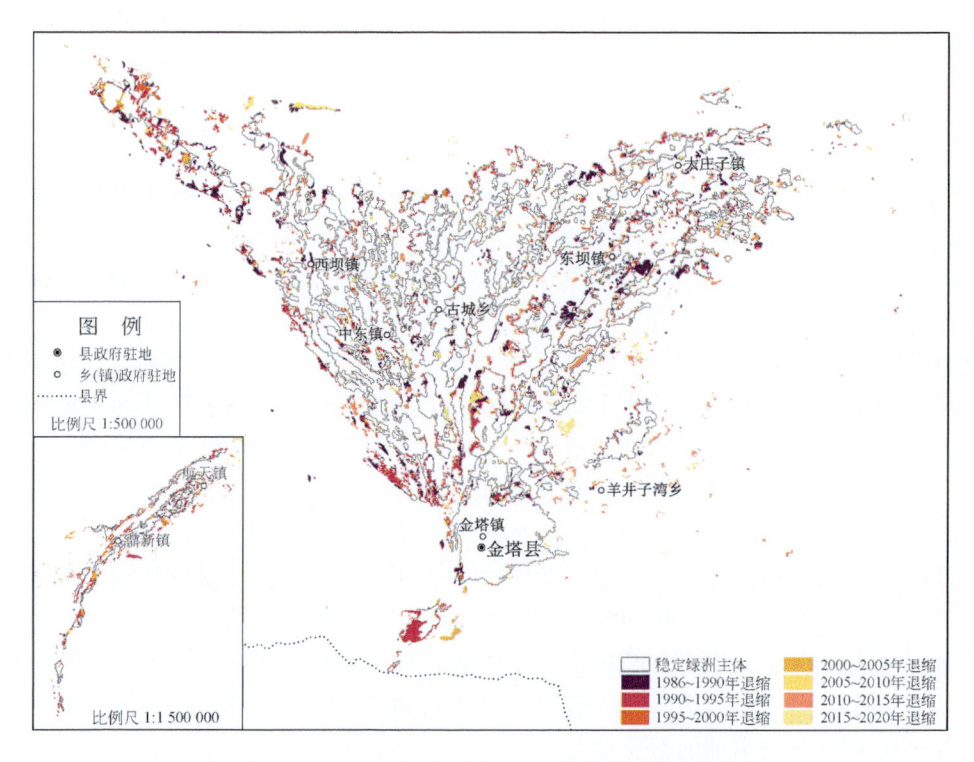

图4-41　1986~2020年金塔县绿洲退缩区域空间分布

由图4-41可知，金塔县的绿洲退缩面积较小，集中于倒三角绿洲西部的绿洲主体外围以及东部的绿洲主体内部地区，多为天然绿洲的退化，退化时间多集中在研究初期（1986~2000年），2000年之后，绿洲退缩规模较小，在研究区内零星分布。其中，1986~1990年分布于东坝镇北部的石家庄村和中东部的下新坝村–小河口屯庄–小河口村一带以及西坝乡中部的前进村、李家北村一带、中东镇主体绿洲外围的沙漠地区；1990~1995年集中在东坝镇的永光村、榆树沟村，中东镇的岔河坝村、吕家庄、沙漠森林公园一带，西坝镇的西部绿洲主体外围区域以及鼎新镇的北部地区；1995~2000年集中在西坝镇绿洲西北部以及鼎新镇黑河沿岸部分地区。另外，从绿洲的变化过程也可以看出，这部分退缩的绿洲在后期大多进行了再次的开垦，转换为人工绿洲，并且绿洲状态较为稳定。

3. 变化模式分析

如图4-42和图4-43所示，金塔县的稳定型绿洲面积为394km²，占绿洲出现总面积①的50.60%，其次为新近出现型绿洲（186.94km²），占绿洲出现总面积的23.29%；位居第三的为后期出现型，总面积为149.57km²，所占比例为18.63%。因此，从整体上来讲，

---

① 从时间尺度来看，绿洲可以在同一地点反复出现。把某一段时间里某区域反复出现的绿洲面积进行累计，就是绿洲出现总面积。

金塔县的绿洲总体以稳定型为主，后期的绿洲以及 2015 年和 2020 年新增加的绿洲共占绿洲出现总面积的 92.52%，剩余仅 7.48% 的面积的绿洲不稳定。

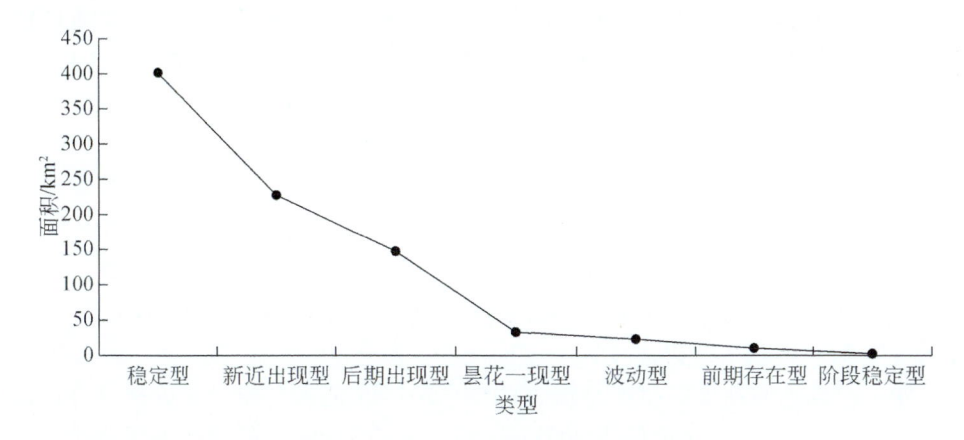

图 4-42　金塔县各类型绿洲面积

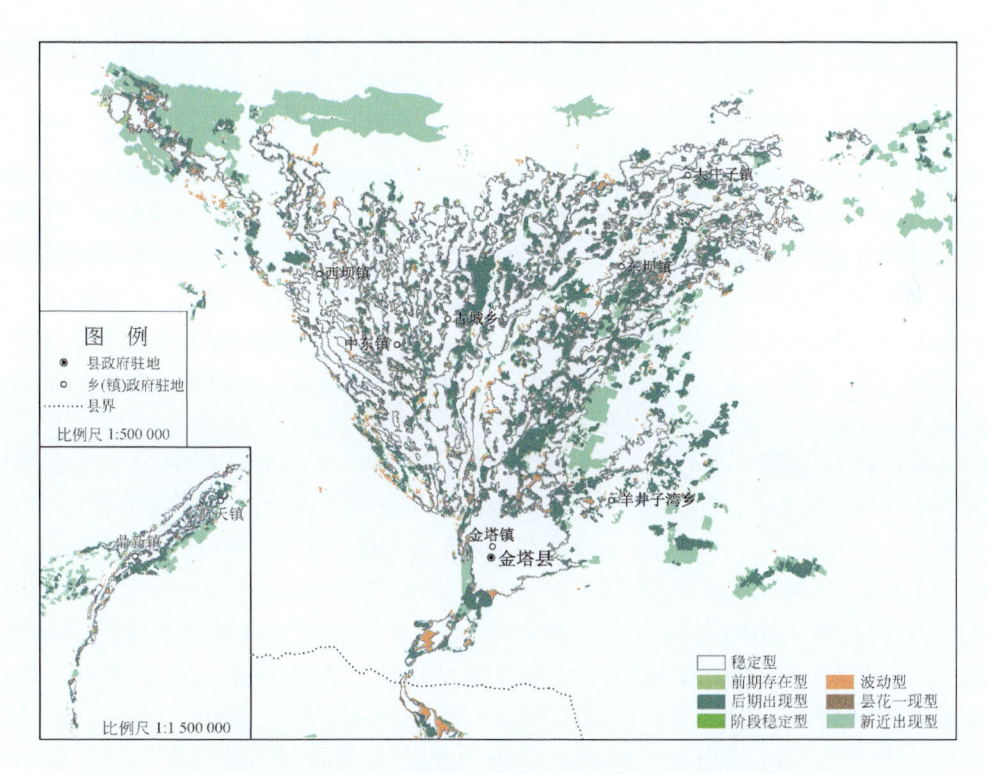

图 4-43　1986~2020 年金塔县绿洲变化类型空间分布

4.6.2　民勤县绿洲化时空变化分析

民勤县，为甘肃省武威市下辖县，地处河西走廊东北部、石羊河流域下游，南临凉州区，西南与金昌市连接，东、西、北三面被巴丹吉林沙漠和腾格里沙漠两大沙漠包围。截至 2020 年 2 月，全县总面积为 1.58 万 km²，下辖 18 个镇、248 个村。截至 2023 年 6 月，民勤县常住人口为 17.11 万人。民勤县绿洲面积仅占国土面积的 9.7%，在地理梯度上处于国家"两屏三带"生态安全战略格局中"北方防沙带"的中心，居于全国荒漠化监控与防治的最前沿，是阻止两大沙漠合拢的重要绿色屏障。2015 年，民勤县被列为国家生态保护与建设示范区。近年来，通过大规模治沙造林，人工造林保存面积达到 230 万亩，森林覆盖率提升至 18.28%，被全国绿化委员会授予"全国绿化模范县"荣誉称号，荣获中国绿化基金会"生态范例奖"。民勤县境内绿色有机农产品质优量大，是农业部认定的"全国蔬菜产业大县"，同时也是甘肃省首批"有机产品认证示范区"。此外，民勤县还被中国食品工业协会、中国蔬菜流通协会誉名为"中国肉羊之乡"、"中国蜜瓜之乡"、"中国茴香之乡"和"中国人参果之乡"。

2022 年，民勤县实现地区生产总值（GDP）107.85 亿元，按不变价格计算，比上年增长 9.4%。其中，第一产业增加值为 49.77 亿元，增长 7.0%；第二产业增加值为 21.73 亿元，增长 30.3%；第三产业增加值为 36.35 亿元，增长 5.4%。三次产业结构比为 46.1：20.2：33.7。按常住人口计算，全年人均地区生产总值为 62 126 元，比上年增长 10.7%。

1. 变化速度与趋势分析

由图 4-44（a）可知，从面积上看，绿洲的面积变化经历了"扩张—退缩—扩张"的过程。其中，1986~2005 年绿洲的面积逐年增大，分别为 769km²、821km²、1141km²、1465km²、1586km²；2005~2010 年，绿洲规模萎缩；2010~2020 年，绿洲规模略微扩大，最终绿洲面积为 1538km²。从绿洲变化动态度上看（单一动态度），1990~1995 年、1995~2000 年绿洲的变化强度较大，达到 7.8%、5.7%，说明绿洲面积总体上扩张较为剧烈，除此之外，2005~2010 年绿洲的变化也较大，为 -3.8%，说明该阶段绿洲退缩的强度比较大，其余年份绿洲变化较为平稳［图 4-44（b）］。

从绿洲扩张与退缩面积上看，1990~1995 年和 1995~2000 年绿洲的扩张面积较大，分别为 369km² 和 391km²，2005~2010 年扩张面积最小为 71km²，绿洲的扩张面积表现出"低（1986~1990 年）—高（1990~2000 年）—低（2000~2020 年）"的特点。绿洲的退缩规模在 1986~2000 年都稳定在较低的水平，均低于 70km²，2000 年之后绿洲退缩规模增大，其中 2005~2010 年绿洲萎缩面积最大，为 375km²。从绿洲扩张与退缩的双向动态度上看，民勤县绿洲与非绿洲的转换强度呈现波动性的特点，其中 1986~2000 年的转换强度均维持在较高的水平，说明该阶段绿洲极不稳定，其中 1990~1995 年变化最为剧烈。2005~2010 年由于大面积的绿洲退缩，绿洲的双向动态度出现了小的高峰，但是从整体上看 2000~2020 年绿洲的双向动态度均处于比较低的水平，说明绿洲在经过前一阶段的剧烈变化之后，趋于稳定［图 4-44（c）］。绿洲的趋势状态指数的变化趋势和单一动态度变化一致，其变化趋势均呈非平衡的态势。其中，1986~2005 年和 2010~2020 年，绿洲处于以扩张为主的非平衡态势，2005~2010 年处于以退缩为主的非平衡态势［图 4-44（d）］。

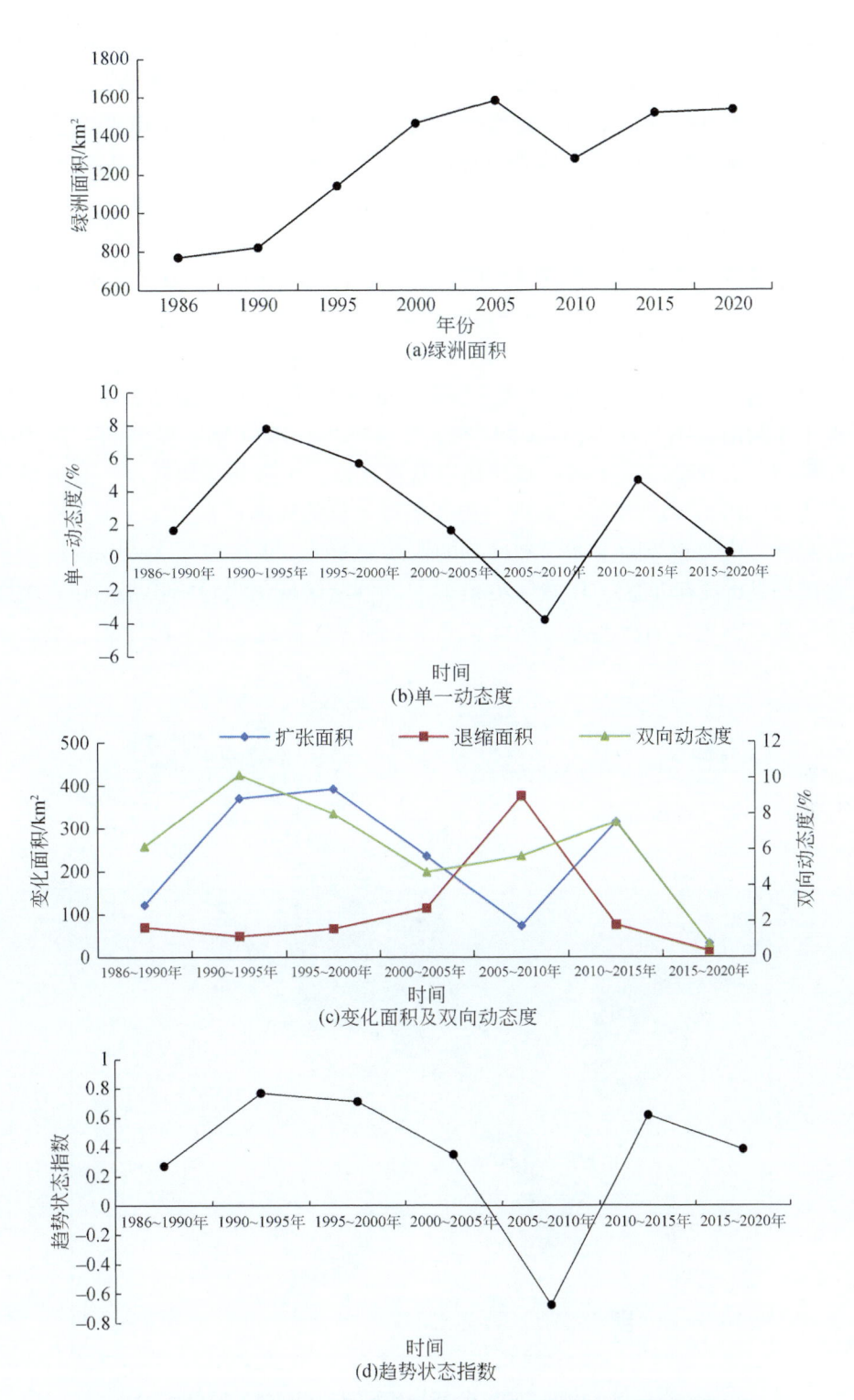

图 4-44　1986～2020 年民勤县绿洲面积、动态度及趋势状态指数变化

从整体上讲,1986～2020年民勤县绿洲的规模增大,绿洲的面积由769km² 增加到1520km²,增长强度为98%。除2005～2010年外,其他时期均处于扩张趋势。绿洲退缩与扩张并存,不同时期绿洲退缩与扩张面积不同,绿洲在经过一段时间的剧烈变化之后,绿洲趋于稳定。然而,绿洲的变化趋势一直处于"非平衡状态"。

2. 空间变化分析

利用GIS叠置分析获得近34年绿洲扩张与退缩区域的时空分布(图4-45和图4-46)。对比图4-45和图4-46可以看出,图4-45中绿洲扩张的空间分布范围显著大于图4-46中绿洲退缩的空间分布范围。该结果表明,1986～2020年民勤县绿洲的扩张趋势明显大于民勤县绿洲退缩的趋势。由图4-45可知,绿洲的扩张集中分布于绿洲主体的外围地区以及远离绿洲主体的南湖镇、红砂岗镇的沙漠地区。1986～1990年,绿洲的扩张集中在夹河镇、双茨科镇、大滩镇、三雷镇、蔡旗镇以及重兴镇,扩张的斑块较小,且分散在主体绿洲的外围地区。1990～1995年,绿洲的扩张仍以主体的外围扩张为主,但是在大坝镇、三雷镇、苏武镇、大滩镇等距主体绿洲稍远的西沙窝地区,也出现了大面积的绿洲扩张,扩张集中在民勤县的中部地区。1995～2000年,西沙窝区域仍为绿洲扩张的热点地区,其中红砂岗镇远离绿洲主体的沙漠地区绿洲扩张最为明显。除此之外,昌宁镇、重兴镇、蔡旗

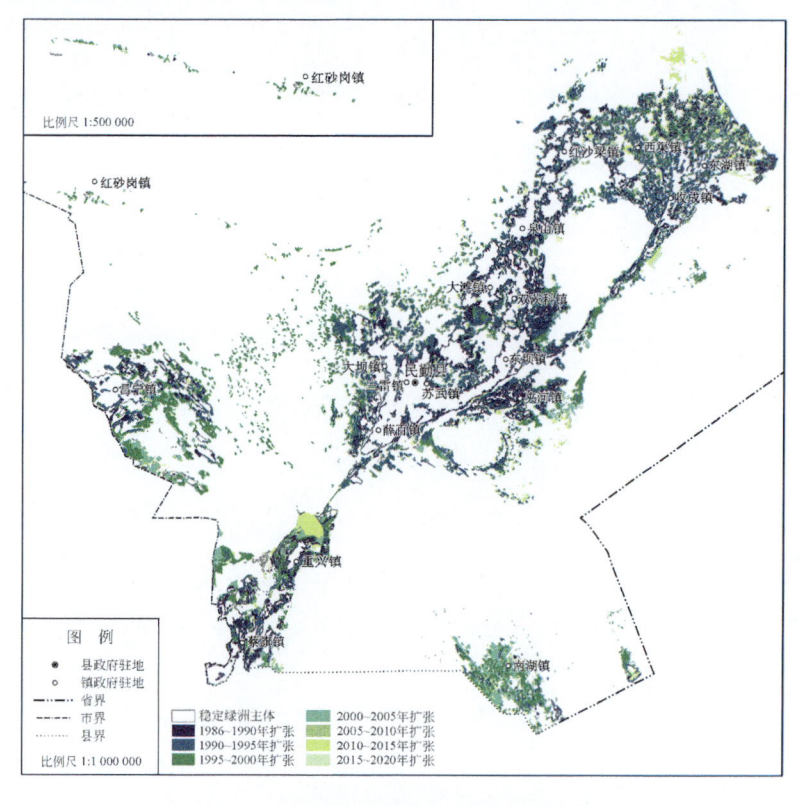

图4-45 1986～2020年民勤县绿洲扩张区域空间分布

镇以及西渠镇绿洲扩张都较为明显，南湖镇的绿洲经历了由无到有的过程，绿洲初具规模。2000~2005年，绿洲的扩张强度减弱，集中分布于蔡旗镇、南湖镇以及绿洲东北部的尾闾地区，南湖镇的绿洲规模扩张最为明显，绿洲已形成一定规模。2005~2010年，绿洲的扩张集中在湖区绿洲。2010~2020年，绿洲扩张集中在重兴镇、南湖镇以及坝区绿洲外围与湖区绿洲内部。

由图4-46可知，绿洲的退缩分布范围也较广，但是也可以发现绿洲扩张和退缩的区域有很大的交叠区，说明该区域存在大面积绿洲状态不稳定区域（具体见下文绿洲变化模式分析）。其中，1986~2000年，绿洲退缩规模较小，集中在蔡旗镇、重兴镇、昌宁镇以及绿洲东北部的尾闾地区。2000~2020年，绿洲退缩规模较大，退缩的区域集中民勤县的西沙窝地区以及昌宁镇、夹河镇、蔡旗镇、重兴镇，其退缩区域多为前一时期新开发的绿洲，这与政府实施的关井压田等一系列生态环境措施有关。

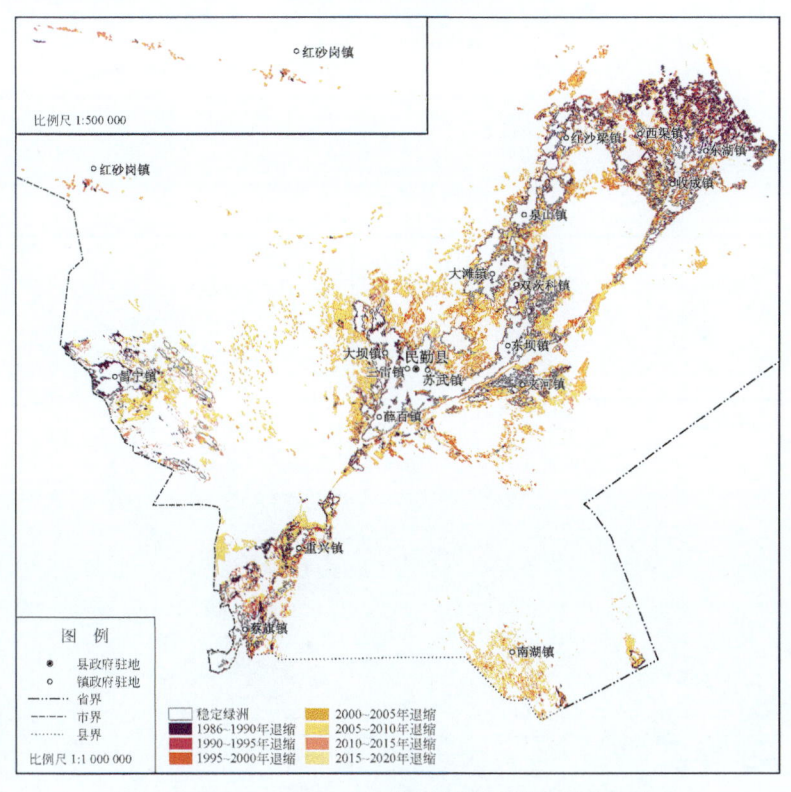

图4-46　1986~2020年民勤县绿洲退缩区域空间分布

3. 变化模式分析

如图4-47和图4-48可以看出，在本节所列的三大典型绿洲中，尽管民勤县的绿洲面积最大，稳定型绿洲的面积为也比较大（774.46km²），但从所占绿洲出现总区域的面积来看，民勤县稳定型绿洲所占的面积比例为41.13%，小于金塔县和敦煌市。因此，可以看出民勤县的绿洲绝大部分都处于不稳定变化的状态。与河西走廊的绿洲变化模式类似，后期绿洲出现仍然为该区域绿洲扩张的主要方式，其中后期出现型绿洲的面积为 403.15km²，占绿洲出现区域总面积的 21.41%，是民勤县位居第二的绿洲模式。与金塔县的绿洲扩张模式不同，民勤县的昙花一现型绿洲面积位居第三，总面积为 247.30km²，占绿洲出现区域总面积的 13.13%，这种类型的绿洲分布较广，昌宁镇、大坝镇、夹河镇等都有较大面积的分布。同时，民勤县在 2015 年和 2020 年出现的绿洲比例较小，仅为 6.47%，绿洲面积也小于金塔县和敦煌市。同时，其他几种类型绿洲在民勤县的分布较少，面积也相对较小。

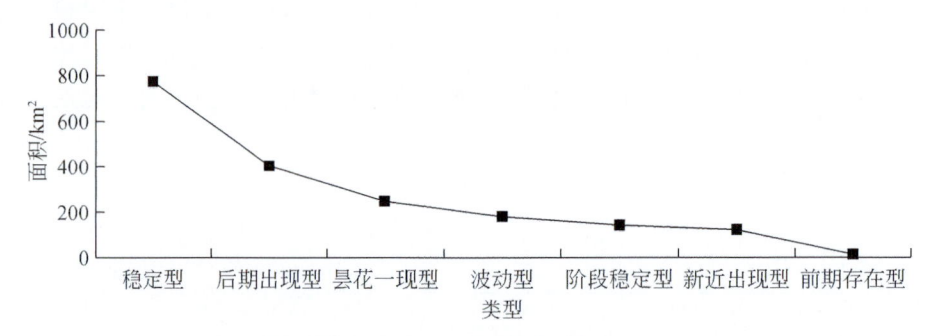

图 4-47 民勤县各类型绿洲模式面积

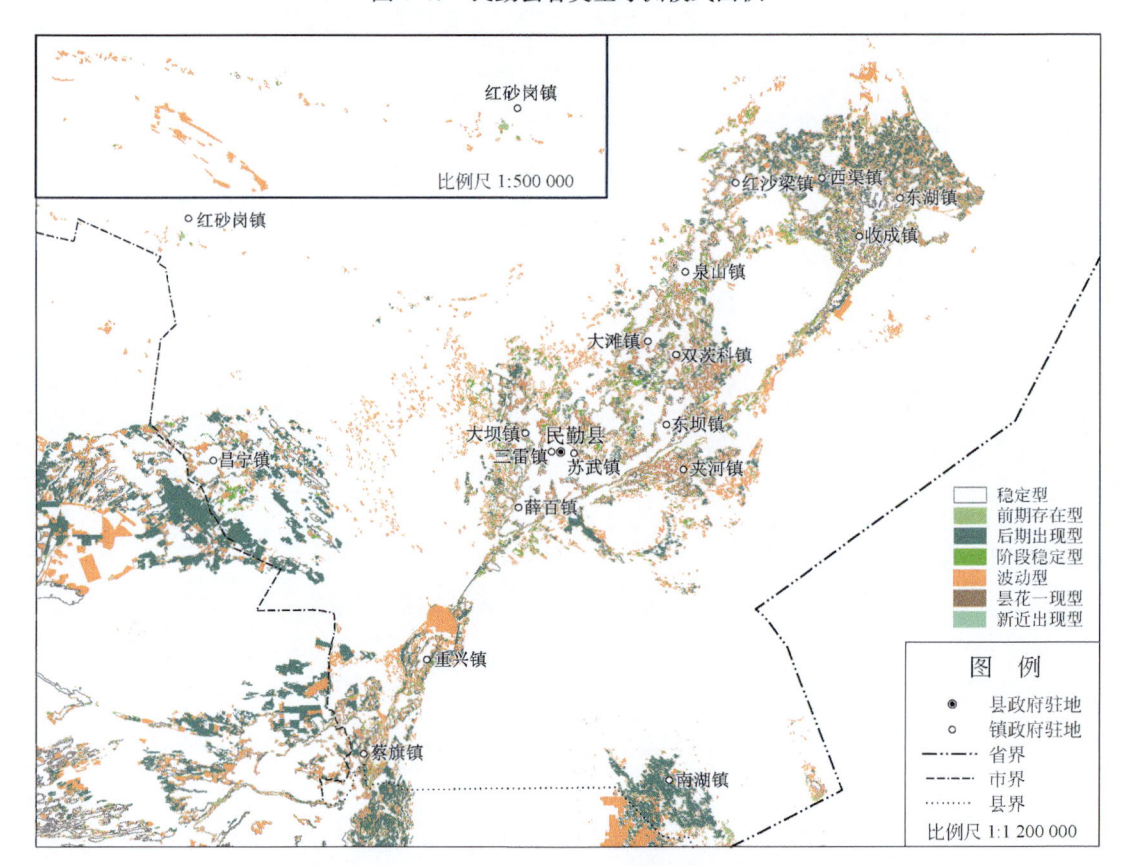

图 4-48 1986～2020 年民勤县绿洲变化类型分布图

4.6.3 敦煌市绿洲化时空变化分析

敦煌市位于甘肃省西北部,由甘肃省酒泉市管辖,位于东经92°13′~95°30′与北纬39°53′~41°35′。东西分别与瓜州县、肃北蒙古族自治县和阿克塞哈萨克族自治县相接。全市总面积为3.12万km^2,其中绿洲面积为1400km^2,仅占总面积的4.5%,且被沙漠戈壁包围,故有"戈壁绿洲"之称。敦煌市历来为丝绸之路上的重镇,是国家历史文化名城。敦煌市东峙峰岩突兀的三危山,南枕气势雄伟的祁连山,西接浩瀚无垠的塔克拉玛干大沙漠,北靠嶙峋蛇曲的北塞山,以敦煌石窟及敦煌壁画闻名天下,是世界文化遗产莫高窟和汉长城边陲玉门关及阳关的所在地。

敦煌市大部分属于温带大陆性气候。明显的特点是气候干燥,降水量少,蒸发量大,昼夜温差大,日照时间长。年平均降水量为39.9mm,蒸发量为2486mm,全年日照时数为3246.7h。这里四季分明,春季温暖多风,夏季酷暑炎热,秋季凉爽,冬季寒冷。年平均气温为9.4℃,月平均最高气温为24.9℃(7月),月平均最低气温为-9.3℃(1月),极端最高气温为43.6℃,最低气温为-28.5℃,年平均降水量为39.9mm,蒸发量为2490mm,年平均无霜期为142天。

敦煌市绿洲由党河滋补。发源于祁连山的党河,全长390km,流域面积为1.68万km^2,年径流量为3.02亿m^3,是敦煌市的母亲河。境内除党河外,地面水还有西水沟、东水沟、南湖泉水区,年径流量为0.62亿m^3。

1. 变化速度与趋势分析

由图4-49(a)可知,从面积上看,敦煌市的绿洲经历了"扩张—保持不变—扩张"的过程,绿洲的面积在1995~2000年基本没有变化,2000年之后开始剧烈增长,总体扩张了49%。从绿洲的变化动态度上看(单一动态度上看),绿洲在1990~1995年基本稳定,其余时期均处于扩张之中,其中变化强度较大的为2000~2005年和2010~2015年,分别为5.1%和3.1%,除此之外的两个年份绿洲变化较为平稳[图4-49(b)]。

从绿洲扩张与退缩面积上看,绿洲扩张面积最大的年份为2000~2005年,扩张面积为102km^2,1990~1995年扩张面积最小,为31km^2,绿洲的扩张面积经历了"减小—增加—减小—增加—减小"的波动过程;绿洲退缩面积最大的时期为1995~2000年,退缩面积为59km^2,最小的时期为2000~2005年,仅有10.7km^2,其他时期退缩面积较为平稳[图4-49(c)]。从双向动态度上看,绿洲状态转换最为剧烈的时期为1995~2000年、2000~2005年以及2010~2015年,其他时期转换程度较小,绿洲的状态仍然不稳定。从趋势状态指数看,1990~1995年和1995~2000年绿洲处于平衡态势,其他时期绿洲均处于以扩张为主的非平衡态势,其中2000~2005年和2010~2020年这种非平衡态势最为明显[图4-49(d)]。

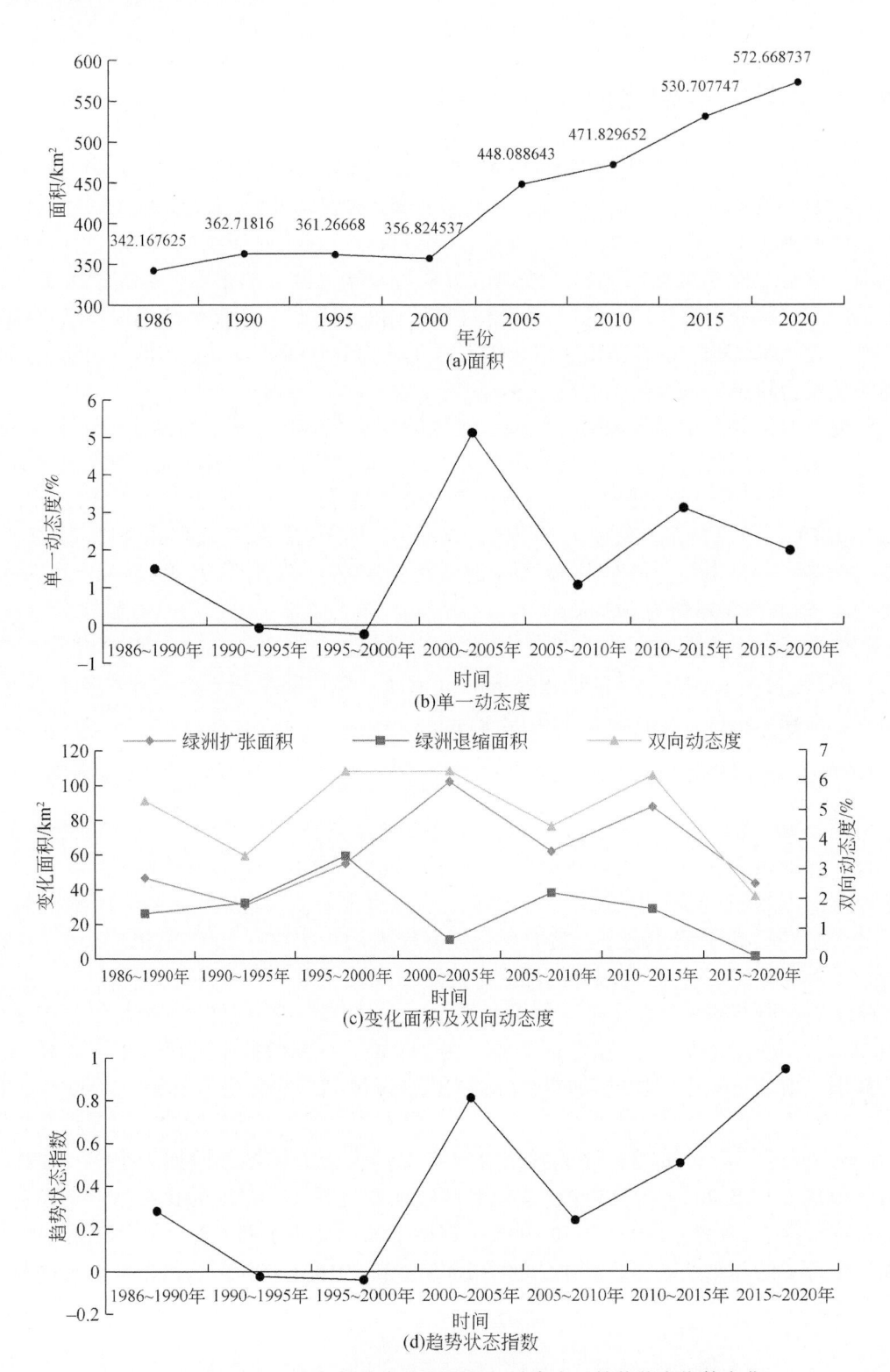

图 4-49　1986~2020 年敦煌市绿洲面积、动态度及趋势状态指数变化

2. 空间变化分析

敦煌市的绿洲由党河下游的倒三角绿洲、西部的天然绿洲和西南部的阳关镇绿洲三部分组成。不同时期绿洲扩张与退缩的分布区域不同，如图4-50所示，敦煌市的绿洲扩张区域主要集中在倒三角绿洲北部的尾闾地区，分布于绿洲主体的外围；同时，位于敦煌市西部的天然绿洲区域也有一定程度的绿洲扩张。1986~1990年集中分布于七里镇西部的铁家堡村、张家村、杜家村一带。1990~1995年集中分布于肃州区的南阳沟村、七里镇的铁家堡村以及转渠口镇的定西村、五圣宫村、东湾村一带。1995~2000年绿洲的扩张面积增大，扩张区域较为分散，其中敦煌农场扩张最为剧烈，除此之外转渠口镇东部的定西村、五圣宫村，郭家堡镇的东湾村一带以及肃州区水库村、转渠口镇的马家村、秦州村，郭家堡镇的梁家堡村一带也为绿洲扩张集聚的区域。2000~2005年绿洲的扩张面积最大，集中在敦煌农场、肃州镇北部绿洲主体的外围荒漠区以及莫高镇的东部地区。2005~2010年集中分布于郭家堡镇、转渠口镇以及黄渠镇，绿洲的扩张以内部填充为主、外围扩张为辅。2010~2020年绿洲扩张较为集中的区域为北部的天然林封育区、敦煌农场以及肃州区北部、七里镇南部的工业园、阳关镇东南部和荒漠区。

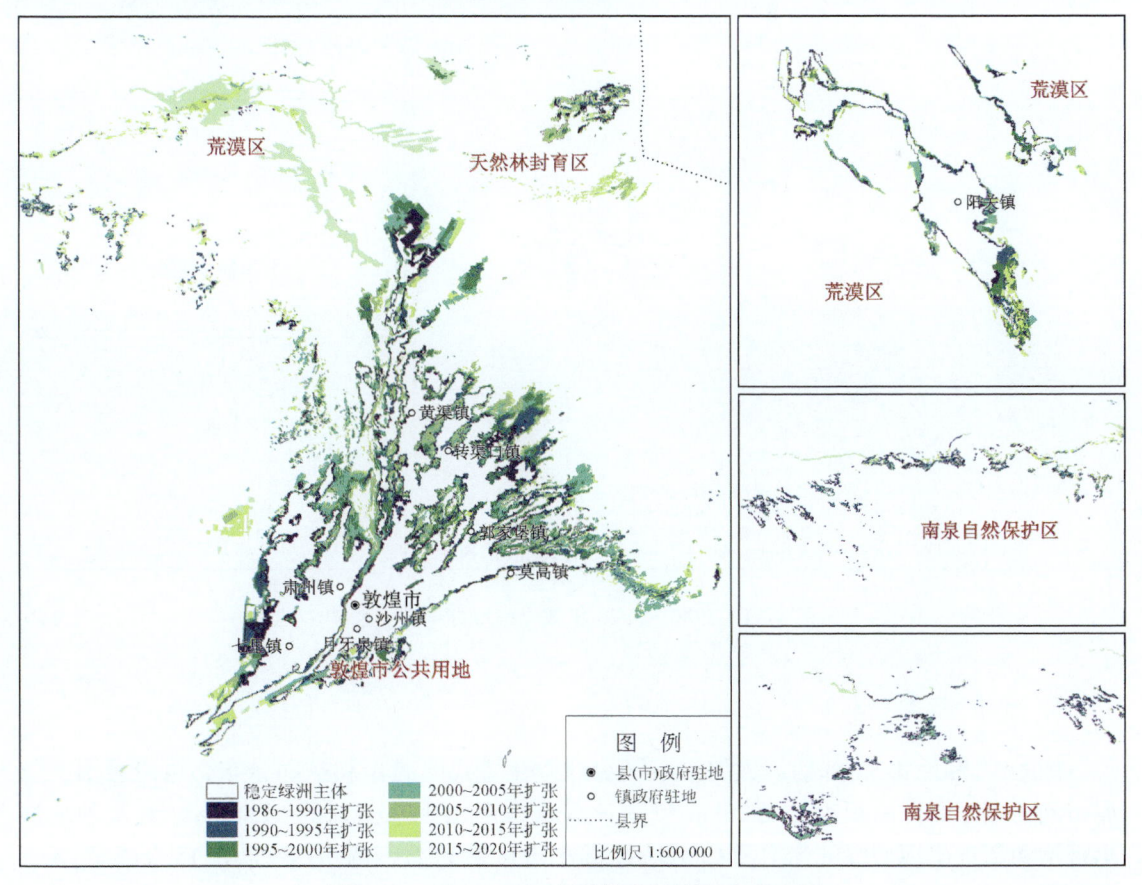

图4-50 1986~2020年敦煌市绿洲扩张分布图

由图 4-51 可知，敦煌市绿洲退缩的区域较小，1986~1990 年集中在敦煌市绿洲北部的天然林封育区以及莫高镇北部的绿洲主体外围地区，为天然绿洲的退缩。1990~1995 年北部的天然林封育区仍为退缩较为集中的区域，敦煌农场出现了大面积的绿洲退缩，倒三角绿洲东北部部分绿洲主体外围出现了大斑块的退缩。1995~2000 年绿洲的退缩集中在西部的南泉自然保护区。2000~2005 年退缩集中于郭家堡镇中西部与转渠口镇接壤的荒漠地区以及莫高镇的北部。2005~2010 年退缩区域集中于黄渠镇北部的远离主体绿洲的天然绿洲区以及莫高镇西部的天然绿洲区。2010~2020 年绿洲的退缩集中分布于转渠口镇、黄渠镇以及郭家堡镇。

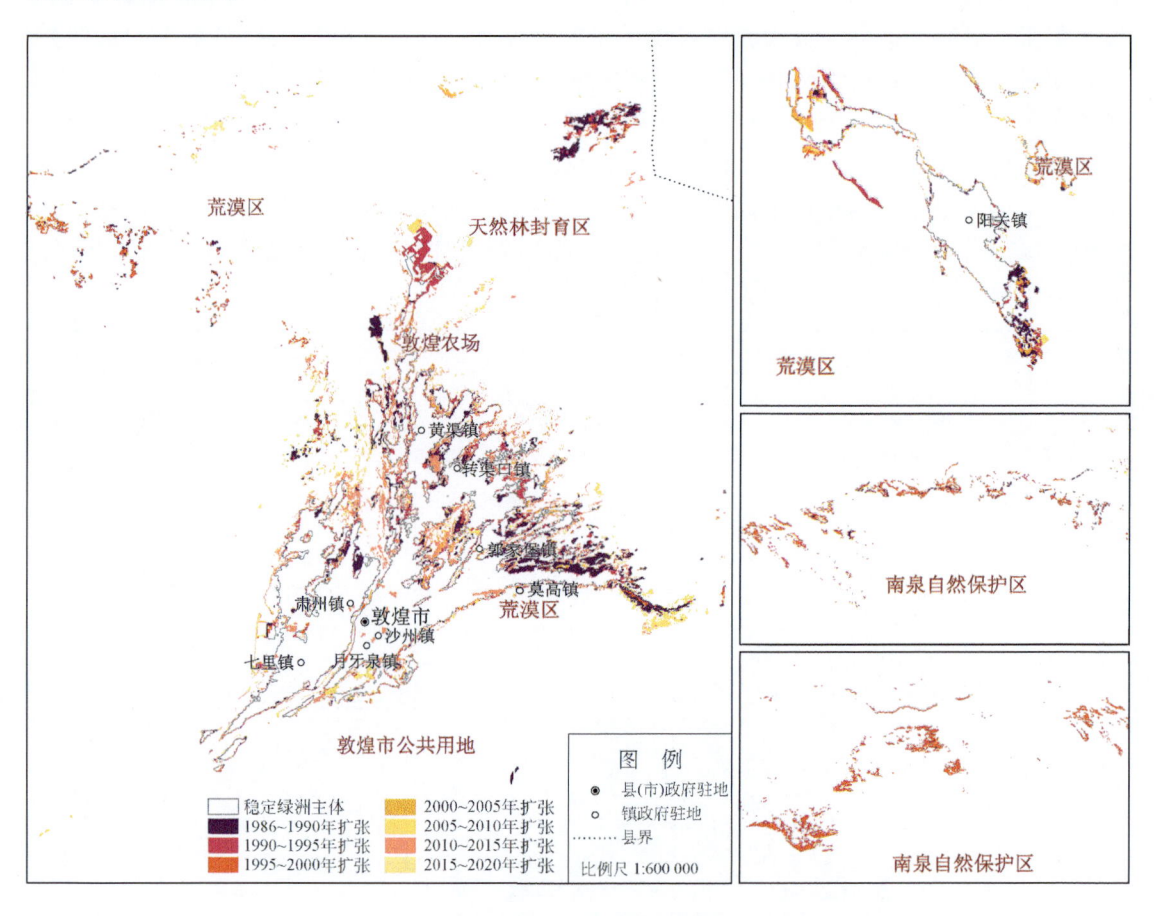

图 4-51 1986~2020 年敦煌市绿洲退缩分布图

3. 变化模式分析

图 4-52 和图 4-53 分别为敦煌市不同绿洲变化模式的面积和空间分布，可以看出，敦煌市的稳定型绿洲面积为 303.35km²，占该区域绿洲出现总面积的 51.44%，其次为后期出现型和新近出现型绿洲，分别占区域绿洲出现区域总面积的 16.89% 和 15.09%，绿洲面积为 99.60km² 和 77.12km²，其他类型的绿洲面积较小，共占 18.57%，多分布在该区域

的天然绿洲区。

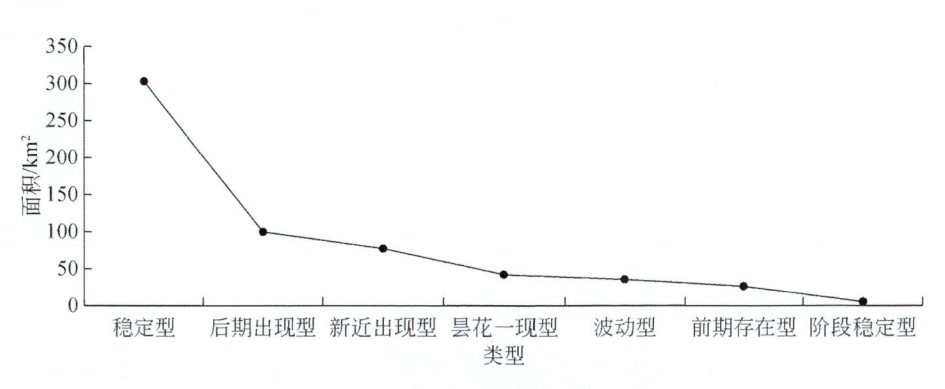

图 4-52　敦煌市各类型绿洲模式面积

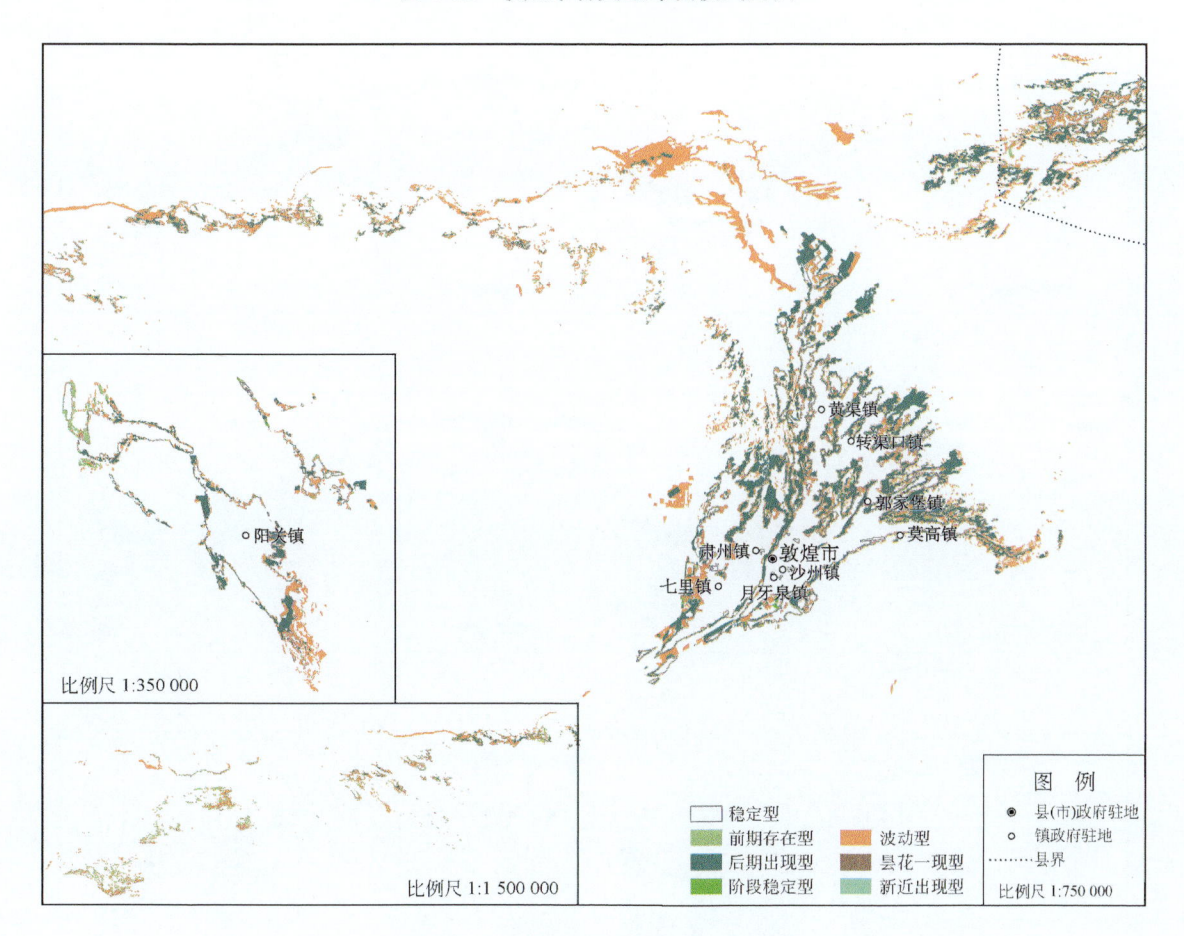

图 4-53　敦煌市绿洲变化类型分布图

4.7 基于乡镇单元的绿洲变化分析

4.7.1 空间变化分析

由于研究区范围较大，绿洲退缩与扩张区域分布面积较小且斑块破碎，本书以乡镇为单位进行绿洲退缩与扩张的制图，并在此基础上进行绿洲退缩和扩张的分析，以便从局部了解绿洲变化情况。通过分析 1986~1990 年的绿洲分布数据，得到绿洲扩张与退缩的分布图（图 4-54 和图 4-55）。本书的乡镇边界数据以 2015 年为准，部分地区由于数据欠缺，则采用了 2005 年的乡镇边界数据。

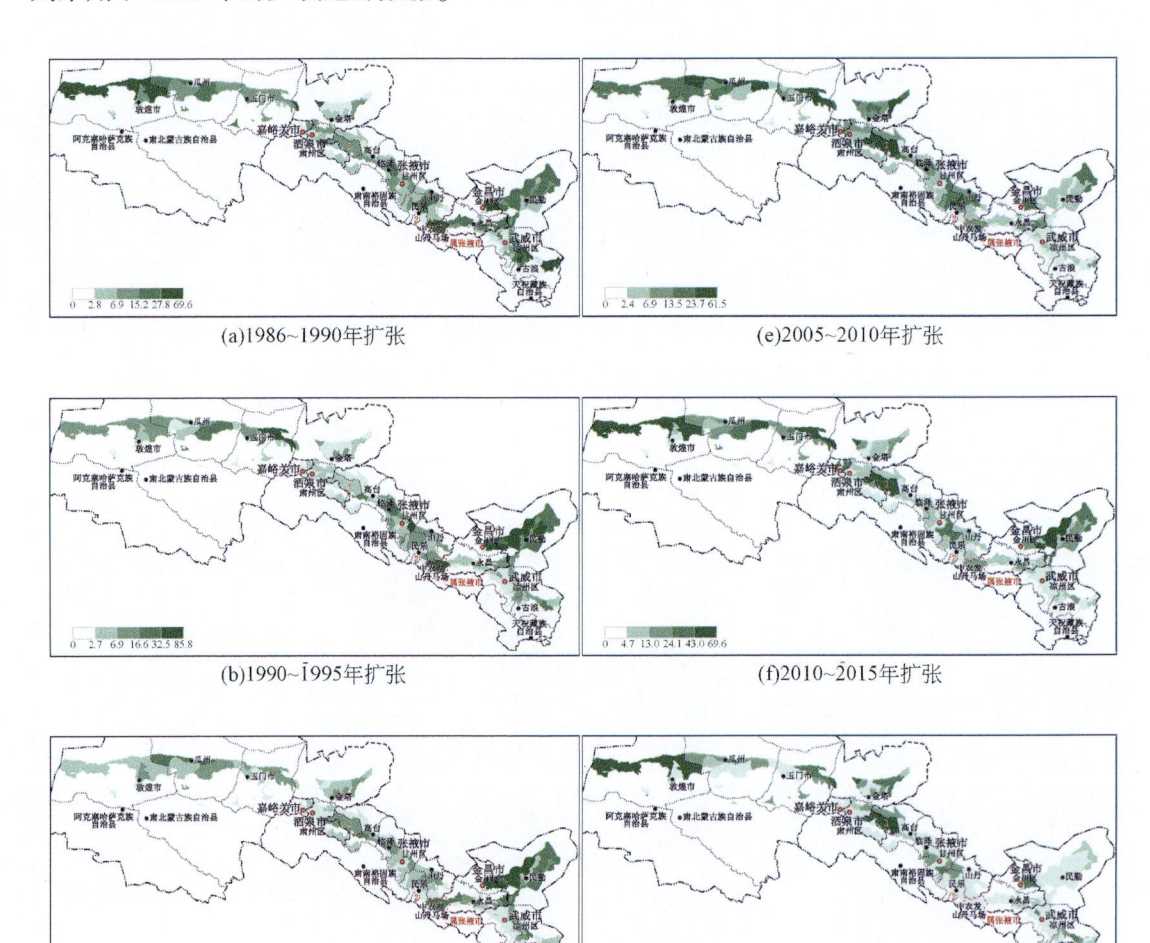

(a) 1986~1990 年扩张

(e) 2005~2010 年扩张

(b) 1990~1995 年扩张

(f) 2010~2015 年扩张

(c) 1995~2000 年扩张

(g) 2015~2020 年扩张

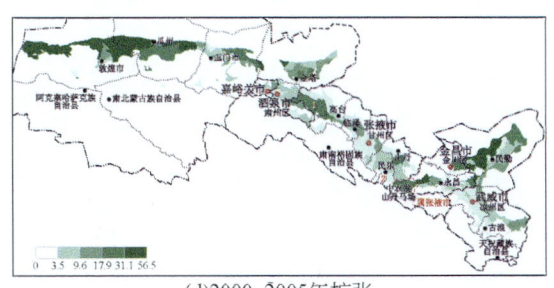

(d)2000~2005年扩张

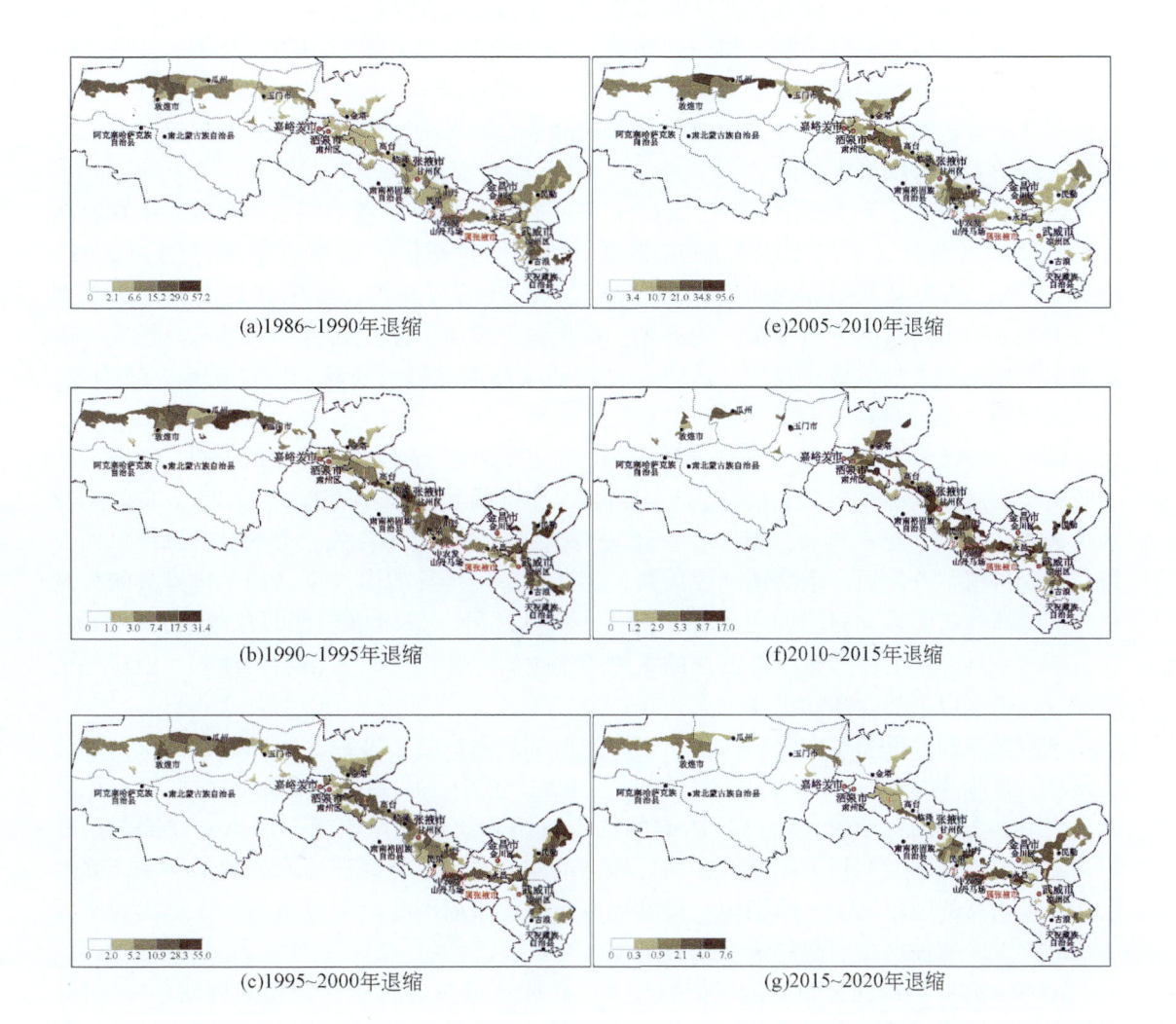

图 4-54　1986~2020 年绿洲扩张区域分布图

(a)1986~1990年退缩

(e)2005~2010年退缩

(b)1990~1995年退缩

(f)2010~2015年退缩

(c)1995~2000年退缩

(g)2015~2020年退缩

（d）2000~2005年退缩

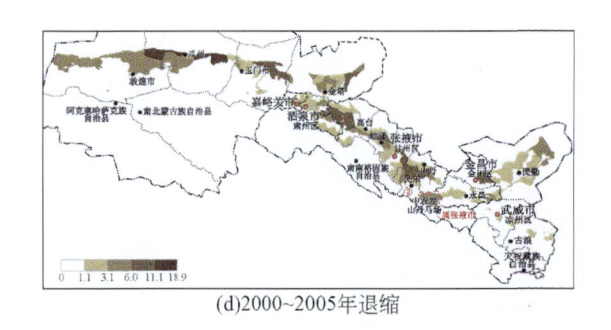

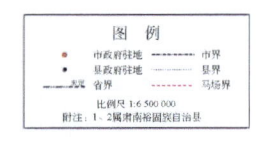

图4-55 1986~2020年绿洲退缩区域分布图

从全河西地区来看，绿洲扩张区域主要分布在古浪县东部的海子滩镇、直滩镇、黄花滩镇、裴家营镇以及北部的泗水镇、大靖镇，凉州区的吴家井镇、山丹军马场。这些区域多为人为开垦的耕地，隶属于农业绿洲的范畴，该部分绿洲在图中所示的斑块面积较大，几何形状比较规整。除此之外，敦煌市西部的南泉自然保护区的绿洲扩张面积也较大，主要为天然植被长势的好转所致。

1986~1990年，河西地区绿洲退缩与扩张并存。绿洲退缩较为剧烈的地区集中在河西走廊西部的瓜州县、玉门市以及中东部的山丹县、甘州区，退缩贡献率分别为21%、15%、11%。瓜州县东南部的双塔镇、布隆吉乡、沙河回族乡、锁阳城镇，北部的西湖镇、梁湖乡，玉门市的下西号镇、花海镇、柳湖镇、独山子东乡族乡、山丹军马场等均为绿洲退缩规模较大的区域。其中，山丹军马场的绿洲退缩以大斑块的人工耕地弃耕为主，其他区域的绿洲退缩则多为天然植被的退化所导致。

1990~1995年，这一时段河西绿洲退缩的面积减小，绿洲进入剧烈扩张期。绿洲扩张主要集中在河西走廊东南部的民勤县、山丹县，中部的甘州区和西部的玉门市，贡献率分别为25%、11%、9%、9%。其中，扩张较为剧烈的区域集中在民勤县的红砂岗镇、西渠镇、双茨科镇、苏武镇、东湖镇、收成镇、夹河镇，山丹县的山丹军马场，古浪县的大靖镇等。绿洲的扩张以大面积的农田开垦为主。除此之外，玉门市东部的花海镇、柳湖镇、独山子东乡族乡、下西号镇以及北部的黄闸湾镇也为绿洲扩张较为剧烈的地区。但这些区域的绿洲扩张以天然绿洲的扩张为主。

该阶段绿洲的退缩集中分布在河西走廊东南部的永昌县、古浪县、民勤县以及西部的瓜州县，贡献率分别为14%、12%、10%、10%。其中，民勤县东北部的西渠镇、东湖镇，古浪县东部的直滩镇，永昌县西部的红山窑镇和北部的东寨镇，民乐县北部的民联镇、三堡镇为绿洲退缩较为剧烈的区域。绿洲退缩的方式多为绿洲边缘耕地的弃耕。除此之外，瓜州县的锁阳城镇、西湖镇、梁湖乡以及敦煌市西部的南泉自然保护区也出现了大面积的因天然植被退化引起的天然绿洲退缩。

1995~2000年绿洲扩张的强度依旧较大，扩张区域依然集中在河西走廊的东南区域，包括民勤县、凉州区、永昌县、古浪县等。其中，民勤县的绿洲扩张最为强烈，扩张面积达390km²，占整个河西地区扩张面积的27%。民勤县的扩张主要出现在西部的红砂岗镇、双茨科镇、重兴镇、昌宁镇等，扩张的区域开始由绿洲边缘的荒漠区向距离主体绿洲较远的沙漠地区推进，为人工新开垦的耕地，斑块规则且分散。同时，位于民勤绿洲北部尾闾地区的西渠镇、东湖镇绿洲开垦也较为剧烈，多为对盐碱地的开发利用，集中在绿洲边缘，斑块面积较大。尤其引人注目的是，在此阶段民勤县的南湖镇绿洲经历了从无到有的过程，开发强度大，斑块分散度高，绿洲内部连通性差。

绿洲退缩的区域集中分布在河西走廊西北区域，其中以玉门市退缩的面积最大，为78km^2，瓜州县、敦煌市次之，分别为60km^{2}和59km^2，除此之外，民勤县、山丹县的绿洲退缩面积也较大，分别为58km^{2}和66km^2。从整个研究区来看，退缩区域主要分布在敦煌市西部的南泉自然保护区，玉门市的花海镇、柳湖镇、独山子东乡族乡，下西号镇，瓜州县的锁阳城镇，主要为天然绿洲的退缩。除此之外，山丹军马场、大马营镇、红山窑镇一带也出现了规模较大的耕地弃耕现象。

2000～2005年是绿洲扩张面积最大的阶段，绿洲的扩张区域主要集中在民勤县和瓜州县，绿洲扩张面积均为233km^2，两个县域的总扩张贡献率达到32%。其中，瓜州县城周围的西湖镇、梁湖乡东部荒漠区大规模开垦，斑块面积较大，分布较为集中。民勤县的红砂岗镇绿洲扩张仍然较为剧烈，并且经过这一阶段剧烈扩张之后已经初具规模，但是绿洲内部仍然有较多的空隙。除此之外，玉门市的花海镇、柳湖镇南部一带也开垦了大面积人工耕地。永昌县西部的红山窑镇在经过前一阶段的退缩之后，绿洲规模开始扩张，扩张的斑块面积比较大且连续性好。敦煌市东部莫高镇外围的荒漠地区出现了大面积的天然绿洲。

绿洲的退缩以民勤县最为突出。民勤县前期绿洲大面积扩张，造成水资源供需矛盾日益严重。无节制地使用地下水，造成地下水位下降并且引起了天然植被的退化，造成了一系列的生态环境问题，因此政府开始实行关井压田等一系列治理措施，使该区域的绿洲在这一阶段出现退缩，退缩面积达到113km^2，集中在红砂岗镇、西渠镇、东湖镇、南湖镇。退缩的绿洲多为前期新开垦的绿洲，位于荒漠地区。玉门市的下西号镇、花海镇一带绿洲退缩规模也较大，主要为天然绿洲的退缩。

2005～2010年绿洲扩张面积虽然减小，但从总体上依旧处于快速扩张时期。扩张区域主要集中在疏勒河流域和黑河流域，石羊河流域的绿洲扩张强度降低。从地域来看，河西走廊西部的瓜州县、金塔县、玉门市扩张面积最大，分别为156km^2、152km^2、140km^2。从整体上看，扩张集聚在瓜州县的西湖镇、布隆吉乡一带，玉门市东部的花海镇周边，民乐县的三堡镇、六坝镇，金塔县的鼎新镇以及肃南裕固族自治区的明花乡等乡镇，扩张方式主要为人工耕地的开垦。

这一时期绿洲的退缩面积为整个研究期内最大时期，民勤县由于继续执行生态治理措施，绿洲退缩面积最大，达到375km^2，占整个研究区的44%，集中在民勤县西部的红砂岗镇、双茨科镇、重兴镇、南湖镇、苏武镇，主要为人工耕地的退耕。瓜州县和玉门市的绿洲退缩面积也较大，贡献率为10%左右。这些区域多为天然绿洲的退缩，集中在敦煌市西部的南泉自然保护区以及瓜州县的锁阳城镇。

2010～2015年，绿洲经过一段时间的剧烈扩张后，扩张强度有所减弱。绿洲扩张区域集中在河西地区的东部，包括黑河流域的民乐县、山丹县以及石羊河流域的民勤县等，扩张规模较大的地区有玉门市、肃南裕固族自治县、民勤县、瓜州县、甘州区、嘉峪关市和敦煌市。从乡镇尺度来看，主要集中在河西走廊最西端的敦煌市南泉自然保护区和玉门市的花海镇一带、肃南裕固族自治区的明花乡、瓜州县的布隆吉乡一带。

这一时段，绿洲面积退缩了609km²，属于较低的退缩水平。退缩区域集中在瓜州县西湖镇西部的疏勒河尾闾地区、锁阳城镇、花海镇等地，主要为天然绿洲的退缩。除此之外，永昌县的红山窑镇、金川区的双湾镇绿洲退缩也较为剧烈，主要为人工耕地的弃耕。

2015~2020年，河西绿洲虽然整体仍呈扩张趋势，但扩张速度有所放缓。扩张区域主要集中在黑河流域和石羊河流域，疏勒河流域的扩张强度有所降低。扩张规模较大的地区有金塔县、甘州区、玉门市、古浪县，扩张面积分别为98.14km²、76.50km²、73.83km²、59.97km²。从乡镇尺度来看，扩张集中在肃南裕固族自治县的明花乡，古浪县的西靖镇，玉门市的花海镇、柳湖镇、独山子东乡族乡以及金塔县的鼎新镇，为绿洲扩张较为剧烈的地区，主要为人工耕地的开垦。

这一时段，绿洲面积退缩了117.09km²，绿洲退缩面积继续下降，这主要由于绿洲变化区域稳定，绿洲变化面积不断降低。绿洲退缩区域集中在民勤县的六坝乡、红砂岗镇，古浪县的大靖镇等。这些地区绿洲退缩主要原因为生态退耕。瓜州县西湖镇、梁湖乡退缩面积也较大，多为天然绿洲的退缩。

需要说明的是，如前文所述，图4-54和图4-55所示的绿洲最外围轮廓并不是由所有绿洲乡镇的乡镇边界组成的，而是可能发生绿洲化与沙漠化区域的最大边界。在此范围以内的界线，由河西走廊地区各个乡镇的行政边界组成。即上述两个图中的图斑界线是绿洲化/沙漠化可能发生的最大范围边界与各个乡镇边界相叠置后的结果，图中所示面积大的乡镇并不代表该乡镇的实际面积大，反之亦然。

4.7.2 变化强度分析

乡镇尺度的退缩与扩张面积分析，虽可从整体上了解绿洲的变化情况，但是乡镇的面积有大有小，仅仅考虑绿洲的绝对面积变化是不周全的。因此，采用绿洲动态度（单一动态度）指数来考察各个地区绿洲的变化更能体现绿洲变化的相对强度。

经过统计，绿洲扩张强度的取值为0~550，强度在0~1的乡镇绿洲扩张不明显，认为是稳定不变的；取值在1~3的乡镇，其绿洲有较轻微的扩张；绿洲在3~10的扩张强度范围内，其面积表现出较明显的增加趋势；强度大小在10~550的乡镇，绿洲面积发生了较大的变化，绿洲扩张剧烈。绿洲退缩强度取值在0~25，在0~1、1~3、3~10、10~25范围内，绿洲退缩的趋势同扩张的趋势基本相同。通过对不同扩张（退缩）强度的值域进行分析，将235个乡镇（表4-4）按绿洲扩张（退缩）强度划分为四级：剧烈扩张（退缩）、明显扩张（退缩）、轻微扩张（退缩）、无扩张（退缩）。

从表4-4和图4-56中可以看出，1986~1990年剧烈扩张的乡镇有15个，占河西地区

表 4-4 1986~1990 年绿洲扩张强度分级表

扩张程度	乡(镇)				
剧烈扩张 (15 个)	西靖镇(古浪县)	直滩镇(古浪县)	腰站子东乡族镇(瓜州县)	马蹄藏族乡(肃南裕固族自治县)	黄花滩镇(古浪县)
	裴家营镇(古浪县)	海子滩镇(古浪县)	区直辖(凉州区)	大靖镇(古浪县)	祁丰藏族乡(肃南裕固族自治县)
	县直辖(古浪县)	永丰滩镇(古浪县)	泗水镇(古浪县)	骆驼城镇(高台县)	重兴镇(民勤县)
明显扩张 (42 个)	玉门镇(玉门市)	夹河镇(民勤县)	康乐镇(肃南裕固族自治县)	石包城乡(肃北蒙古族自治县)	县直辖(敦煌市)
	县直辖(金塔县)	吴家井镇(凉州区)	土门镇(古浪县)	长城镇(凉州区)	古浪镇(古浪县)
	昌马镇(玉门市)	明花乡(肃南裕固族自治县)	南湖镇(民勤县)	清源镇(凉州区)	红砂岗镇(民勤县)
	定宁镇(古浪县)	双茨科镇(民勤县)	渊泉镇(瓜州县)	五和镇(凉州区)	大滩镇(民勤县)
	金河镇(凉州区)	蔡旗镇(民勤县)	双湾镇(金川区)	位奇镇(山丹县)	苏武镇(民勤县)
	九墩镇(凉州区)	黄渠镇(敦煌市)	昌宁镇(民勤县)	西渠镇(民勤县)	朱王堡镇(永昌县)
	收成镇(民勤县)	泉山镇(民勤县)	下双镇(凉州区)	南岔镇(瓜州县)	水源镇(永昌县)
	新华镇(临泽县)	河东镇(凉州区)	鸭暖镇(临泽县)	南华镇(高台县)	红沙梁镇(民勤县)
	新城镇(嘉峪关市)	小金湾东乡族乡(玉门市)			

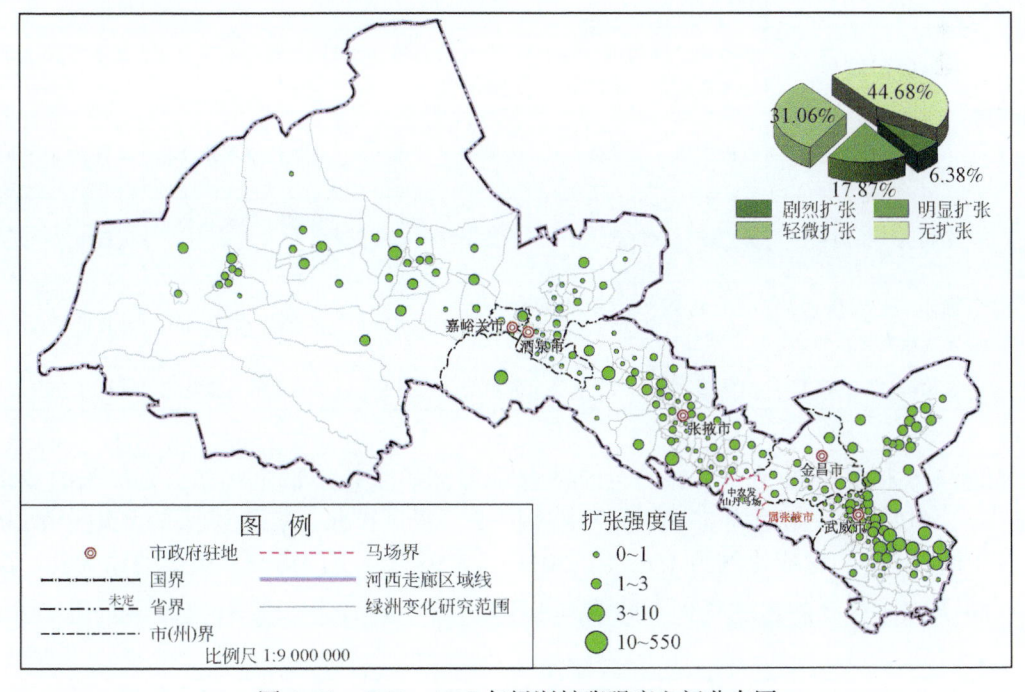

图 4-56 1986~1990 年绿洲扩张强度空间分布图

总乡镇个数的 6.38%；明显扩张的乡镇有 42 个，占总数的 17.87%。该时期绿洲变化以无扩张为主，其乡镇个数为 105 个，所占比例为 44.69%；轻微扩张的乡镇较无扩张的少，为 73 个，比例为 31.06%。绿洲扩张较明显的乡镇主要分布在瓜州县、古浪县、民勤县以及凉州区等。

从表 4-5 和图 4-57 中可以看出，无退缩的乡镇达到 131 个，占总乡镇个数的 55.75%，说明这一时期内绿洲变化较为稳定。轻微退缩的乡镇为 62 个，其次为明显退缩乡镇，有 35 个，剧烈退缩的有 7 个，所占比例分别为 26.38%、14.89%、2.98%。绿洲退缩较明显的乡镇主要分布在瓜州县、玉门市一带，民勤县、古浪县分布也较多。另外，张掖市境内绿洲退缩得较明显，其他地区也有较零散的乡镇分布。

表 4-5　1986~1990 年绿洲退缩强度分级表

退缩程度	乡（镇）				
剧烈退缩 （7 个）	马蹄藏族乡（肃南裕固族自治县）	双塔镇、布隆吉乡、沙河回族乡（瓜州县）	老军乡（山丹县）	西靖镇（古浪县）	锁阳城镇（瓜州县）
	康乐镇（肃南裕固族自治县）	直滩镇（古浪县）			
明显退缩 （35 个）	明花乡（肃南裕固族自治县）	石包城乡（肃北蒙古族自治县）	东乐镇（山丹县）	下西号镇（玉门市）	南湖镇（民勤县）
	大红沟镇（天祝藏族自治县）	西湖镇、梁湖乡（瓜州县）	渊泉镇（瓜州县）	碱滩镇（甘州区）	黄闸湾镇（玉门市）
	柳河镇（玉门市）	花海镇、柳湖镇、独山子东乡族乡（玉门市）	国营饮马农场（玉门市）	国营黄花农场（玉门市）	裴家营镇（古浪县）
	腰站子东乡族镇（瓜州县）	红砂岗镇（民勤县）	安阳乡（甘州区）	六坝镇（民乐县）	重兴镇（民勤县）
	东湖镇（民勤县）	陈户镇（山丹县）	西渠镇（民勤县）	哈溪镇（天祝藏族自治县）	区直辖（凉州区）
	河东镇、七墩回族东乡族乡（瓜州县）	广至藏族乡、瓜州镇（瓜州县）	九墩镇（凉州区）	县直辖（敦煌市）	县直辖（金塔县）
	金山镇（凉州区）	南岔镇（瓜州县）	霍城镇（山丹县）	郭家堡镇（敦煌市）	李桥乡（山丹县）

如表 4-6 和图 4-58 所示，1990~1995 年的绿洲扩张处于稳定状态，无扩张的乡镇个数最多，为 123 个，比例为 52.34%，剧烈扩张、明显扩张、轻微扩张的乡镇个数为 11 个、47 个、54 个，对应比例为 4.68%、20%、22.98%。玉门市和武威市的民勤县、凉州区、古浪县等地区绿洲扩张有较为显著的变化。

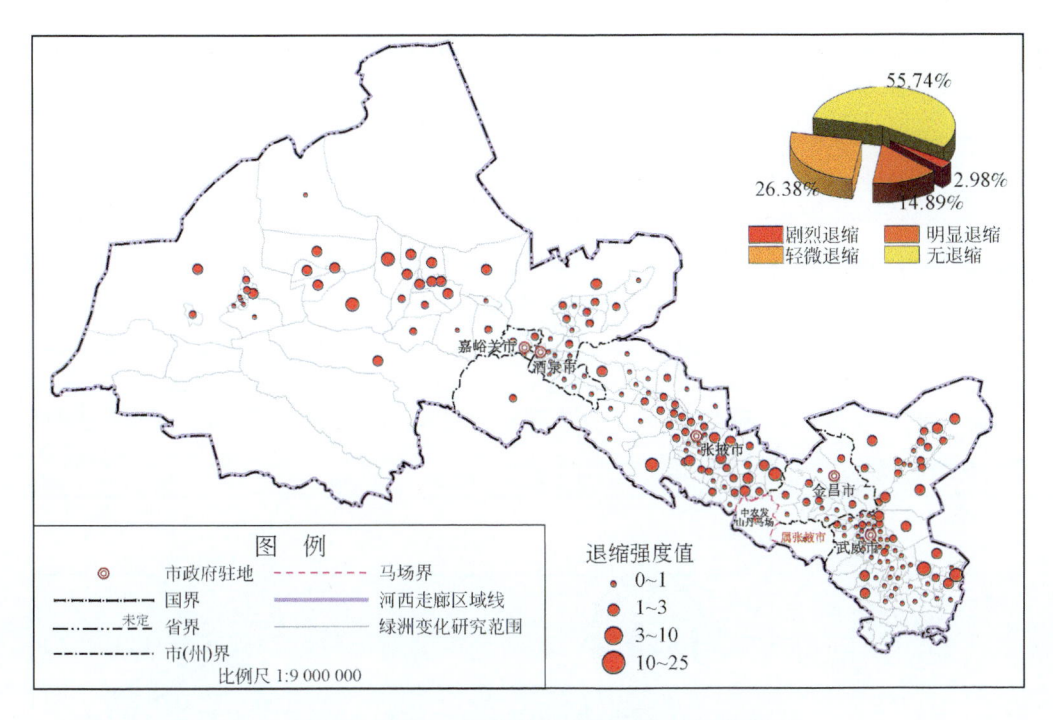

图 4-57 1986~1990 年绿洲退缩强度空间分布图

表 4-6 1990~1995 年绿洲扩张强度分级表

扩张程度	乡（镇）				
剧烈扩张 （11 个）	西靖镇（古浪县）	南湖镇（民勤县）	骆驼城镇（高台县）	老军乡（山丹县）	区直辖（凉州区）
	红砂岗镇（民勤县）	裴家营镇（古浪县）	大靖镇（古浪县）	夹河镇（民勤县）	碱滩镇（甘州区）
	双茨科镇（民勤县）				
明显扩张 （47 个）	小金湾东乡族乡（玉门市）	花海镇、柳湖镇、独山子东乡族乡（玉门市）	收成镇（民勤县）	西渠镇（民勤县）	昌宁镇（民勤县）
	苏武镇（民勤县）	东乐镇（山丹县）	双塔镇、布隆吉乡、沙河回族乡（瓜州县）	重兴镇（民勤县）	腰站子东乡族镇（瓜州县）
	泉山镇（民勤县）	东湖镇（民勤县）	九墩镇（凉州区）	长城镇（凉州区）	红沙梁镇（民勤县）
	大滩镇（民勤县）	下西号镇（玉门市）	大坝镇（民勤县）	新华镇（临泽县）	康乐镇（肃南裕固族自治县）

续表

扩张程度	乡（镇）				
明显扩张（47个）	薛百镇（民勤县）	蔡旗镇（民勤县）	渊泉镇（瓜州县）	锁阳城镇（瓜州县）	明花乡（肃南裕固族自治县）
	黄花滩镇（古浪县）	黄闸湾镇（玉门市）	下双镇（凉州区）	陈户镇（山丹县）	安阳乡（甘州区）
	三雷镇（民勤县）	国营黄花农场（玉门市）	板桥镇（临泽县）	鸭暖镇（临泽县）	双湾镇（金川区）
	羊井子湾乡、三合乡（金塔县）	中牧公司山丹马场	国营饮马农场（玉门市）	六坝镇（民乐县）	柳河镇（玉门市）
	五和镇（凉州区）	三闸镇（甘州区）	水源镇（永昌县）	平川镇（临泽县）	沙井镇（甘州区）
	沙河镇（临泽县）	金山镇（凉州区）			

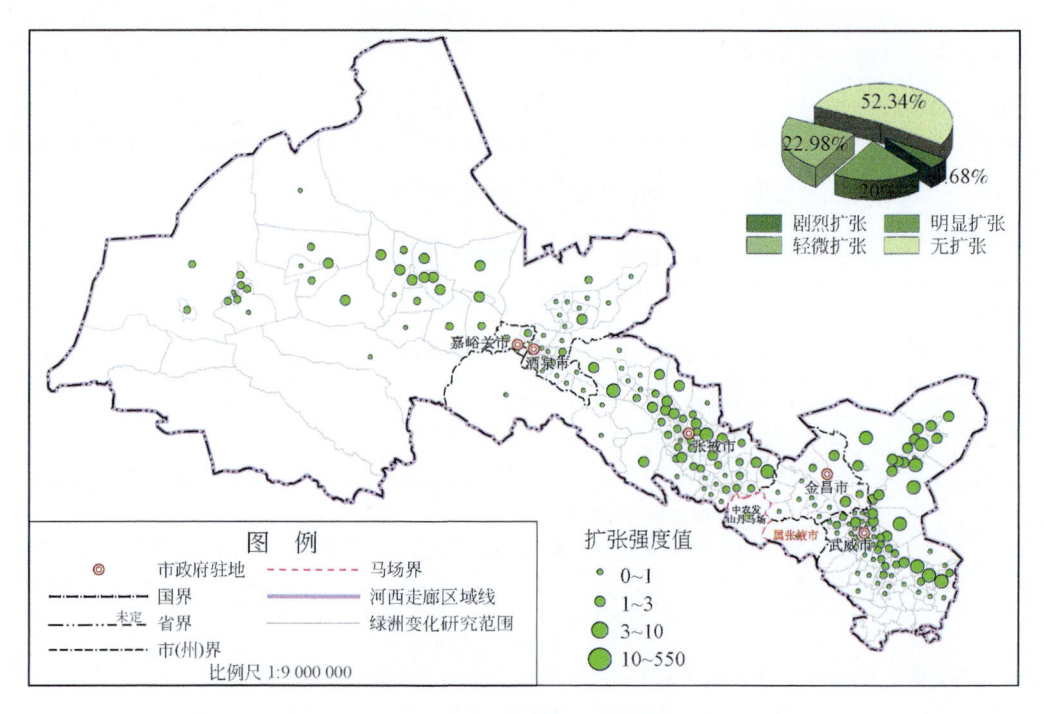

图 4-58 1990~1995 年绿洲扩张强度空间分布图

从表 4-7 和图 4-59 中可以看出，绿洲退缩剧烈的乡镇为古浪县的西靖镇和肃南裕固族自治县的马蹄藏族乡，退缩强度为 17.91 和 13.05，其他各乡镇也呈现出不同程度的退缩状况。其中，无退缩的乡镇个数占总乡镇个数的 74.05%，达到一半以上，该时期各乡镇绿洲以稳定不变为主。

第4章 绿洲变化的多尺度分析

表 4-7　1990～1995 年绿洲退缩强度分级表

退缩程度	乡（镇）				
剧烈退缩 （2个）	西靖镇（古浪县）	马蹄藏族乡（肃南裕固族自治县）			
明显退缩 （15个）	康乐镇（肃南裕固族自治县）	大红沟镇（天祝藏族自治县）	直滩镇（古浪县）	裴家营镇（古浪县）	东湖镇（民勤县）
	东乐镇（山丹县）	重兴镇（民勤县）	县直辖（敦煌市）	县直辖（金塔县）	金山镇（凉州区）
	红山窑镇（永昌县）	西湖镇、梁湖乡（瓜州县）	区直辖（凉州区）	西渠镇（民勤县）	黄渠镇（敦煌市）

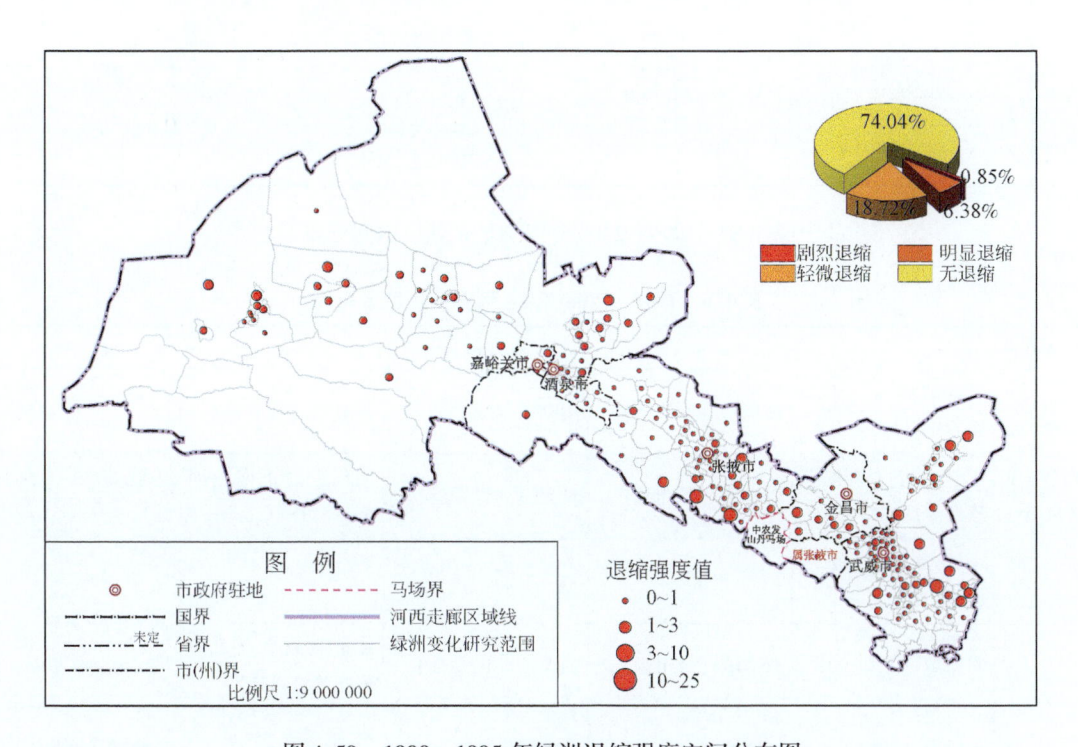

图 4-59　1990～1995 年绿洲退缩强度空间分布图

如图 4-60 和表 4-8 所示，1995～2000 年绿洲扩张呈现出剧烈变化的乡镇有 11 个；无扩张的乡镇最多，轻微扩张的次之，明显扩张的乡镇较少。扩张较为剧烈的乡镇主要分布在瓜州县以及河西地区东部的石羊河流域一带。

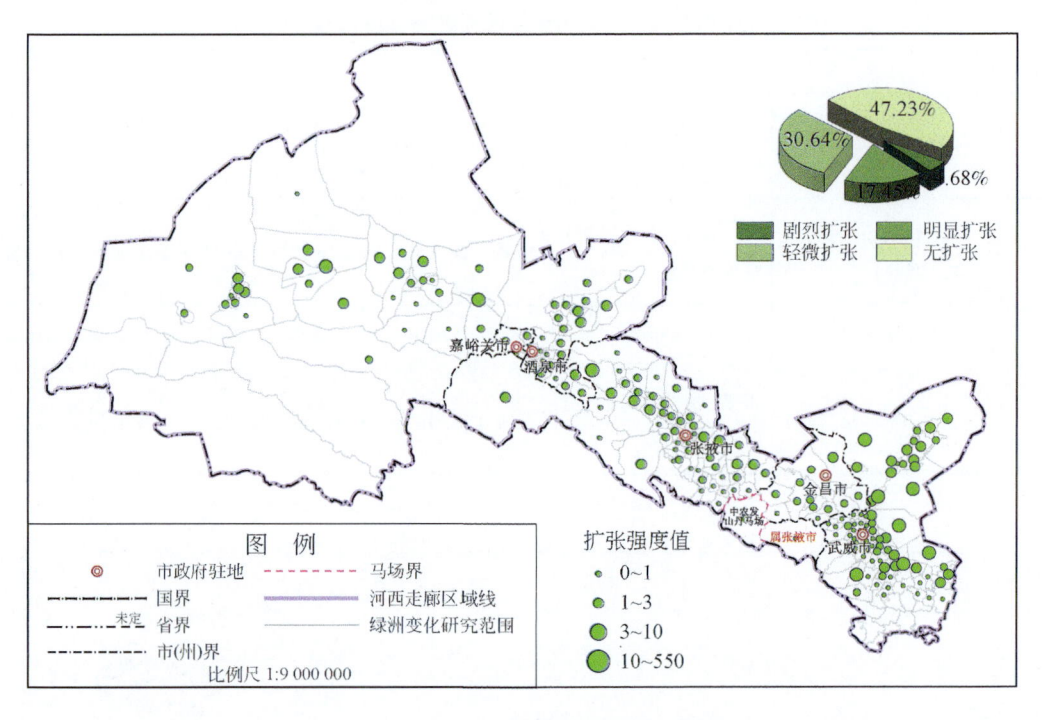

图 4-60　1995~2000 年绿洲扩张强度空间分布图

表 4-8　1995~2000 年绿洲扩张强度分级表

扩张程度	乡（镇）				
剧烈扩张 （11 个）	马蹄藏族乡（肃南裕固族自治县）	区直辖（凉州区）	南湖镇（民勤县）	县直辖（古浪县）	红砂岗镇（民勤县）
	大红沟镇（天祝藏族自治县）	渊泉镇（瓜州县）	重兴镇（民勤县）	明花乡（肃南裕固族自治县）	黄花滩镇（古浪县）
	小金湾东乡族乡（玉门市）				
明显扩张 （41 个）	骆驼城镇（高台县）	双湾镇（金川区）	西渠镇（民勤县）	祁丰藏族乡（肃南裕固族自治县）	昌宁镇（民勤县）
	黄渠镇（敦煌市）	东湖镇（民勤县）	九墩镇（凉州区）	西湖镇、梁湖乡（瓜州县）	长城镇（凉州区）
	新华镇（临泽县）	永丰滩镇（古浪县）	陈户镇（山丹县）	东乐镇（山丹县）	腰站子乡族乡镇（瓜州县）
	直滩镇（古浪县）	双茨科镇（民勤县）	位奇镇（山丹县）	郭家堡镇（敦煌市）	转渠口镇（敦煌市）

续表

扩张程度	乡（镇）				
明显扩张（41个）	西靖镇（古浪县）	裴家营镇（古浪县）	泗水镇（古浪县）	南华镇（高台县）	下清河镇（肃州区）
	蔡旗镇（民勤县）	大坝镇（民勤县）	薛百镇（民勤县）	鼎新镇（金塔县）	夹河镇（民勤县）
	东坝镇（金塔县）	东坝镇（民勤县）	大滩镇（民勤县）	碱滩镇（甘州区）	康乐镇（肃南裕固族自治县）
	双塔镇、布隆吉乡、沙河回族乡（瓜州县）	广至藏族乡、瓜州镇（瓜州县）	国营饮马农场（玉门市）	羊井子湾乡、三合乡（金塔县）	锁阳城镇（瓜州县）
	土门镇（古浪县）				

从图4-61和表4-9中可以看出，绿洲变化强度中，依然以无退缩乡镇居多，个数超过一半，所占比例为78.72%，其他各级别均有不同数目的乡镇分布。退缩较剧烈的区域主要有民勤县和玉门市（图4-61）。

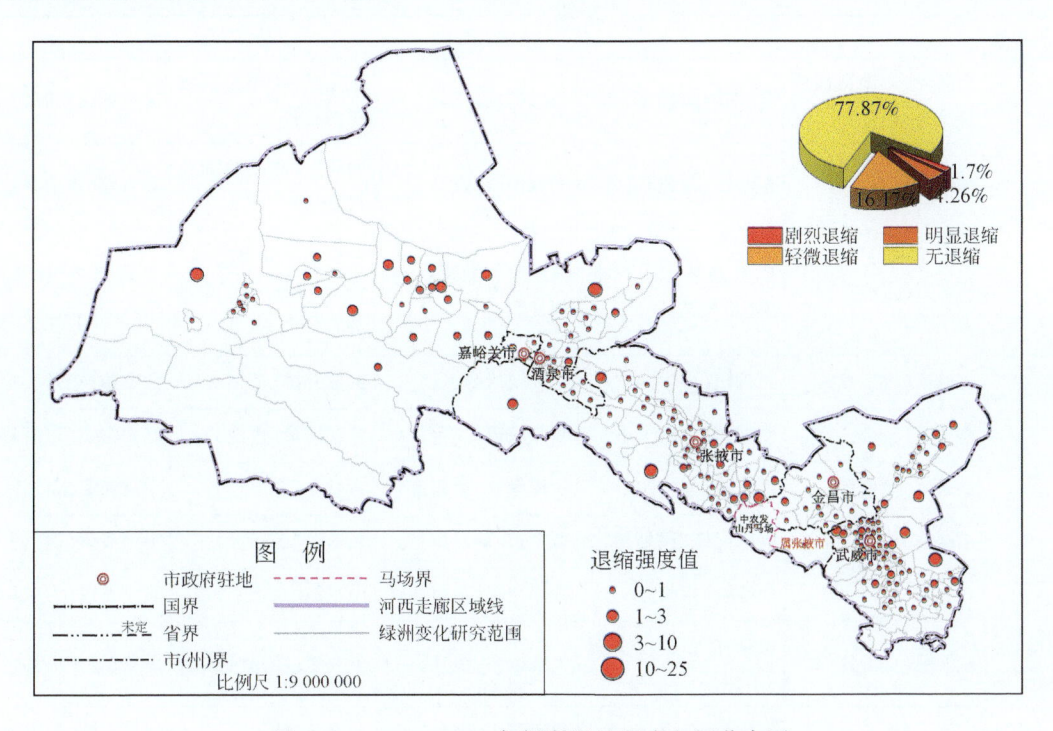

图4-61 1995~2000年绿洲退缩强度空间分布图

表 4-9　1995～2000 年绿洲退缩强度分级表

退缩程度	乡（镇）				
剧烈退缩 （4个）	县直辖（敦煌市）	县直辖（金塔县）	金山镇（凉州区）	康乐镇（肃南裕固族自治县）	
明显退缩 （10个）	祁丰藏族乡（肃南裕固族自治县）	南湖镇（民勤县）	明花乡（肃南裕固族自治县）	花海镇、柳湖镇、独山子东乡族乡（玉门市）	锁阳城镇（瓜州县）
	双塔镇、布隆吉乡、沙河回族乡（瓜州县）	金山镇（凉州区）	国营黄花农场（玉门市）	区直辖（凉州区）	大马营镇（山丹县）

如表 4-10 和图 4-62 所示，2000～2005 年的绿洲扩张强度中无扩张的乡镇居多，所占比例约为 50%，轻微扩张次之，比例为 26.81%，剧烈扩张和明显扩张之和为 23.40%。表 4-10 和图 4-62 反映了绿洲扩张强度在不同等级区间的乡镇分布情况。

表 4-10　2000～2005 年绿洲扩张强度分级表

扩张程度	乡(镇)				
剧烈扩张 （15个）	大河乡(肃南裕固族自治县)	县直辖(敦煌市)	县直辖(金塔县)	康乐镇(肃南裕固族自治县)	区直辖(凉州区)
	渊泉镇(瓜州县)	南岔镇(瓜州县)	南湖镇(民勤县)	明花乡(肃南裕固族自治县)	县直辖(古浪县)
	西靖镇(古浪县)	广至藏族乡、瓜州镇(瓜州县)	西湖镇、梁湖乡(瓜州县)	双塔镇、布隆吉乡、沙河回族乡(瓜州县)	小金湾东乡族乡(玉门市)
明显扩张 （40个）	直滩镇(古浪县)	东坝镇(金塔县)	东坝镇(民勤县)	吴家井镇(凉州区)	位奇镇(山丹县)
	南华镇(高台县)	新城镇(嘉峪关市)	骆驼城镇(高台县)	黄花滩镇(古浪县)	红山窑镇(永昌县)
	重兴镇(民勤县)	峪泉镇(嘉峪关市)	黄泥堡乡(肃州区)	古城乡(金塔县)	下清河镇(肃州区)
	东湖镇(民勤县)	红砂岗镇(民勤县)	黄渠镇(敦煌市)	长城镇(凉州区)	下西号镇(玉门市)
	九墩镇(凉州区)	西峰镇(肃州区)	锁阳城镇(瓜州县)	中东镇(金塔县)	裴家营镇(古浪县)
	航天镇(金塔县)	腰站子东乡族乡镇(瓜州县)	大靖镇(古浪县)	下双镇(凉州区)	鼎新镇(金塔县)
	大庄子镇(金塔县)	西坝镇(金塔县)	西渠镇(民勤县)	七里镇(敦煌市)	转渠口镇(敦煌市)
	河东镇、七墩回族东乡族乡(瓜州县)	花海镇、柳湖镇、独山子东乡族乡(玉门市)	羊井子湾乡、三合乡(金塔县)	陈户镇(山丹县)	老军乡(山丹县)

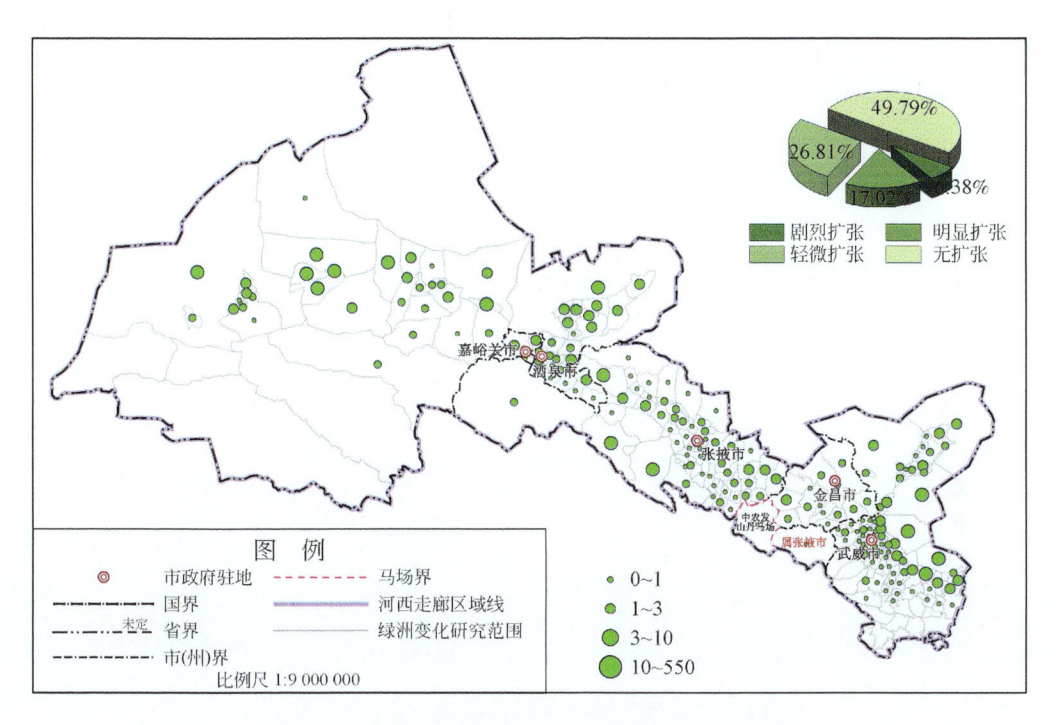

图 4-62 2000~2005 年绿洲扩张强度空间分布图

如表 4-11 和图 4-63 所示，该时期绿洲主要以无退缩的乡镇为主。其中，河西地区 235 个乡镇中有 185 个乡镇绿洲处于稳定状态，占总数的 78.72%，而剧烈退缩、明显退缩和轻微退缩三者之和为 21.28%，剧烈退缩发生在肃州区、民勤县一带的乡镇。

表 4-11 2000~2005 年绿洲退缩强度分级表

退缩程度	乡（镇）				
剧烈退缩（3个）	平山湖蒙古族乡（甘州区）	祁丰藏族乡（肃南裕固族自治县）	大河乡（肃南裕固族自治县）		
明显退缩（5个）	康乐镇（肃南裕固族自治县）	南湖镇（民勤县）	明花乡（肃南裕固族自治县）	东湖镇（民勤县）	西渠镇（民勤县）

表 4-12 和图 4-64 反映了 2005~2010 年河西各乡镇在不同扩张强度等级下的分布。其中剧烈扩张、明显扩张、轻微扩张和无扩张所占的百分比依次为 2.98%、17.87%、22.55%、56.6%。

| 103 |

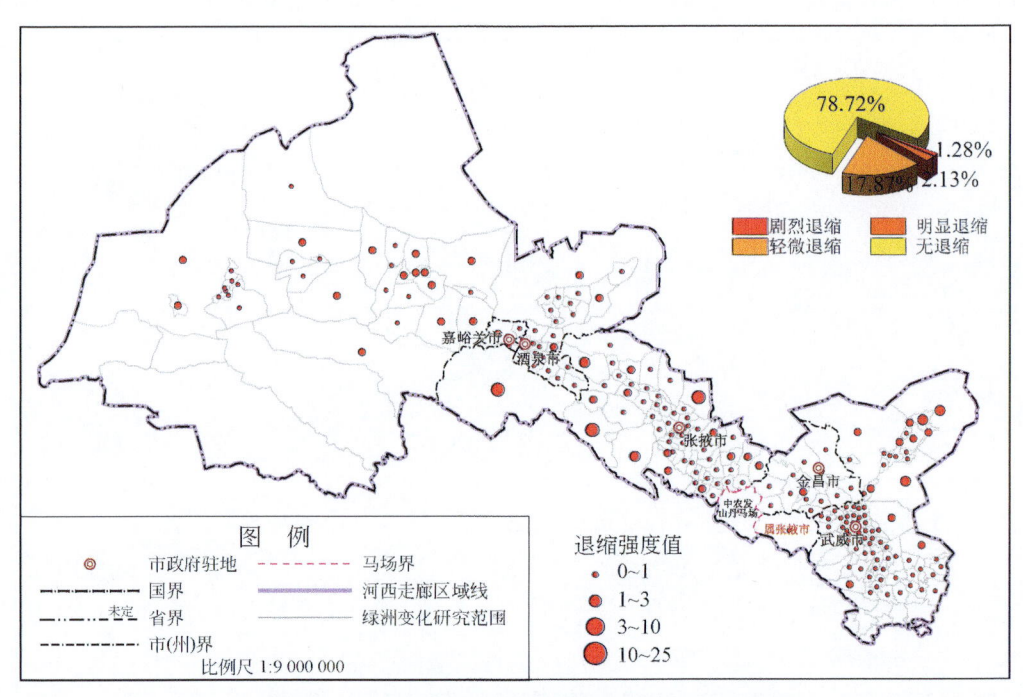

图 4-63　2000～2005 年绿洲退缩强度空间分布图

表 4-12　2005～2010 年绿洲扩张强度分级表

扩张程度	乡（镇）				
剧烈扩张 （7个）	祁丰藏族乡（肃南裕固族自治县）	大河乡（肃南裕固族自治县）	小金湾东乡族乡（玉门市）	明花乡（肃南裕固族自治县）	县直辖（古浪县）
	峪泉镇（嘉峪关市）	康乐镇（肃南裕固族自治县）			
明显扩张 （42个）	鼎新镇（金塔县）	航天镇（金塔县）	新城镇（嘉峪关市）	黄泥堡乡（肃州区）	六坝镇（民乐县）
	西靖镇（古浪县）	清泉乡（玉门市）	东乐镇（山丹县）	老军乡（山丹县）	东坝镇（金塔县）
	东坝镇（民勤县）	骆驼城镇（高台县）	中东镇（金塔县）	下清阳镇（肃州区）	渊泉镇（瓜州县）
	陈户镇（山丹县）	三堡镇（民乐县）	位奇镇（山丹县）	南岔镇（瓜州县）	柳河镇（玉门市）
	县直辖（敦煌市）	县直辖（金塔县）	西坝镇（金塔县）	黄渠镇（敦煌市）	鸭暖镇（临泽县）
	马蹄藏族乡（肃南裕固族自治县）	古城乡（金塔县）	南华镇（高台县）	直滩镇（古浪县）	碱滩镇（甘州区）
	转渠口镇（敦煌市）	大庄子镇（金塔县）	郭家堡镇（敦煌市）	花寨乡（甘州区）	靖安乡（甘州区）
	西峰镇（肃州区）	羊井子湾乡、三合乡（金塔县）	红柳湾镇（阿克塞哈萨克族自治县）	西湖镇、梁湖乡（瓜州县）	果园镇（肃州区）
	花海镇、柳湖镇、独山子东乡族乡（玉门市）	双塔镇、布隆吉乡、沙河回族乡（瓜州县）			

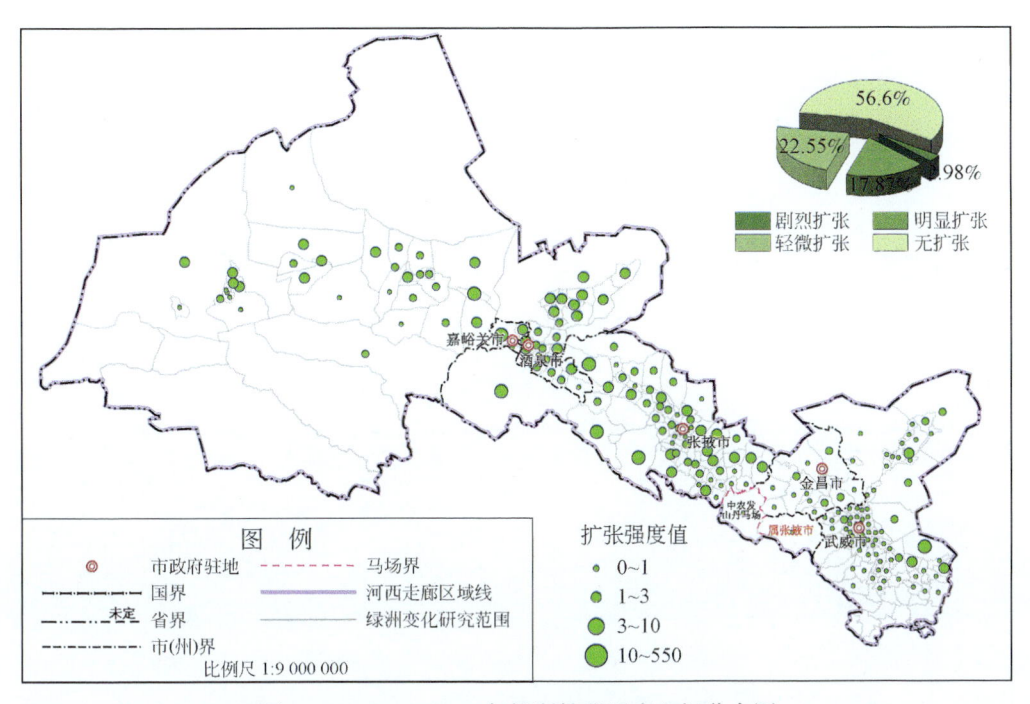

图 4-64　2005～2010 年绿洲扩张强度空间分布图

同样，绿洲退缩的剧烈程度不同，各等级区间里的乡镇分布个数也不同，按其比例从大到小排列为无退缩、轻微退缩、明显退缩、剧烈退缩。玉门市、瓜州县、民勤县一带的乡镇绿洲退缩较明显（表 4-13 和图 4-65）。

表 4-13　2005～2010 年绿洲退缩强度分级表

退缩程度	乡（镇）				
剧烈退缩（1 个）	大河乡（肃南裕固族自治县）				
明显退缩（25 个）	红砂岗镇（民勤县）	县直辖（敦煌市）	县直辖（金塔县）	金山镇（凉州区）	南湖镇（民勤县）
	重兴镇（民勤县）	锁阳城镇（瓜州县）	区直辖（凉州区）	康乐镇（肃南裕固族自治县）	夹河镇（民勤县）
	薛百镇（民勤县）	石包城乡（肃北蒙古族自治县）	大坝镇（民勤县）	大滩镇（民勤县）	双茨科镇（民勤县）
	收成镇（民勤县）	祁丰藏族乡（肃南裕固族自治县）	泉山镇（民勤县）	昌宁镇（民勤县）	苏武镇（民勤县）
	花海镇、柳湖镇、独山子东乡族乡（玉门市）	双塔镇、布隆吉乡、沙河回族乡（瓜州县）	国营饮马农场（玉门市）	河东镇、七墩回族东乡族乡（瓜州县）	国营黄花农场（玉门市）

| 河西走廊绿洲化沙漠化时空过程 |

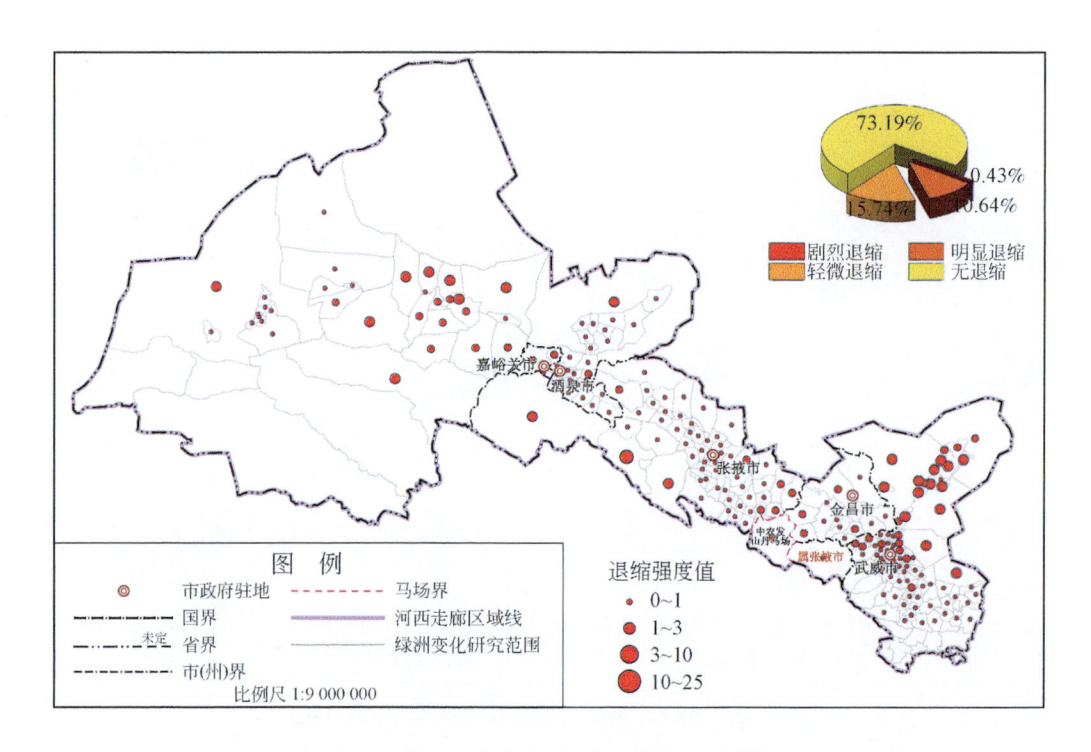

图 4-65　2005～2010 年绿洲退缩强度空间分布图

从表 4-14 和图 4-66 可以看出，2010～2015 年，大部分乡镇的绿洲处于无扩张状态，轻微扩张的乡镇较无扩张的少。扩张较剧烈的地区主要有民勤县、古浪县以及瓜州县和玉门市一带。图 4-66 反映了绿洲扩张强度的空间分布情况。

表 4-14　2010～2015 年绿洲扩张强度分级表

扩张程度	乡（镇）				
剧烈扩张（12 个）	平山湖蒙古族乡（甘州区）	县直辖（敦煌市）	县直辖（金塔县）	峪泉镇（嘉峪关市）	明花乡（肃南裕固族自治县）
	区直辖（凉州区）	西靖镇（古浪县）	县直辖（古浪县）	重兴镇（民勤县）	新城镇（嘉峪关市）
	花海镇、柳湖镇、独山子东乡族乡（玉门市）	国营黄花农场（玉门市）			

| 106 |

续表

扩张程度	乡（镇）				
明显扩张 （49个）	大满镇、和平乡（甘州区）	双塔镇、布隆吉乡、沙河回族乡（瓜州县）	祁丰藏族乡（肃南裕固族自治县）	国营饮马农场（玉门市）	河东镇、七墩回族东乡族乡（瓜州县）
	锁阳城镇（瓜州县）	黄泥堡乡（肃州区）	红砂岗镇（民勤县）	西坝镇（金塔县）	老军乡（山丹县）
	夹河镇（民勤县）	南湖镇（民勤县）	六坝镇（民乐县）	东湖镇（民勤县）	下西号镇（玉门市）
	东乐镇（山丹县）	马蹄藏族乡（肃南裕固族自治县）	柳河镇（玉门市）	康乐镇（肃南裕固族自治县）	发放镇、大柳镇（凉州区）
	小金湾东乡族乡（玉门市）	玉门镇（玉门市）	黄闸湾镇（玉门市）	西渠镇（民勤县）	十八里堡乡（古浪县）
	航天镇（金塔县）	苏武镇（民勤县）	薛百镇（民勤县）	石包城乡（肃北蒙古族自治县）	鼎新镇（金塔县）
	渊泉镇（瓜州县）	双茨科镇（民勤县）	南岔镇（瓜州县）	黄羊川镇（古浪县）	大坝镇（民勤县）
	碱滩镇（甘州区）	皇城镇（肃南裕固族自治县）	金山镇（凉州区）	赤金镇（玉门市）	收成镇（民勤县）
	六坝镇（永昌县）	清泉乡（玉门市）	下清河镇（肃州区）	三道沟镇（瓜州县）	泉山镇（民勤县）
	古丰镇（古浪县）	大滩镇（民勤县）	沙河镇（临泽县）	金山镇（凉州区）	

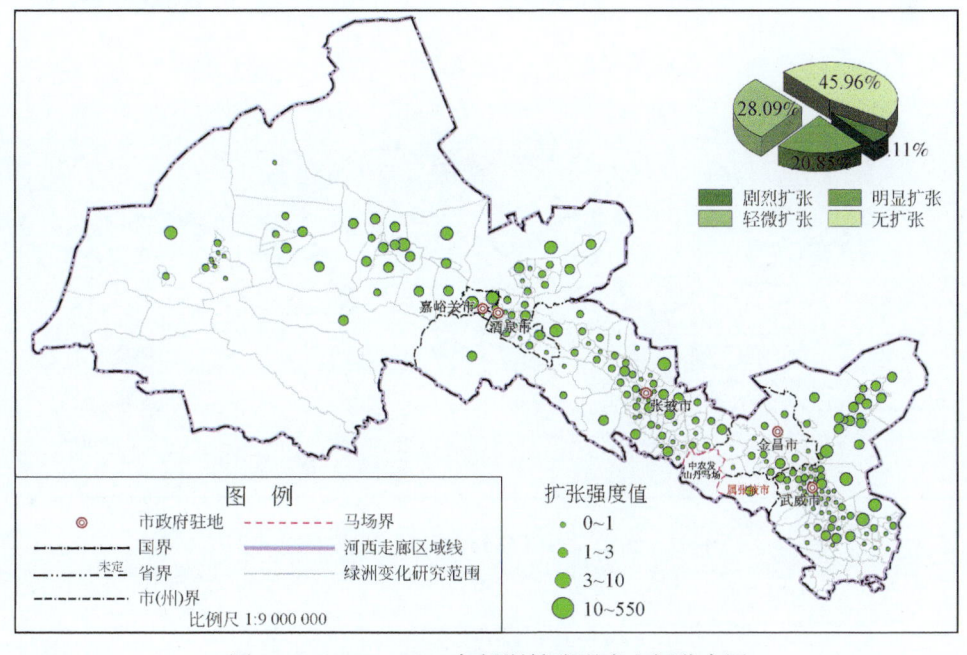

图 4-66　2010~2015 年绿洲扩张强度空间分布图

如表4-15和图4-67所示，2010~2015绿洲退缩剧烈的乡镇有12个，主要分布在天祝藏族自治县、阿克塞哈萨克族自治县等地区；明显退缩的乡镇有9个，主要分布在凉州区、肃南裕固族自治县；轻微退缩的乡镇有56个；以无退缩的乡镇最多，为157个。

表4-15 2010~2015年绿洲退缩强度分级表

退缩程度	乡（镇）				
剧烈退缩（12个）	西大滩镇（天祝藏族自治县）	安远镇（天祝藏族自治县）	大红沟镇（天祝藏族自治县）	红柳湾镇（阿克塞哈萨克族自治县）	阿克旗乡（阿克塞哈萨克族自治县）
	哈溪镇（天祝藏族自治县）	横梁乡（古浪县）	朵什镇（天祝藏族自治县）	黑松驿镇（古浪县）	平山湖蒙古族乡（甘州区）
	白银蒙古族乡（肃南裕固族自治县）	马蹄藏族乡（肃南裕固族自治县）			
明显退缩（9个）	祁丰藏族乡（肃南裕固族自治县）	皇城镇（肃南裕固族自治县）	张义镇（凉州区）	十八里堡乡（古浪县）	康乐镇（肃南裕固族自治县）
	老军乡（山丹县）	五和镇（凉州区）	区直辖（凉州区）	清泉乡（玉门市）	

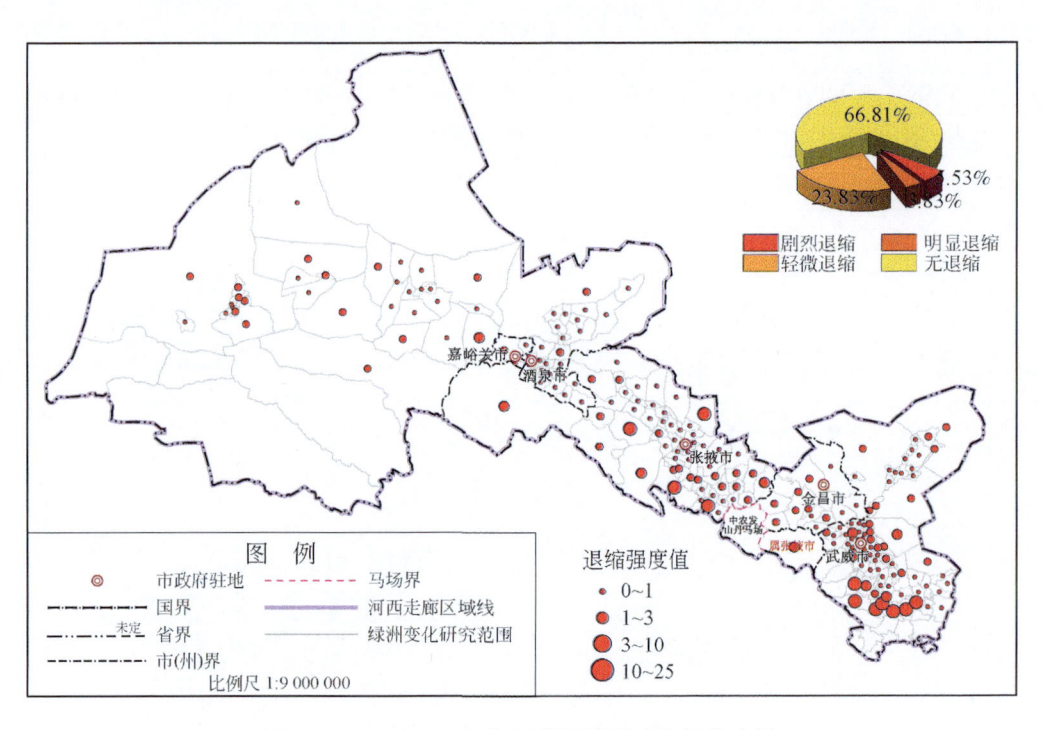

图4-67 2010~2015年绿洲退缩强度空间分布图

表 4-16、图 4-68 和图 4-69 反映出 2015～2020 年河西地区各乡镇在不同扩张退缩强度等级下的分布，其中剧烈扩张、明显扩张、轻微扩张和无扩张所占的百分比依次为 0.43%、5.96%、16.58%、77.03%。

表 4-16 2015～2020 年绿洲扩张强度分级表

扩张程度	乡（镇）				
剧烈扩张（1个）	西靖镇（古浪县）				
明显扩张（14个）	石包城乡（肃北蒙古族自治县）	明花乡（肃南裕固族自治县）	五和镇（凉州区）	大庄子镇（金塔县）	渊泉镇（瓜州县）
	昌马镇（玉门市）	县直辖（敦煌市）	横梁乡（古浪县）	东乐镇（山丹县）	倪家营镇（临泽县）
	县直辖（金塔县）	鼎新镇（金塔县）	大满镇、和平乡（甘州区）	明永镇（甘州区）	

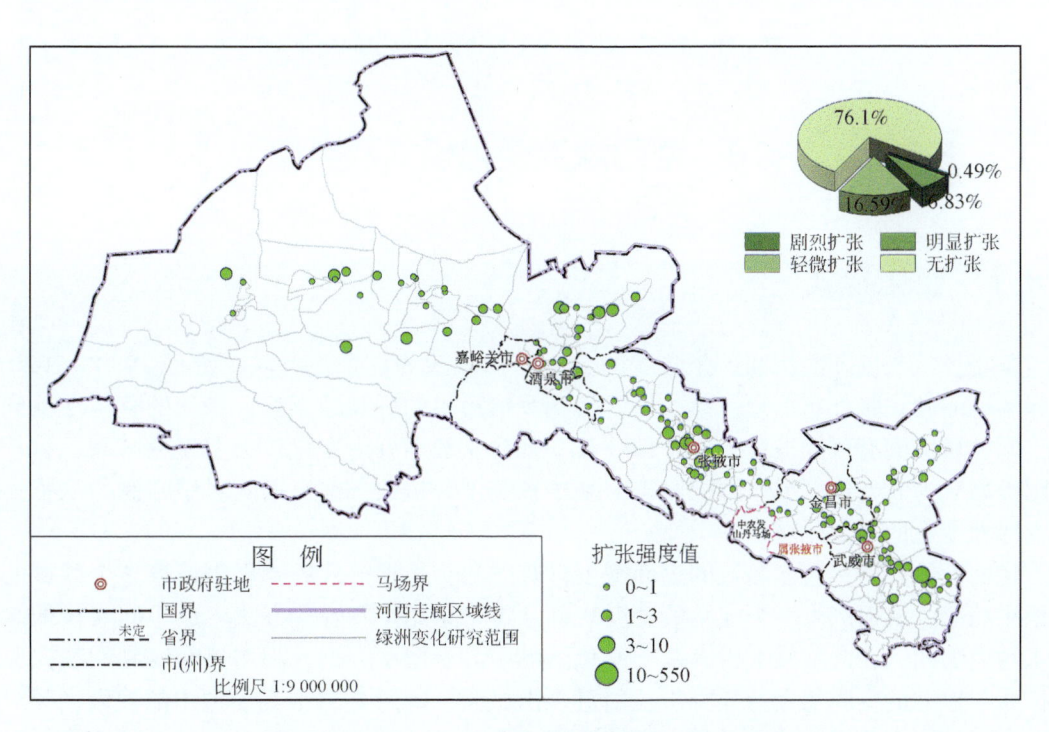

图 4-68 2015～2020 年绿洲扩张强度空间分布图

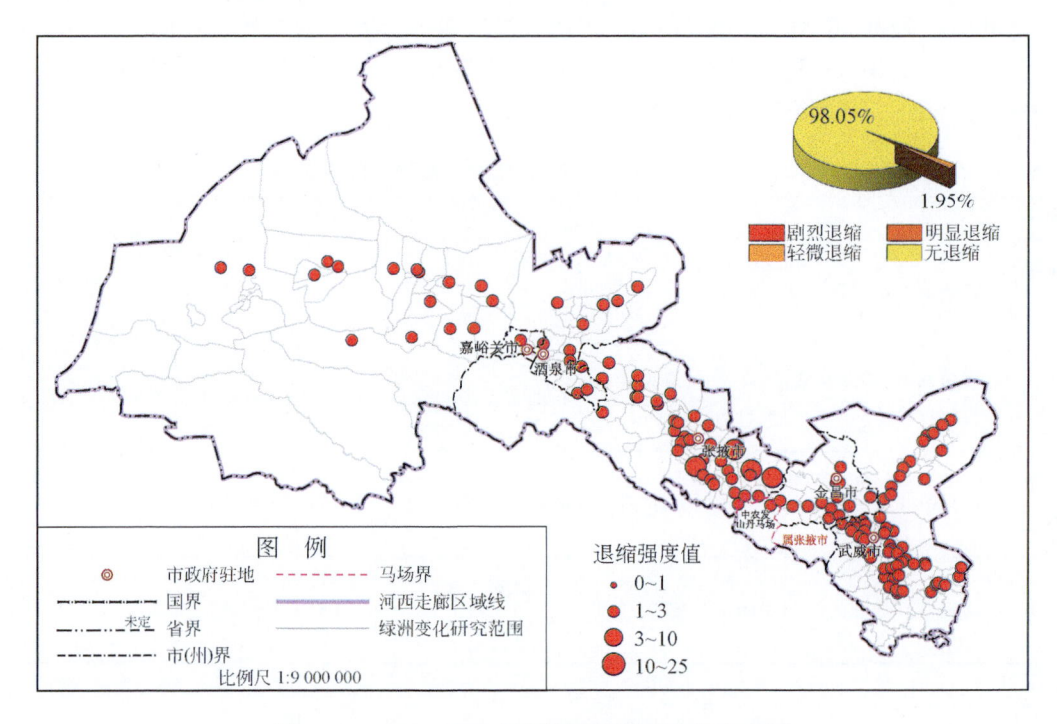

图 4-69　2015~2020 年绿洲退缩强度空间分布图

4.8　河西绿洲变化模式及类型

4.8.1　变化模式

基于乡镇尺度的面积和扩张强度的分析，可以较为详细地反映研究区 1986~2020 年的绿洲退缩和扩张分布信息，但是由于受到乡镇边界的分割的影响，绿洲的整体性受到破坏，同一块绿洲有可能被分为两个部分：一部分是被划分为变化较为明显的区域，另一部分则被划分为无变化区域。因此，本书基于核密度分析的方法，消除乡镇限制，从整体上探索绿洲变化的热点区域。

核密度估计是一种非参数的表面密度计算方法，根据输入的要素集计算整个区域的数据聚集状况，从而产生一个连续的密度表面。本书采用空间叠置方法生成不同时段的绿洲扩张与退缩图，在此基础上得到基于变化图的中心点密度数据，利用核密度制图法完成绿洲扩张与退缩的空间集聚特征分析。通过多次试验，确定 1.3km 为模型中的搜索半径对研究区内的核密度值进行统计，将大于统计区 95% 的值作为热点地区的阈值，得到各个时段研究区退缩与扩张的热点分布（图 4-70）。

| 第 4 章 | 绿洲变化的多尺度分析

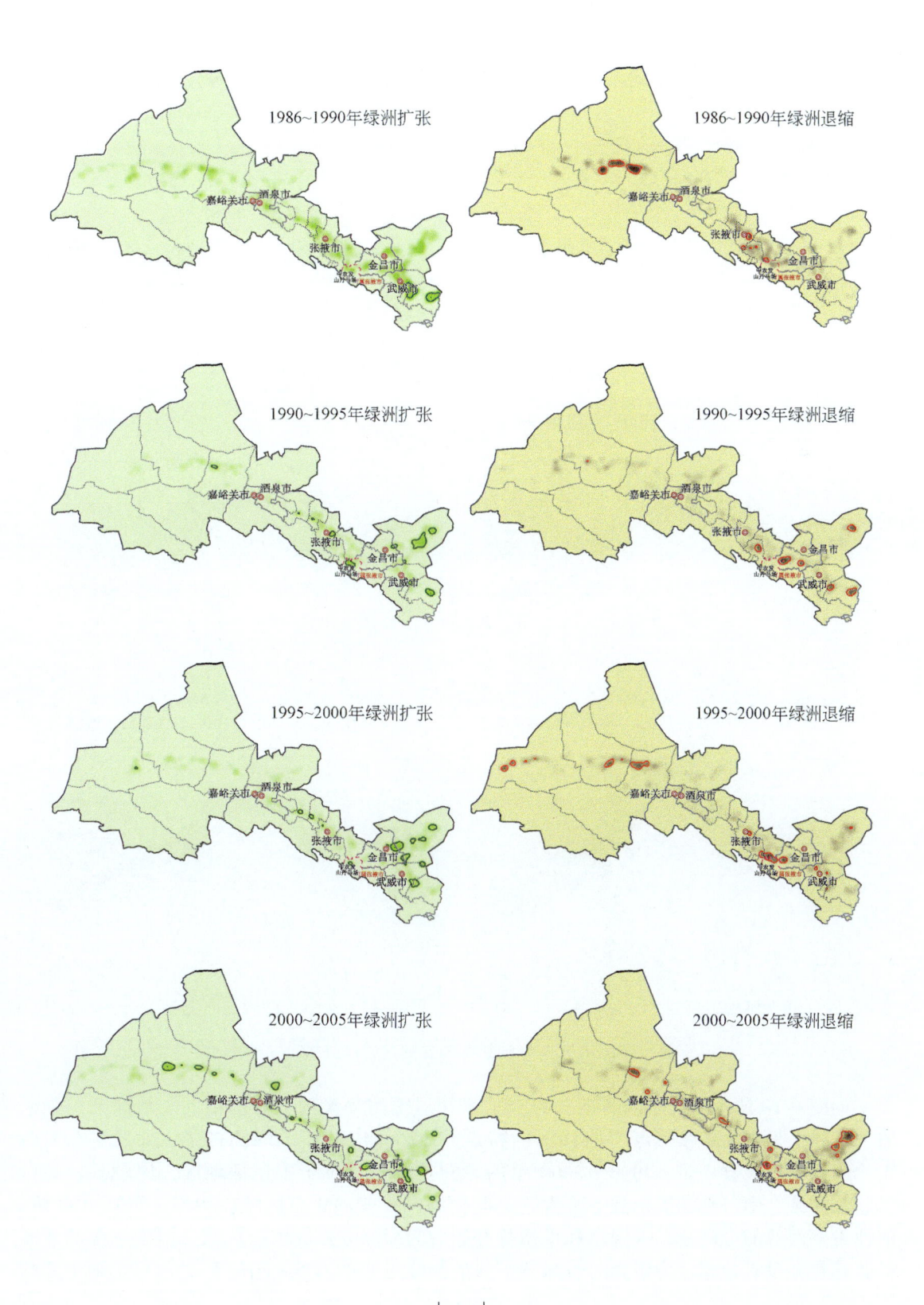

1986~1990年绿洲扩张　　1986~1990年绿洲退缩

1990~1995年绿洲扩张　　1990~1995年绿洲退缩

1995~2000年绿洲扩张　　1995~2000年绿洲退缩

2000~2005年绿洲扩张　　2000~2005年绿洲退缩

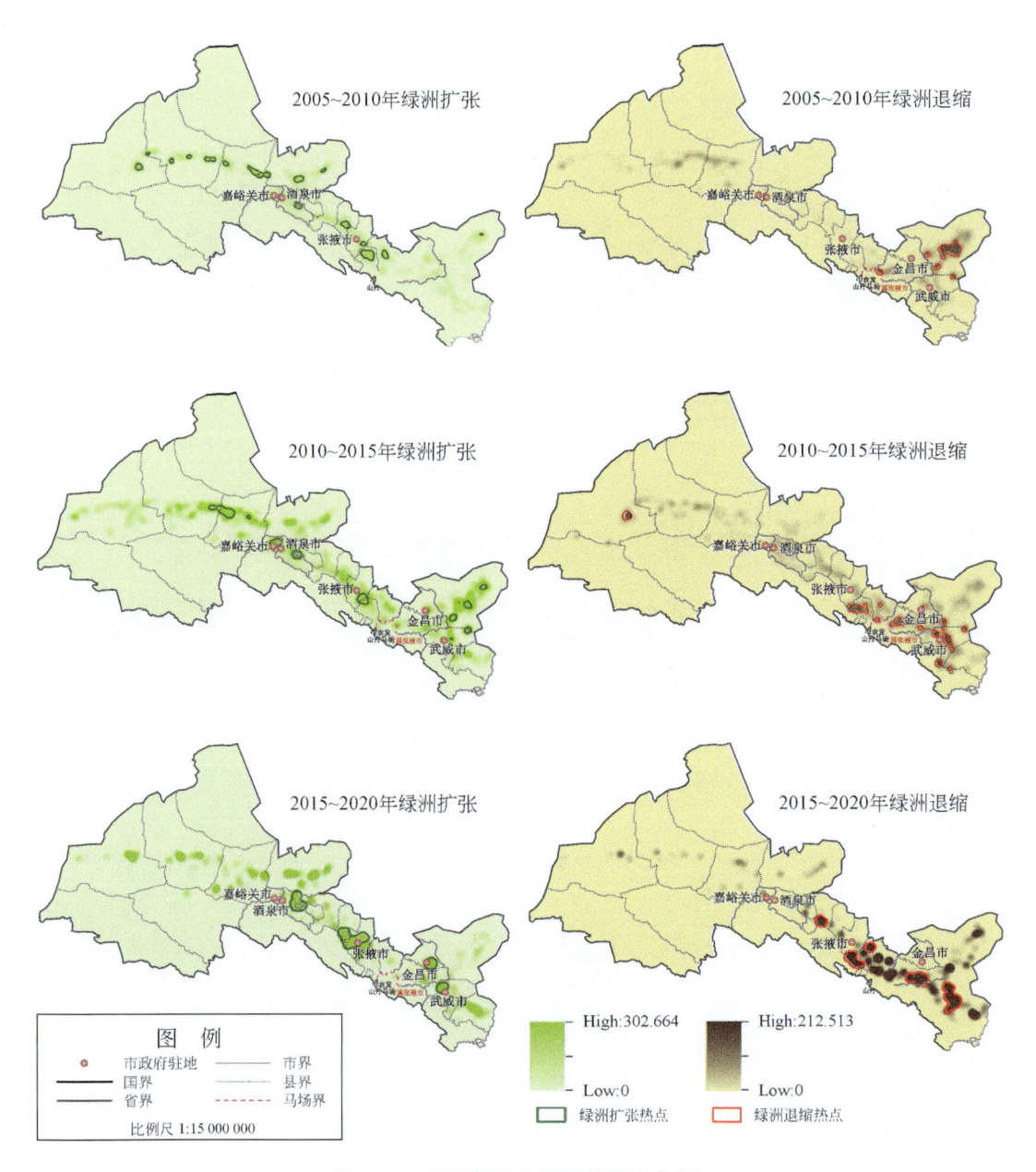

图 4-70 绿洲扩张与退缩核密度分析

如图 4-70 所示，在不同时期，绿洲扩张和退缩的集聚区域有所不同。从绿洲扩张来看，总体上呈现出扩张热点"西移"的特点，1986~1990 年的绿洲扩张主要发生在河西走廊东部的古浪县一带；1990~2000 年的绿洲扩张主要位于中东部地区，民勤县、高台县、临泽县、山丹县和民乐县等地为这一时期绿洲扩张的重点区域；2000~2005 年开始，河西走廊西部的金塔县、玉门市和瓜州县开始成为绿洲扩张的重点区域，但中东部的绿洲扩张趋势并没有减弱，为研究时段绿洲扩张的巅峰时期；2005~2010 年，河西走廊中部的高台县、甘州区以及西部的玉门市、瓜州县和敦煌市的绿洲强度较大，而东部民勤县、古浪县的绿洲扩张趋势较弱；2010~2015年，河西走廊西部的玉门市为绿洲扩张的热点区域，而中东部的绿洲扩张相对较弱。2015~2020年，河西走廊中西部地区的甘州区和肃州区成为绿洲扩张的热点区域，而中东部的绿洲扩张相对较弱。因此，河西走廊东部的绿洲发展较早，但当绿洲达到一定规模后，绿洲面积的继续扩张幅度就会减慢，而西部绿洲的发展时间较晚，2000年以后绿洲出现比较大规模的扩张，由于河西走廊西部多以极干旱荒漠地表为主，绿洲大规模扩张所造成的水资源短缺和可开发土地减少，会对绿洲的发展速度产生一定影响。

从绿洲退缩上看，1986~1990年，热点地区主要位于瓜州县与玉门市接壤的弧形绿洲区以及张掖市的高台县、临泽县、山丹县和民乐县等地。1990~1995年，热点地区主要位于河西走廊的东南部，包括民勤县东北部的西渠镇与东湖镇、古浪县绿洲的东部以及西部古浪河的尾闾地区、永昌县西部与东部的扇形绿洲尾部地区、民乐县中东部的绿洲末端地区。除此之外，金塔县西北部绿洲沙漠交错带、瓜州县西部绿洲末端以及敦煌市倒三角绿洲的东南部也有小面积的绿洲退缩热点集聚区。1995~2000年，热点地区主要集中分布于三个区域，河西走廊最西端的天然绿洲区、瓜州县与玉门市接壤的弧形绿洲区以及山丹县与民勤县接壤的丘陵地区。2000~2005年，热点地区分布于玉门市西部以及民勤县的东北部。2005~2010年，绿洲退缩的热点地区集中分布于民勤县。2010~2015年，绿洲退缩的热点地区在整个流域内均有分布，规模较大的为民乐县北部以及山丹县北部的位奇镇、陈户镇地区。2015~2020年，绿洲退缩主要集中在中东部地区，规模较大的地区包括高台县、永昌县和凉州区。其中，1986~2000年的绿洲退缩基本是由天然植被的退化导致，而2000年以后东部民勤县的绿洲退缩主要受石羊河流域生态环境综合治理的影响，导致大面积耕地弃耕，进而引发了绿洲面积的缩减。

为了更深入地对绿洲的变化进行分析，认识1986~2020年其时空变化的规律和特征，需要从空间分布和数量变化两个方面确定绿洲的变化动态。绿洲变化模式是基于每个斑块"属性代码"中1出现的频率和年份来确定的。在ArcGIS中将1986~2020年绿洲数据进行合并，创建新的属性字段"综合编码"来记录绿洲的时空变化模式，综合编码由七位数组成，每位数代表一个年份，从左到右分别为1986年、1990年、1995年、2000年、2005年、2010年、2015年、2020年，若样本年绿洲存在，在综合编码中该年份为1，否则为0。根据排列组合规律，属性字段有127种不同的取值。如果同时对两个相邻年份的绿洲状态做差值运算，将其绝对值相加，则可以得到斑块绿洲的累计变化率。累计变化率的数值越高，说明该斑块绿洲状态转换越剧烈，绿洲的状态越不稳定。总计有八期数据，累计变化率的取值为0~7，得到绿洲稳定性分布图（图4-71）。

如图4-72和图4-73所示，累计变化率为0的绿洲斑块所占面积为9008.40km^2，构成了河西走廊绿洲的主体，所占比例为52.5%。累计变化率大于等于3的区域被认为为很不稳定绿洲区，这部分绿洲所占面积比例较小，仅占4.5%，主要分布于瓜州县和玉门市的弧形绿洲区以及民勤县（图4-73）。绿洲累计变化率为1的区域所占的比例较大，为31.4%，在整个区域内都有分布，这种类型的绿洲转化有两种情况：初始为绿洲转换为非

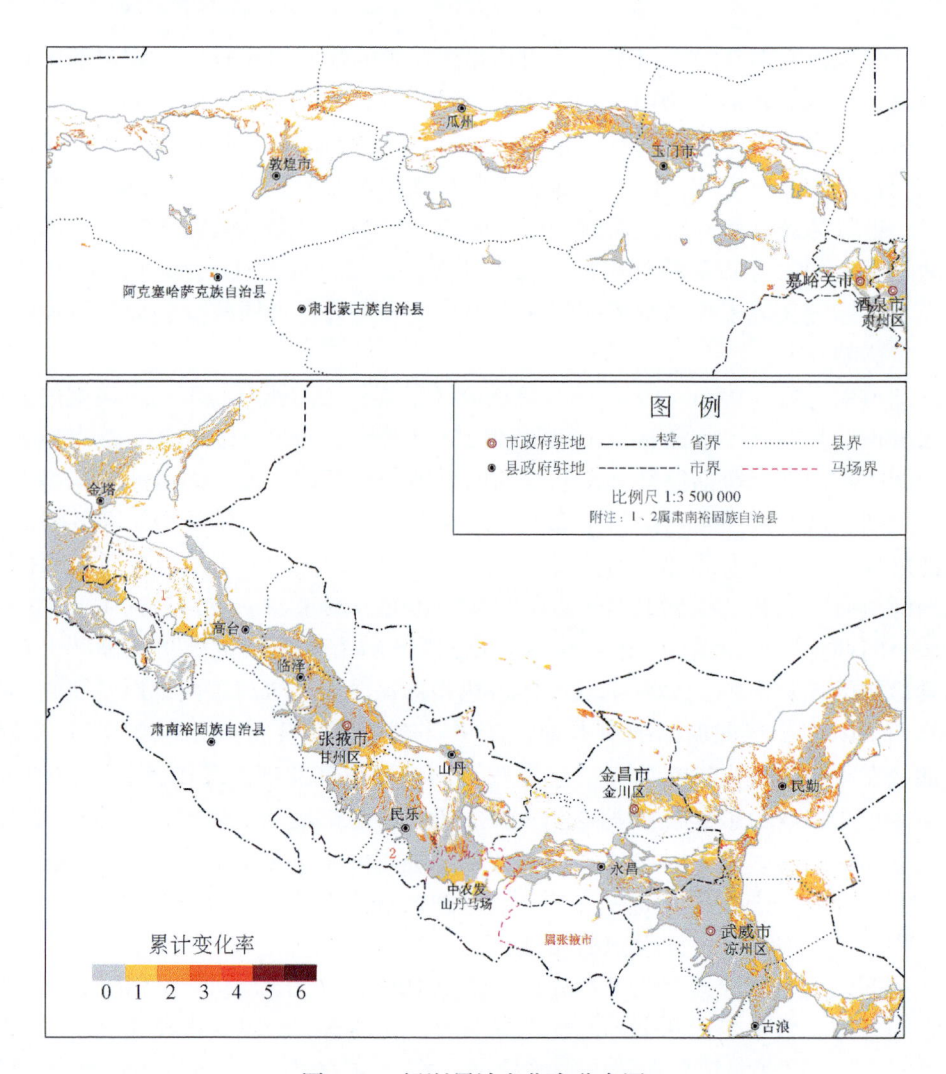

图 4-71　绿洲累计变化率分布图

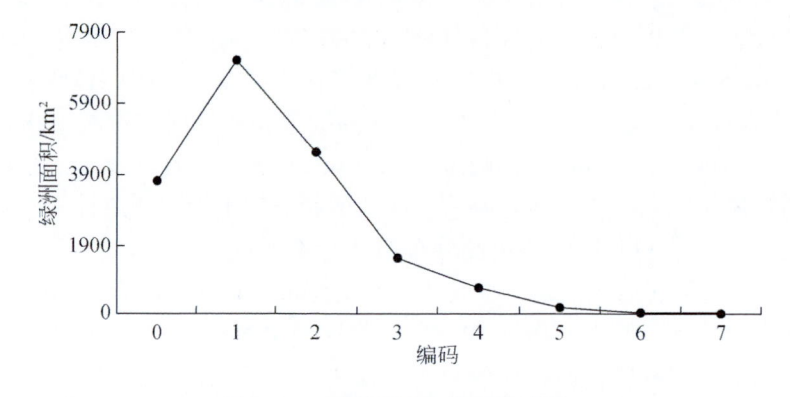

图 4-72　绿洲累计变化率统计图

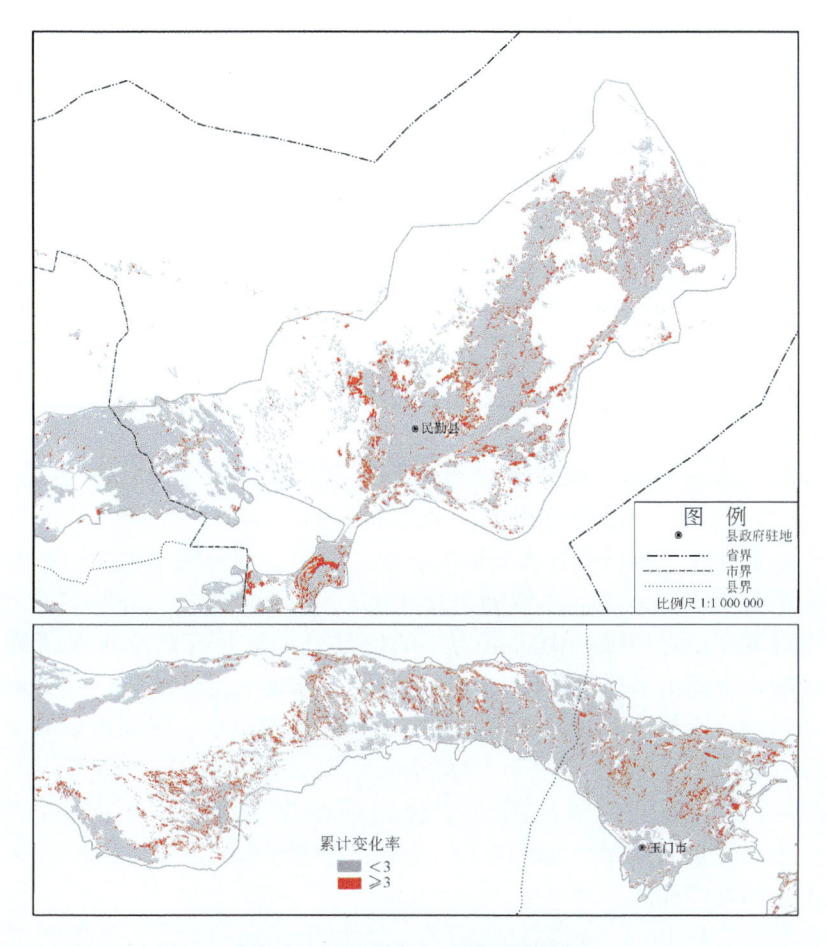

图 4-73 典型不稳定绿洲区分布图

绿洲之后保持不变,绿洲为稳定退缩区;初始为非绿洲转换为绿洲之后保持稳定,绿洲为稳定扩张区。累计变化率为 2 的绿洲所占面积比例为 10.2%,这种类型经历了绿洲—非绿洲—绿洲或非绿洲—绿洲—绿洲状态的转变,在整个区域内都有分布,由于绿洲状态转换的年份不同,此种类型的绿洲可能是稳定的,也可能是不稳定的。例如,绿洲在 1986～2020 年,有六个年份为绿洲,只有其中某个年份为非绿洲(2015 年除外),则可忽略这种波动,认定该区域的绿洲是处于稳定状态的。

4.8.2 变化类型

按照绿洲出现的频率和时间,将河西走廊 1986～2020 年的绿洲变化分为稳定型、基本稳定型(前期存在型、后期出现型和阶段稳定型)、波动型、昙花一现型、新近出现型几种变化类型,绿洲模式分类方法如表 4-17 所示。本书利用 1986～2020 年共八期数据进行空间数据合并所得结果为 30 多年河西走廊绿洲出现区域的总和,通过计算发现,河西走廊在34年出现绿洲的区域面积共17 152.56km²，表4-17为每种类型绿洲的面积及占总区域的比例。

表4-17 不同类型绿洲面积及所占比例

类型	稳定型	基本稳定型			波动型	昙花一现型	新近出现型
		前期存在型	后期出现型	阶段稳定型			
面积/km²	10 362.420	273.887	2 539.998	342.596	631.171	989.294	1 594.142
比例/%	61.93	1.64	15.18	2.05	3.77	5.91	9.53

稳定型绿洲是指在1986~2020年绿洲状态出现频率大于等于7的区域，该种模式的绿洲面积为10 374.77km²，占绿洲出现区域总面积的61.49%，而剩余38.51%的区域绿洲状态不能够稳定存在，容易受外界环境的影响。其中，绿洲频率为7，即1986~2020年均为绿洲的面积为9008.00km²，占绿洲出现区域总面积的52.5%，图4-74为稳定型绿洲空间分布，可以发现稳定型绿洲中状态为7的这部分绿洲是河西走廊绿洲的主要组成部分，中东部绿洲在空间上呈现连片集中分布，多位于水源充足的区域，且受地表改造和人类活动的长期影响，西部地区的绿洲较为分散，绿洲规模较小。绿洲出现频率为7的区域也表示在1986~2020年斑块在某一年为非绿洲状态，其余均为绿洲状态，该类型区域绿洲状态出现频率高，可认为该区域处于稳定的绿洲状态，该种类型绿洲的面积为1300.42km²，仅占稳定型绿洲总面积的12.55%，占绿洲出现区域总面积的7.77%，分布于常年绿洲主体的外围地区。

前期存在型是指从1986年开始连续存在三次以上绿洲的状态，后期转变为非绿洲或者绿洲波动变化。这种类型的绿洲面积较少，仅为251.58km²，主要为天然植被前期退化并不再恢复的区域，集中分布在河西走廊西部玉门市、瓜州县的山前冲积平原区，该地区的地表盐碱化程度严重，部分地区生态环境持续恶化，出现大量天然植被枯萎的现象。图4-75为前期存在型绿洲的空间分布，其中1号放大区为瓜州县南部锁阳城镇一带，地表盐碱化程度严重，天然植被在前期大面积退化但恢复较少。2号放大区和3号放大区为玉门市东北部、赤金镇，同样为天然绿洲的前期退化，但后期绿洲变化以天然植被的退缩和扩展交替变化为主。4号放大区为河西走廊中东部山丹县、民乐县、永昌县一带，主要为山前耕地弃耕，面积较小，耕地的后期再利用也较少。

后期出现型绿洲指在前一段时间处于非绿洲状态，某个年份突然发生转换，由非绿洲状态转换为绿洲状态，而且之后一直保持稳定。通过对此种类型绿洲的研究可以确定哪些区域是新开发的绿洲，什么时候开始开发的，开发之后可以比较稳定地存在，了解这些区域的环境要素特点，在水资源充足的条件下，对新开发绿洲的区域选择具有很好的借鉴意义。该类型绿洲最早从1990年开始出现，最晚出现在2005年，并持续稳定至2020年，总面积为2512.50km²，占研究时段内绿洲存在区域总面积的14.65%。

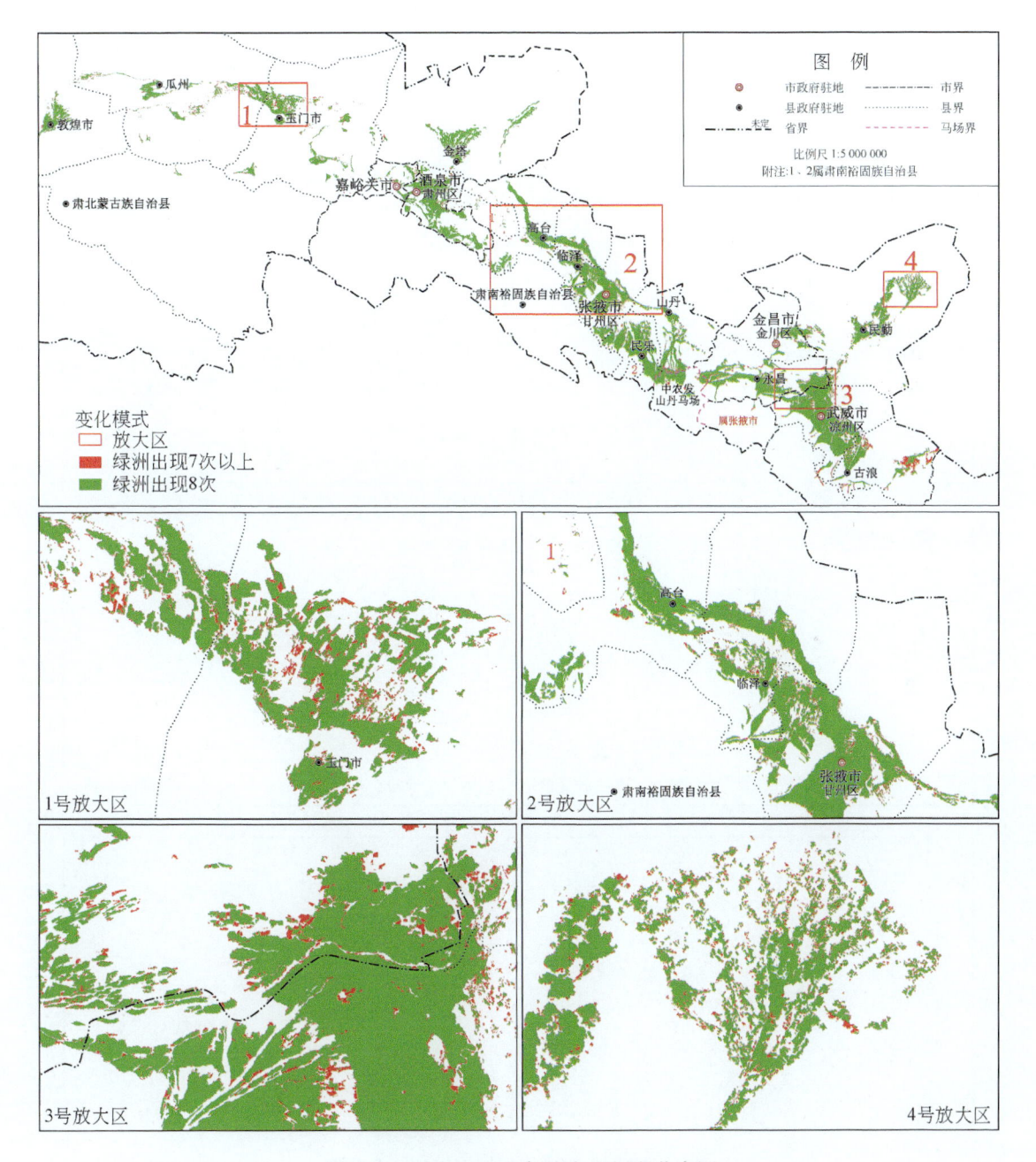

图 4-74　1986~2020 年稳定型绿洲分布图

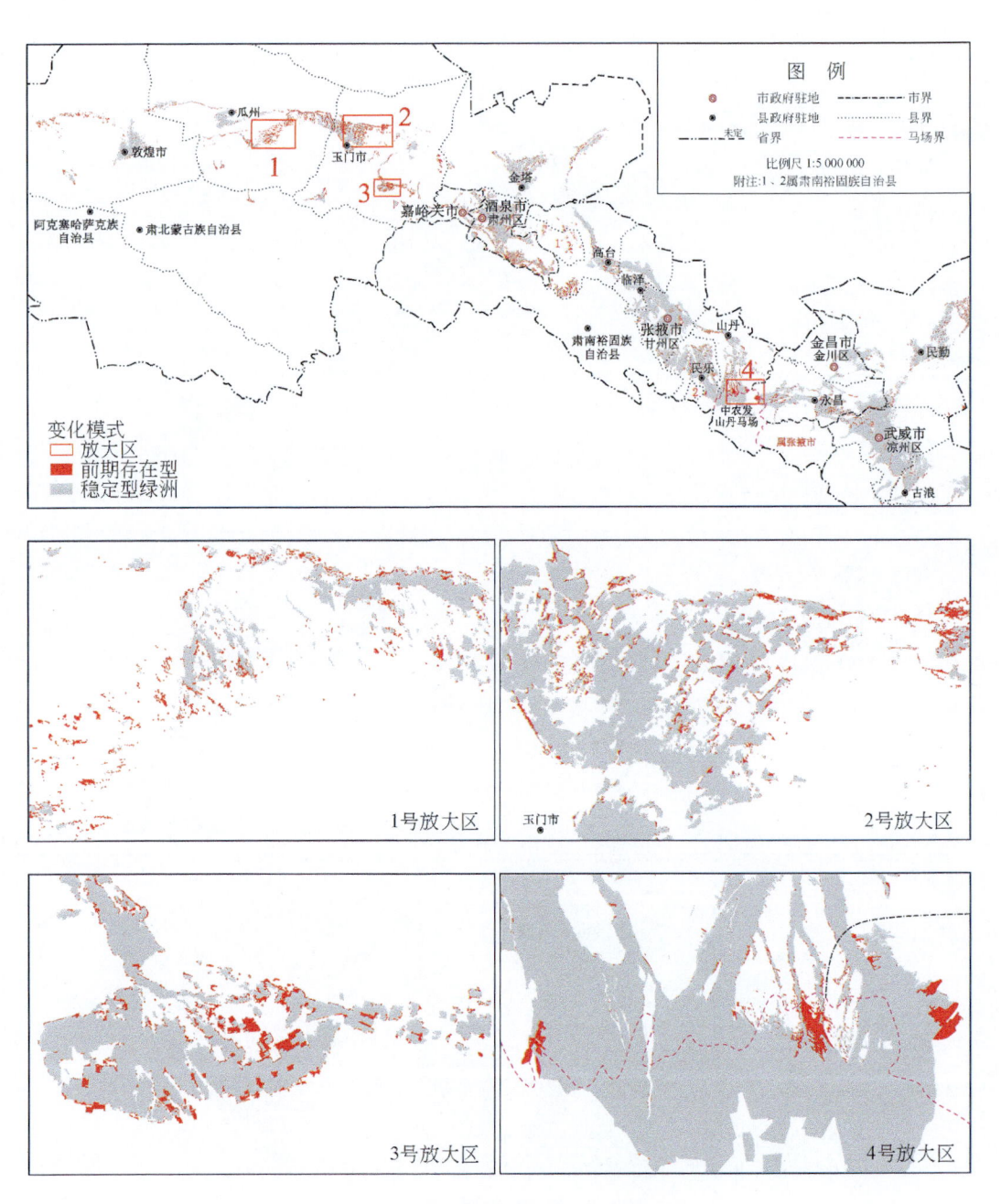

图 4-75 前期存在型绿洲空间分布图

后期出现型是河西走廊绿洲扩张的主要方式，并以耕地的增加为主，统计发现，后期出现型绿洲在 2000 年、2005 年和 2010 年新增的面积分别为 725.50km²、777.75km² 和 831.12km²，每五年新增加的绿洲面积不断增多。从后期出现型绿洲的空间分布（图4-76）发现，这种类型的绿洲在整个河西走廊内都有分布，但以瓜州县（放大区1），玉门市东部的花海镇（放大区2），高台县、临泽县一带的荒漠区（放大区3）形式存在，金川区（放大区4），凉州区（放大区5），古浪县（放大区6）的分布较多且较为集中。可以看出，2000 年新出现的绿洲位于原始稳定型绿洲的边缘地区，2005 年和 2010 年分别在已有的绿洲基础上继续向外扩张，其中，1 号放大区的绿洲主要从 2005 年开始出现，2 号放大

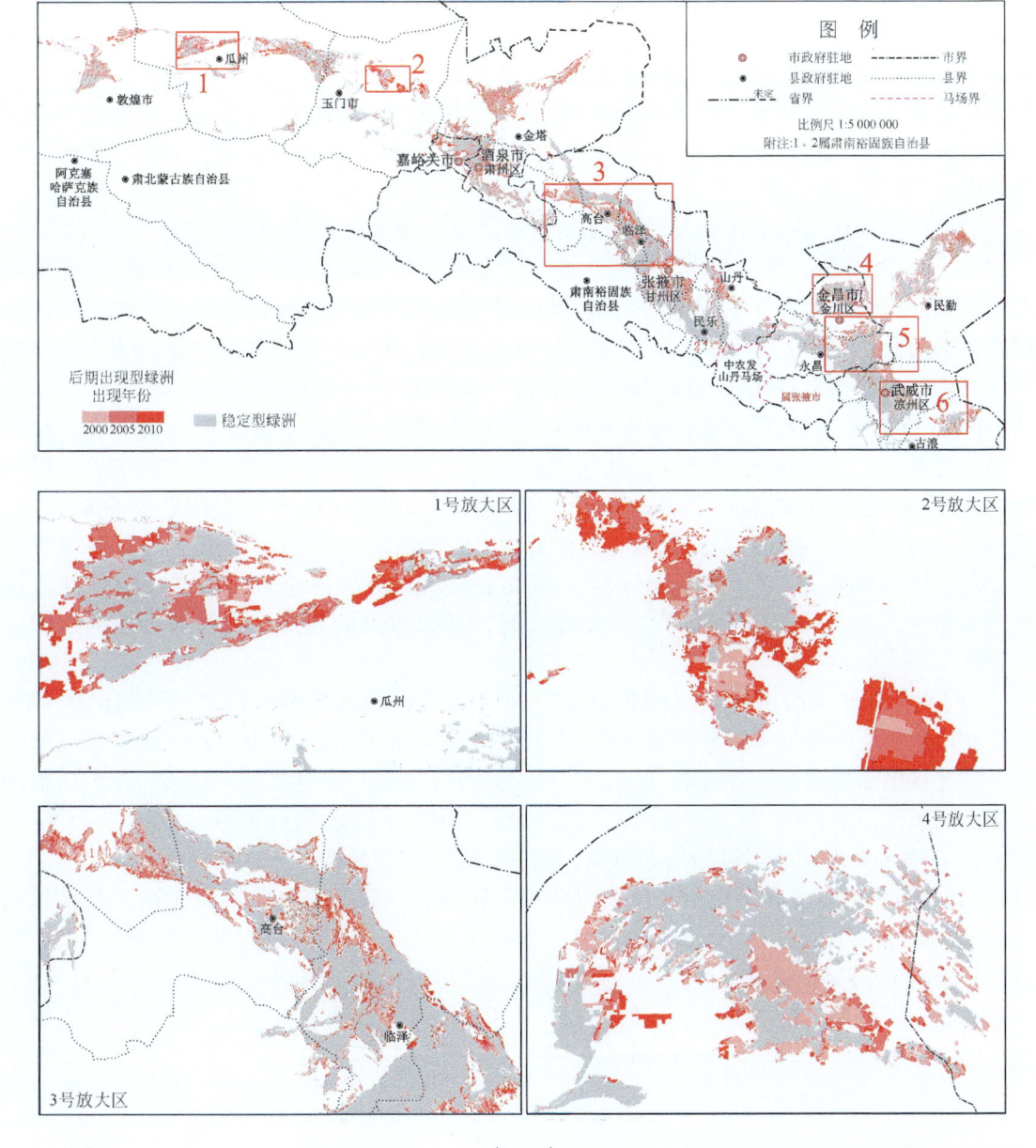

| 119 |

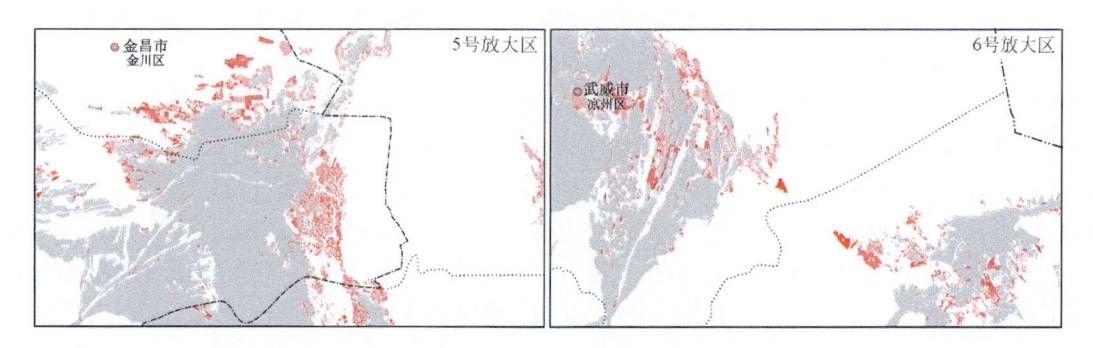

图 4-76　1986～2020 年后期出现型绿洲分布图

区 2005 年和 2010 年新产生的绿洲比例相当，3 号放大区和 4 号放大区的绿洲主要从 2005 年开始出现，而 5 号和 6 号放大区的绿洲在 2000 年出现的面积相对较多，后期出现型绿洲的这种时序特征明显反映了河西走廊中东部绿洲扩张较早，而西部绿洲的规模形成较晚的特点。

后期出现型作为河西走廊绿洲扩张的主要方式，新开发的绿洲会不断产生，将 2015 年和 2020 年新出现的绿洲定义为新近出现型，能够比较清晰地反映河西走廊近 10 年以来绿洲扩张的趋势和位置。从图 4-77 新近出现型绿洲的空间分布可以看出，这种类型的绿洲在整个河西走廊地区都有分布，但不同地区的绿洲扩张状态各不相同。新近出现型绿洲在河西走廊中西部都有比较大面积的扩张，但在东部近 10 年扩张的面积较小。

图 4-77 中 1 号放大区所示的各乡镇在 2020 年都有一定数量的新增耕地产生，且都在原有绿洲的西北方向进行开发，其西北部的极干旱荒漠区的天然植被在 2020 年得到比较大范围的恢复；敦煌市北部的瓜州县西湖镇在 2015 年也有较多的新增耕地产生，且逐渐与敦煌市的绿洲相接；同时，敦煌市 2015 年新增的绿洲基本位于其原有绿洲的东北部，而西湖乡 2020 年的新增绿洲也都位于前期绿洲的西南方向，在一定程度上说明敦煌市—西湖乡一带的生态环境在逐渐变好，适合绿洲的存在，但绿洲扩张的氛围比较零散。

2 号放大区所示的瓜州县绿洲扩张受疏勒河流域农业灌溉暨移民安置项目的影响较大，其西南部广至藏族乡是甘肃省 2007 年 10 月正式批准的用于集中安置引洮工程九甸峡库区外迁移民而新建的农业综合开发乡，水资源的引入和人口的增多为绿洲的较大面积增加提供了条件。从图 4-77 可以发现，该区域在 2015 年以前的绿洲较少，而 2015 年和 2020 年新增了大面积的居民用地和耕地，绿洲出现了大规模的扩张。同时，2008 年 4 月 8 日，《甘肃省民政厅关于酒泉市在疏勒河项目农垦辖区内设立玉门市独山子东乡族乡瓜州县沙河回族乡和梁湖乡的批复》（甘民复〔2008〕15 号）同意设立梁湖乡，2008 年 10 月 27 日疏勒河移民项目梁湖农垦项目区移民移交瓜州县，成立梁湖乡，成为瓜州县近 10 年以来绿洲扩张最多、扩张强度最大的区域，其所辖的八个行政村经济、农业都有较大的发展。例如，岷州村大面积种植日光温室，小苑村、银河村等种植玉米等经济作物，绿洲得

| 第 4 章 | 绿洲变化的多尺度分析

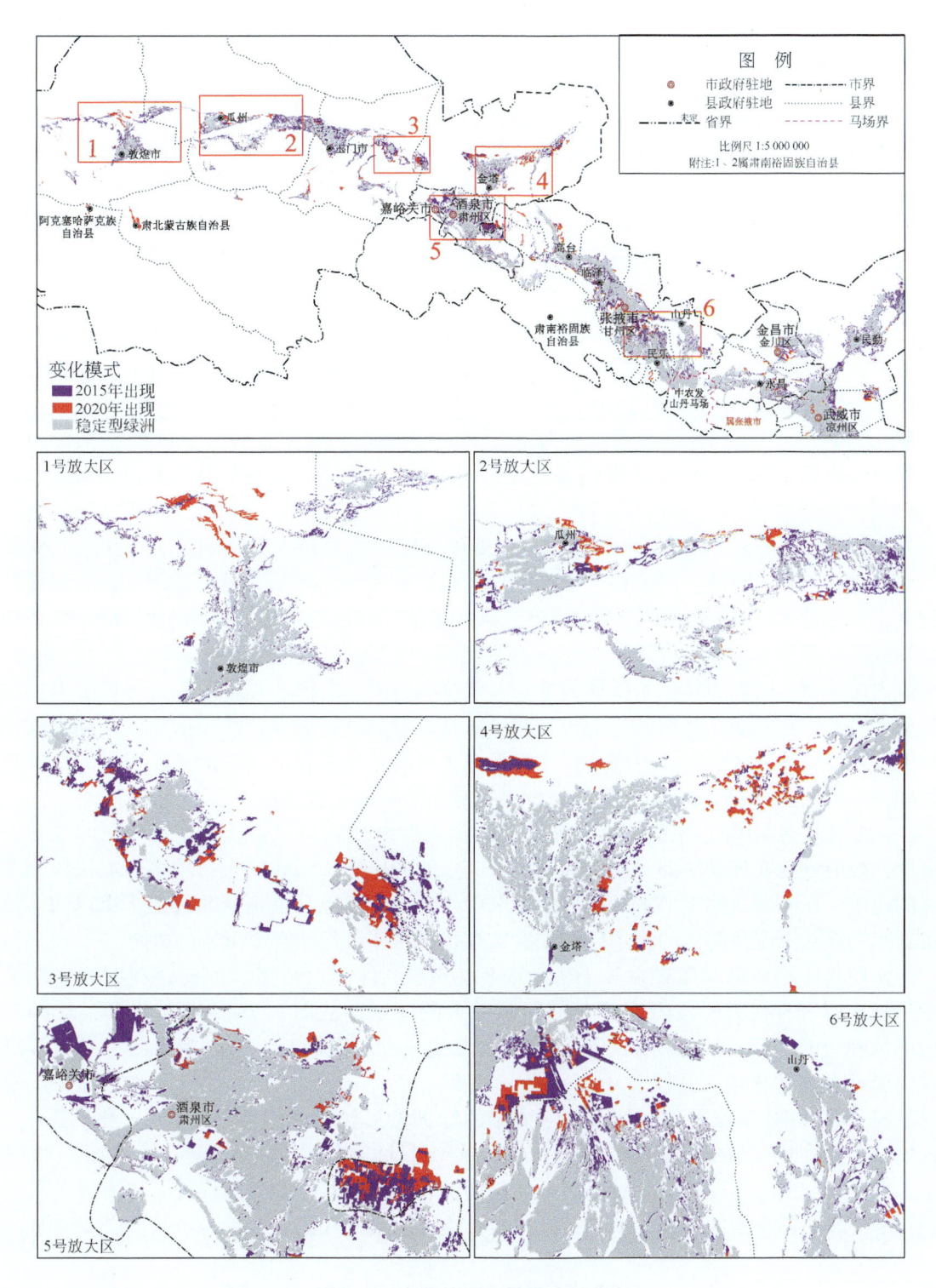

图 4-77 新近出现型绿洲空间分布

到了较大面积的扩张。这些区域的绿洲都是受政府政策的推动得到了比较快的发展,但近十多年快速发展已经占据了区域大多数的可开发土地,未来绿洲面积的进一步扩大可能会受到较多的限制,而要实现区域经济更好的发展,增加绿洲产值以及发展工业必不可少。在甘肃省最大的农业灌溉水库双塔水库的东南,同样是在移民项目下建立的双塔镇和沙河回族乡,分别于2006年和2013年成立,从图4-77可以看出,双塔镇在2015年新增的绿洲较多,2020年新增加的绿洲面积较少,而沙河回族乡大面积的绿洲都产生于2020年,同样说明人口迁入对区域地表改造的影响较大,人类活动是导致新近出现型绿洲出现的主要原因。

3号放大区所示的玉门市花海镇同样处于移民政策所涉及的区域,其所辖的柳湖镇、独山子东乡族乡和小金湾东乡族乡都是疏勒河农业灌溉暨移民安置项目所设的几个主要的移民乡镇,绿洲在2015年和2020年都有较大面积的扩张。

4号放大区所示的金塔县各个乡镇都有比较大面积的绿洲扩张,但绿洲扩张较为零散,绿洲斑块较小,2020年新增的绿洲除西坝镇西北部的部分区域以外,其他区域新增的面积较少。

5号放大区和6号放大区为位于河西走廊中部绿洲规模较大的肃州区、肃南裕固族自治县和甘州区、山丹县、民乐县,可以发现,虽然这两个区域绿洲的形成较早、绿洲规模较大,但在近10年也增加了较多的绿洲,从新增的绿洲可以看出,这两个区域近10年新增加的绿洲都位于山前平原区,肃州区和肃南裕固族自治县新增加的绿洲源于山区降水,河流出山后的水资源直接用于绿洲的生长,使绿洲范围不断向前延伸,并可种植玉米、向日葵等经济作物;而在甘州区、山丹县和民乐县一带的新增绿洲,除了依靠山区降水维持绿洲的发展以外,还大力发展喷灌技术,形成大面积的喷灌农田(放大区6所示的新增加的圆形绿洲),这些都是干旱区为维持绿洲发展所采取的相应措施。

因此,从近10年以来的新增绿洲(新近出现型绿洲)可以看出,在近年来的绿洲发展中,政府政策在推动绿洲发展中起到了极其重要的作用,而区域人口增多会加快绿洲发展的速度。在我国西北干旱区,绿洲的发展会受到自然环境和水资源状况的严重制约,发展新兴产业和水资源的集约利用已经成为实现绿洲可持续发展必不可少的措施。

阶段稳定型绿洲的面积也较小,总面积为373.11km^2,是指除前期存在型和后期出现型外,绿洲在研究时段内连续存在三次以上的区域。从图4-78中可以发现,这种类型的绿洲主要为绿洲边缘耕地的间接性弃耕和重复利用区域,还有极少数的天然植被出现间断性存在的现象,规模较小,且分布零散。这部分绿洲主要存在于河西走廊东部的民勤县,在2000年以前,东部石羊河流域的绿洲发展较快,但随着环境的恶化,受石羊河流域综合治理政策的影响,大片农田弃耕,绿洲只稳定存在了较少的年份。如图4-78所示,这种类型的绿洲在河西走廊西部瓜州县南部和玉门市北部的天然绿洲区也有较少的出现,受气候条件改变的影响,天然植被阶段性恢复,当气候条件变差时植被又出现退缩。

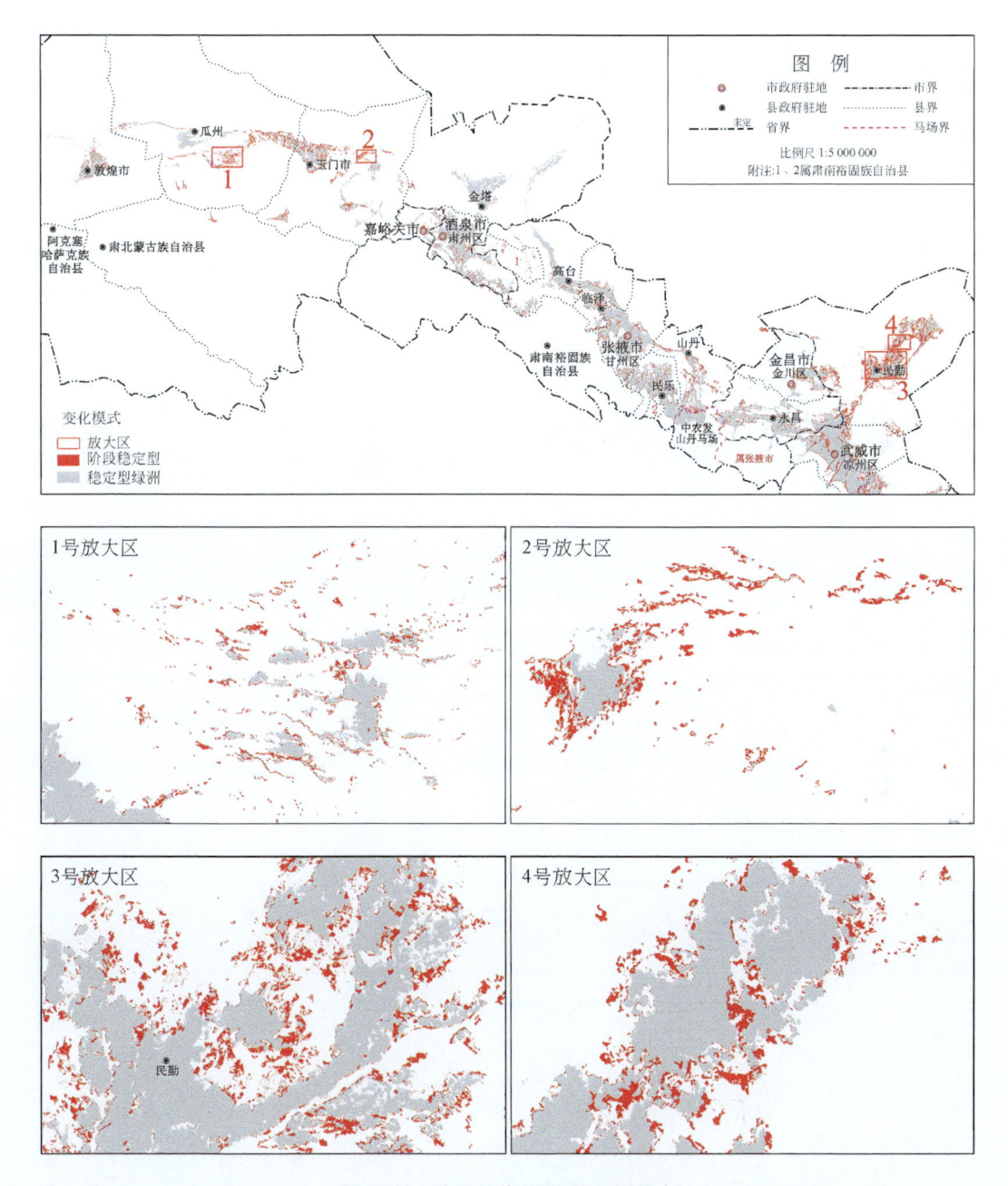

图 4-78 阶段稳定型绿洲空间分布

波动型绿洲的面积较小，为 734.95km²，但绿洲范围较大，分布较广，整个河西走廊地区都有这种类型绿洲的分布。如图 4-79 所示，波动型绿洲的构成有两种特点：一是地表生态环境较差的天然植被区，绿洲变化受自然环境和气候因子的影响较大，但这部分绿洲的范围较小，主要位于河西走廊西部的天然绿洲区（1 号放大区）；二是位于绿洲与荒漠过渡带位置的天然植被以及部分耕地，是波动型绿洲的主要构成部分。过渡带的生态环境脆弱，绿洲受外界的干扰较大，绿洲状态极不稳定。然而，正是由于过渡带地区绿洲的存在起到了屏障的作用，使得非极端气候事件不容易对主体绿洲造成危害。因此，过渡带处的绿洲波动变化是干旱区绿洲的重要特点，这种类型绿洲对保护主体绿洲起到了较大的作用。

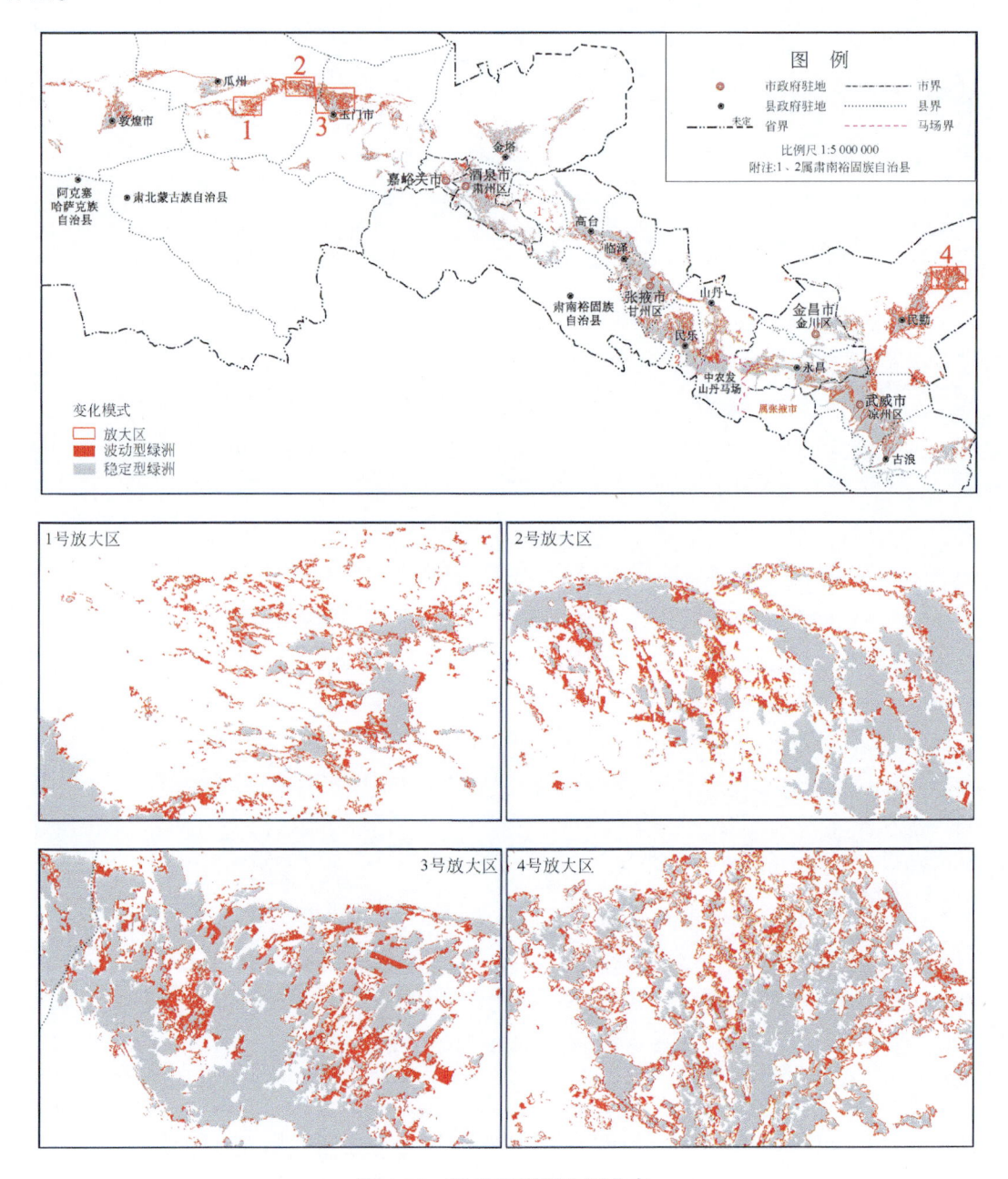

图 4-79 波动型绿洲空间分布

昙花一现型绿洲是指在绿洲研究时期内只出现一次或者只连续出现两次的区域,但不包括绿洲只在 2020 年出现一次的区域。这种类型绿洲的面积为 905.45km²。统计发现,绿洲只出现一次的面积为 634.15km²,占昙花一现型绿洲总面积的 70.04%,其中这种仅一次的绿洲存在于 1986 年、1990 年、1995 年、2000 年、2005 年、2010 年和 2015 年,其面积分别为 184.71km²、48.53km²、77.35km²、85.95km²、112.34km²、134.01km² 和 634.15km²。从空间分布上来看（图 4-80）,昙花一现型绿洲在整个河西走廊地区都有分

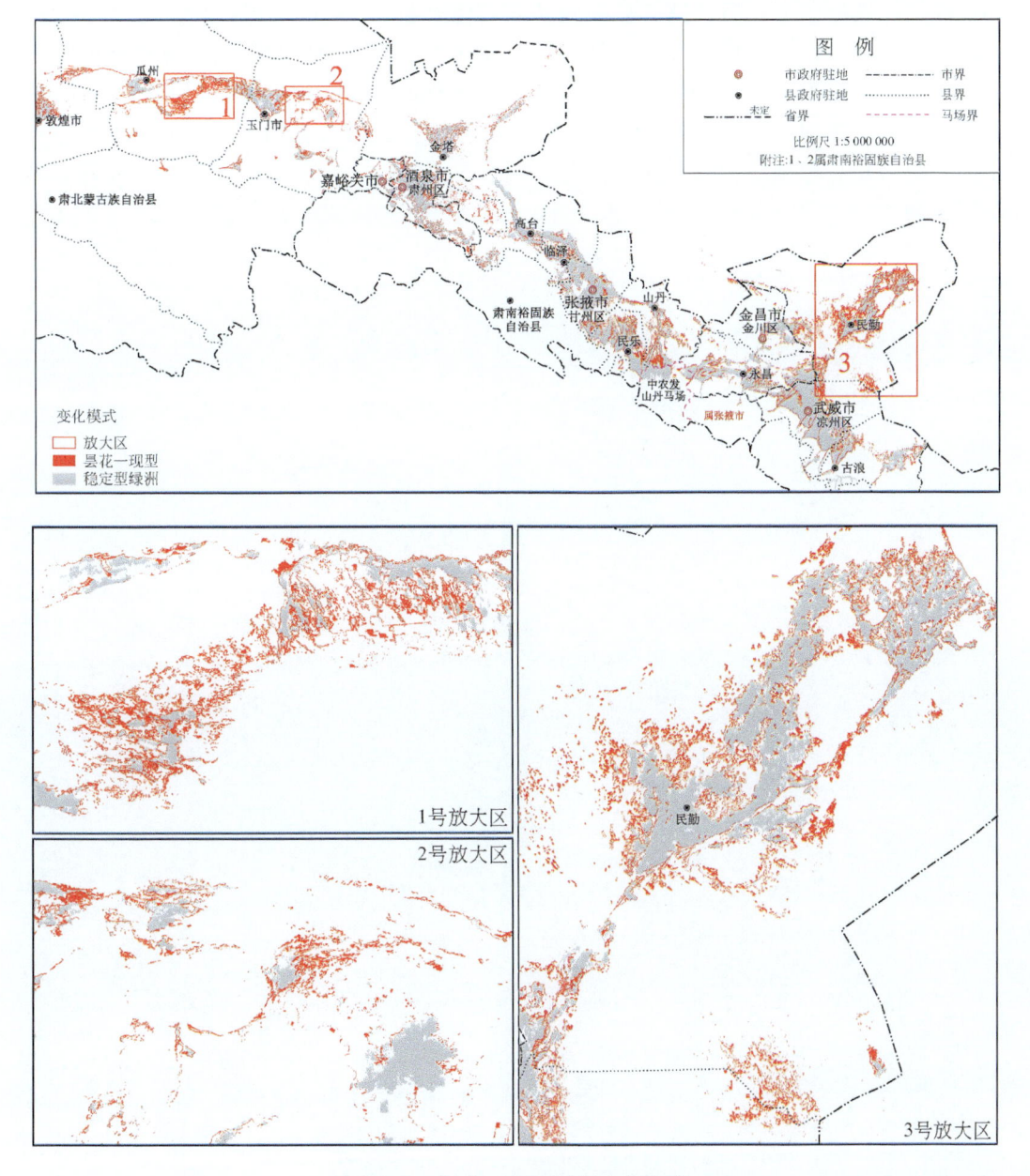

图 4-80　昙花一现型绿洲空间分布

布，同样位于绿洲的边缘地带，但以西部的瓜州县和东部民勤县的分布最为集中，面积最多。图 4-80 中所示的 1 号放大区和 2 号放大区分别为瓜州县南部锁阳城镇一带的天然绿洲和玉门市西北柳湖镇一带，这两个区域都为天然绿洲偶然存在的区域，而 3 号放大区所示的为民勤县绿洲，昙花一现型绿洲均位于稳定型绿洲外围的荒漠地区。这种绿洲类型代表了干旱区绿洲变化的极端情况，即由于自然条件的限制，绿洲的存在周期较短，或者由于极端气候事件（较大降水等）的发生，干旱区的天然植被快速生长形成相当规模的绿洲，而当气候条件恢复正常以后，这部分绿洲又会出现退缩。

波动型绿洲和昙花一现型绿洲均分布于绿洲外围，但波动型绿洲与主体绿洲的距离较近，绿洲的存在依附于主体绿洲，而昙花一现型绿洲是可以脱离主体绿洲而独立存在的部分，但绿洲的生命周期更短。因此，波动型绿洲可能与农田灌溉用水量、河流来水量等密切相关，而昙花一现型绿洲的存在大多由于气候事件导致，人类活动对这类绿洲的影响较波动型绿洲更小。

第 5 章　沙漠化的多尺度分析

土地沙漠化主要发生在干旱半干旱气候区内，由人类活动和气候变化在内的种种因素造成，有时也是严重旱灾后发生的次生灾害。沙漠化不仅对自然环境产生负面影响，而且也制约人类活动的范围和强度。河西绿洲是人类生产生活的主要集中地，绿洲沙漠化严重影响了当地生态系统的稳定和平衡，也给社会经济的发展带来了阻力。过去三十多年，河西地区在不同流域、不同行政区内，每个时间阶段均有不同程度的沙漠化发生。本章主要研究 1986~2020 年河西地区沙漠化的时空过程，从不同空间尺度梳理河西地区沙漠化的数量变化和空间分布特征，旨在总结出沙漠化的变化规律，为精准防治提供参考。

5.1　沙漠化总体空间分布

以 1986~2020 年为河西走廊地区沙漠化的研究时间序列，每五年为一个时间间隔。从研究区沙漠化提取的结果可以看出，沙漠化主要发生在敦煌市、瓜州县、金塔县和民勤县等地区，其他地区面积较小。其中，敦煌市、瓜州县北部和金塔县主要为河道沙漠化，瓜州县南部锁阳城镇一带为严重的因地表盐碱化导致的地表沙化过程，而民勤县的沙漠化主要发生在 2005~2010 年。图 5-1 为河西走廊沙漠化空间分布及主要地区沙漠化图。

西部沙漠化主要集中在敦煌市、瓜州县和玉门市，其中敦煌市沙漠化面积较小，主要是由于河道干枯而产生的地表沙化现象。疏勒河在流经双塔水库进入瓜州县最大的移民乡——梁湖乡时，由于农业灌溉导致水资源被大量截流，进而引起河道干枯。2015 年，该区域出现了较大面积的河道沙化现象，并在 2010~2015 年的沙漠化中形成一个热点区域。瓜州县锁阳城镇北部一带，分布有大面积的天然植被，地表盐渍化现象严重。随着生态环境的不断恶化，沙漠化面积持续扩大。如图 5-2 中 1 号放大区所示，该区域局部地区沙丘推移过程明显，从 1986 年开始，该地区每年新增的沙漠化面积分别为 2.3859km^2（1986~1990 年）、0.2979km^2（1990~1995 年）、2.4219km^2（1995~2000 年）、3.3480km^2（2000~2005 年）、1.2186km^2（2005~2010 年）、2.8630km^2（2010~2015 年）和 4.3142km^2（2015~2020 年）。由此可以发现，除 1990~1995 年的沙化面积较小以外，其他年份的移动沙丘不仅向前推移，而且沙漠化面积也在逐渐增加，地表大面积的植被死亡，盐碱化程度不断加重。同时，玉门市北部及柳湖镇、花海镇、独子山东乡族乡、小金湾东乡族乡等移民乡镇的生态环境也相当脆弱，其附近分布的移动沙丘在风力的作用下也会使局部地表沙漠化，但涉及范围和沙化幅度都比较小（图 5-2）。因此，河西走廊西部疏勒河流域产生沙漠化的主要原因是天然植被的枯萎。此外，流域内部大面积的移动沙丘和盐渍化地表，在强大的风力侵蚀作用下，会更进一步加快地表的沙漠化程度。

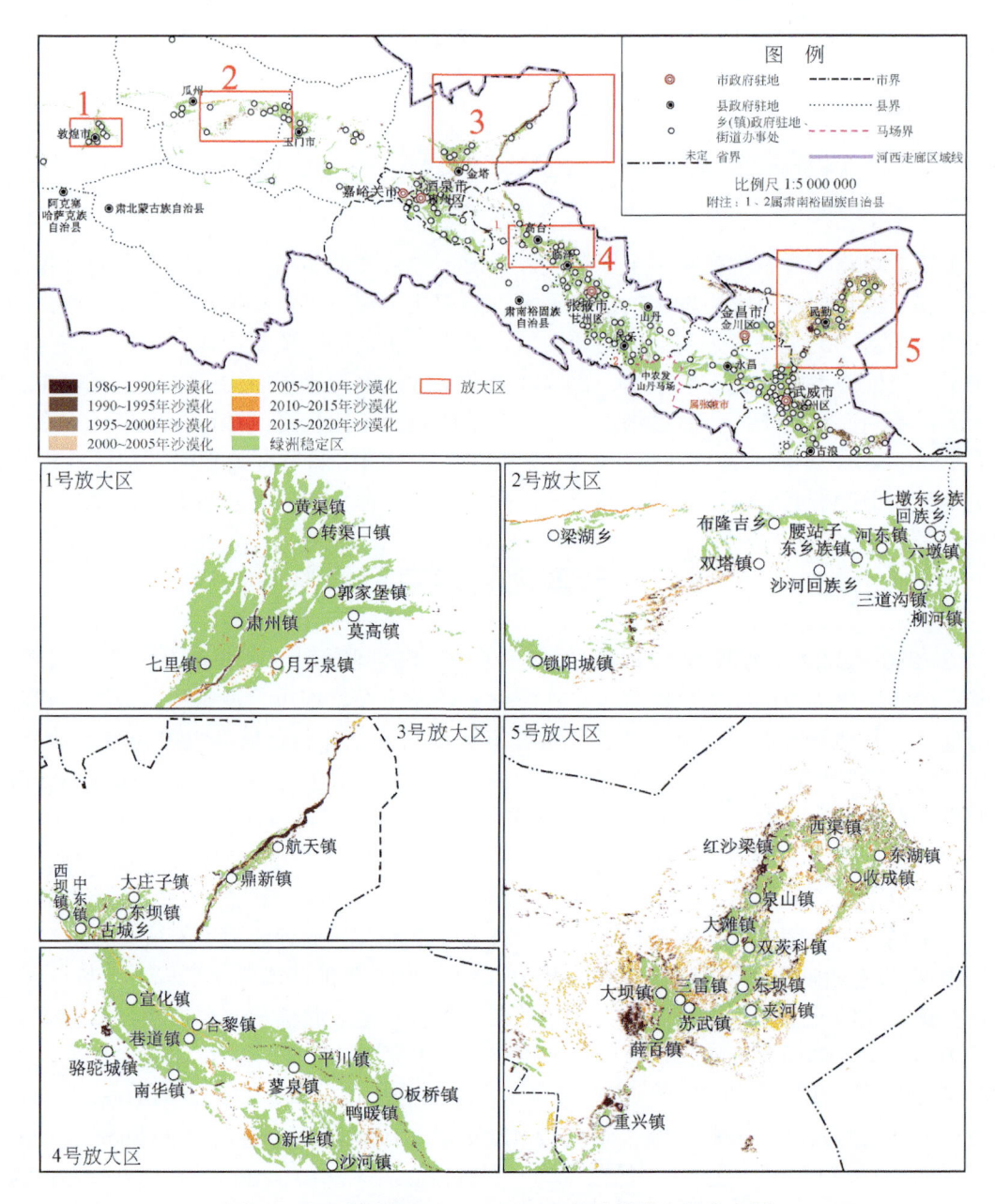

图 5-1 河西走廊地区 1986~2020 年沙漠化空间分布图

金塔县是河西走廊中部黑河流域沙漠化面积最大、沙漠化发生频率最高的县区,并在 1986~1990 年、1990~1995 年和 2000~2005 年成为河西地区沙漠化扩张的热点地区。如图 5-3 所示,该区域的沙漠化分布零散,位于绿洲附近的沙化现象较少,河道沙化是金塔县最主要的沙漠化特点。其中,1986~1990 年的沙漠化总面积仅次于民勤县,为 50.56km²,占河西地区沙漠化的 31.05%。1990~1995 年的沙漠化面积为 28.22km²,占河

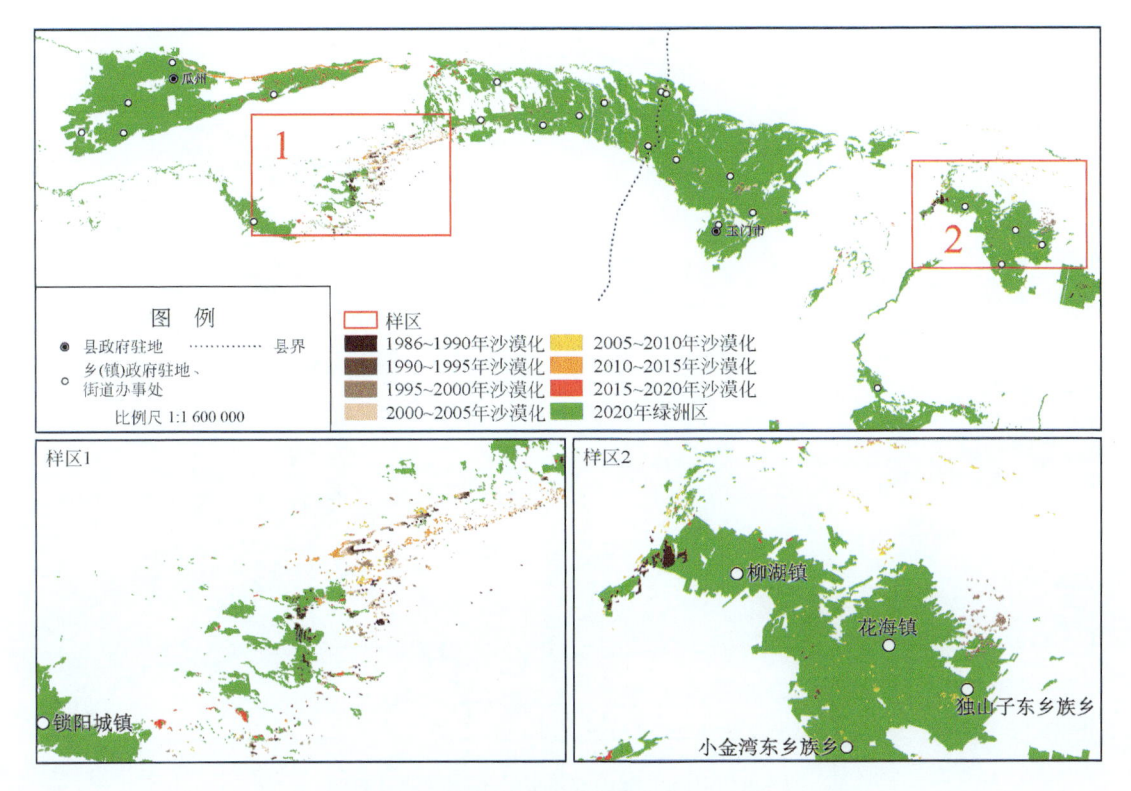

图 5-2 河西走廊西部沙漠化空间分布图

西地区的 32.08%，河流在进入金塔县境内以后大面积干涸，下游地区的芨芨乡、鼎新镇和航天镇都发生了大面积的河道沙化现象，金塔镇和东坝镇一带也有较少的沙漠化现象存在，但主要是由植被退化所产生的土地沙化导致。1995~2000 年的沙漠化面积较小，零星分布于绿洲的外围地区以及河道周围。2000~2005 年仍然以河道在局部地区的地表沙化为主，但面积较小。与此同时，河道附近的绿洲在这一时期呈现部分恢复的现象。2005~2010 年，河道大面积沙化，前期恢复的植被大面积枯萎。金塔县的倒三角形绿洲受河流流向的影响，河流出山口绿洲的西南侧生态环境脆弱，沙漠对绿洲的生存干扰较大，金塔县在 2010~2015 年的沙漠化主要出现这一区域，大面积天然植被退缩，沙漠化现象严重。因此，截至 2010 年，黑河在金塔县境内的区域基本干涸，河道大面积沙化，河道的水量极少。2010~2015 年，金塔县的沙漠化主要出现在金塔镇、中东镇、西坝镇和航天镇等地区，均是地表植被枯萎、沙漠化侵袭导致的。而其他地区的沙漠化都比较零星，沙漠化面积也比较小，河道在这一时期的沙漠化现象也较为罕见。

除此之外，高台县、临泽县和甘州区也有比较明显的沙漠化现象，河道沙漠化同样占整个流域沙漠化的绝大部分，局部地区也存在少量的植被退化现象，但鲜有耕地弃耕导致的沙漠化现象存在。其中，1986~1990 年，在高台县的骆驼城镇、南华镇和肃南裕固族自治县的明海乡局部地区由于植被退化共产生了 7.60 km² 的沙化地表。1990~1995 年，高台县罗城镇和临泽县蓼泉镇的河道附近有比较少（共 2.8 km²）的沙漠化产生。1995~2000

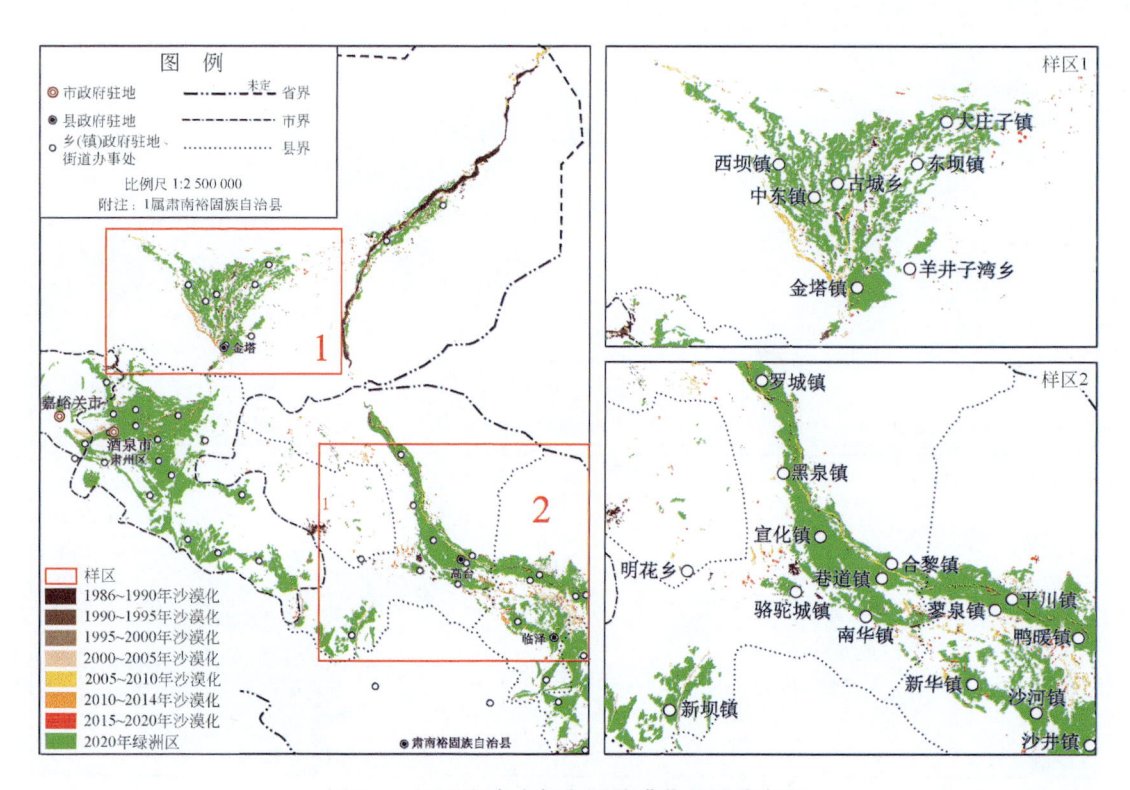

图 5-3 河西走廊中部主要沙漠化空间分布图

年各县的沙漠化更是不足 1km²。2000 年以后，黑河流域以及各县（市、区）的沙漠化趋势和河西地区一致，出现增大的趋势，但沙漠化面积相对较少。2000~2005 年高台县、临泽县和甘州区的沙漠化面积分别为 1.147km²、0.161km² 和 2.17km²。2005~2010 年的沙漠化面积分别为 6.66km²、0.33km² 和 0.14km²，占河西地区沙漠化面积的比例极小。高台县 2005~2010 年的沙漠化主要由河道的沙化造成，面积较小，而其他地区基本由植被的退化导致，沙化比例较小。2010~2015 年，河道基本没有沙化，整个黑河流域的沙漠化基本都是以植被的退化为主，总沙漠化面积为 32.94km²，占河西地区的 29.37%。其中，在高台县南华镇、临泽县蓼泉镇、临泽县新华镇、临泽县沙河镇和张掖市小河乡的分布较为集中，这几个区域附近有固定沙丘，在气候等自然环境和人为因素的干扰下，植被退化，地表沙化现象产生。2015~2020 年，金塔县河道沙漠化的现象已经逐渐消失，从金塔县整体沙漠化面积来看，其沙漠化较前期下降幅度大，从位置上看，这一时间段的沙漠化主要出现在绿洲边缘区。

在空间分布上，东部石羊河流域的沙漠化面积以民勤县为最多，古浪县次之，凉州区也有沙漠化现象的发生，但数量相对较少。与中西部不同的是，疏勒河和黑河流域的沙漠化以植被退化和河道的沙化为主，而东部的沙漠化中耕地弃耕的现象较多，如图 5-4 所示，该区域的沙漠化斑块比较规整，多为耕地弃耕导致。这些斑块的产生基本开始于 2000 年以后，而在 2000 年以前该区域基本没有沙漠化的产生。2 号放大区中，2010~2015 年产生的沙漠化较多，同时在绿洲的边缘地区也存在因过渡带植被退化导致的土地沙化现象。3号放大区中也多以规则的沙漠化斑块呈现，其中1986~1990年的沙漠化斑块位于红崖山水库上游，因水库面积退缩、地表干涸而形成地表沙化的现象。4号放大区位于古浪县东南部的黄花滩镇一带，沙漠化主要发生在1990~1995年和2010~2015年，以植被的退化为主。

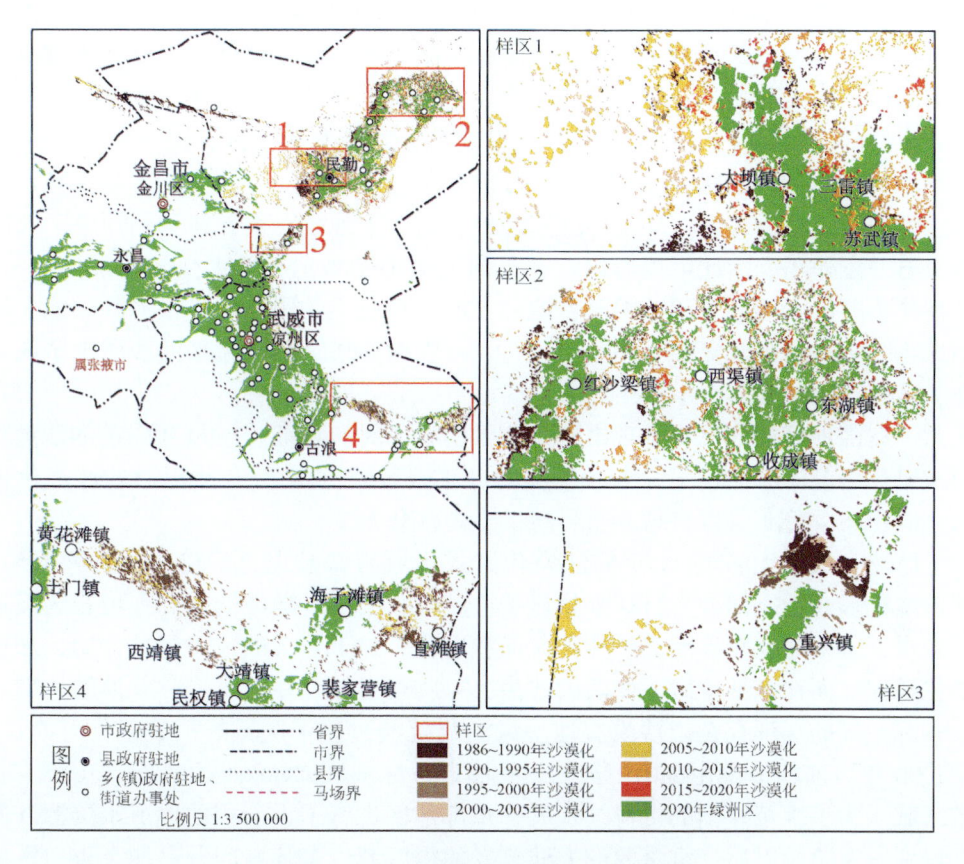

图 5-4　河西走廊东部沙漠化空间分布图

从时间序列上来看，1986~1990年河西走廊东部的沙漠化以民勤县为最多，总沙漠化面积为67.91km²，占全区域总沙漠化面积的41.7%。沙漠化集中分布在薛百镇、红砂岗镇、泉山镇和红沙梁镇一带沙漠与绿洲的过渡区域，生态环境脆弱。当植被退化时，容易引起沙漠化的侵袭。这一时期的沙漠化现象基本以植被退化导致的沙漠化现象加重为主。红崖山水库附近也有沙漠化发生，这主要是由于水库面积缩小导致的水库沙化现象。1990~1995年，古浪县的沙漠化现象增多（32.69km²），占全区域当年沙漠化面积的37.17%，这一时段的沙漠化也是由绿洲沙漠过渡带植被退化带来的沙漠化侵袭造成的。而民勤县在这一时期的沙漠化面积较少，主要集中在东湖镇、西渠镇一带的绿洲边缘，基本上是由于耕地废弃导致的。1995~2000年的沙漠化相对较少，而且分布不集中，古浪县沙化的面积较少，自红崖山水库至民勤的绿洲边缘处，均不同程度地出现因耕地弃耕所导致的地表沙化现象。2000年以后，石羊河流域的沙漠化面积开始出现增加的趋势。2000~2005年新增的沙漠化面积为32.472km^2，较1995~2000年（27.416km^2）增加5.056km^2，民勤县大坝镇西北部地区农田弃耕造成土地的快速沙化，是这一时期沙漠化产生的主要原因。2005~2010年，河西地区的沙漠化面积大幅度增加，总新增沙漠化面积为188.359km^2，石羊河流域也出现了大面积沙漠化现象，共发生沙漠化面积100.987km^2，占全河西地区沙漠化面积的一半以上（53.61%）。同时，古浪县东南部和民勤县的大坝镇、昌宁镇、泉山镇、双茨科镇、东坝镇等都有大面积的沙漠化发生。这一时段正处于石羊河流域综合治理的关键时间段内，大面积的机井关闭，使得农田弃耕，耕地再次沙化，是这一时期沙漠化发生的主要原因。2010~2015年，石羊河流域综合治理基本完成，进入生态环境的恢复期，新增沙漠化面积开始减少。一方面，环境整治力度缓和，绿洲防护带基本稳定，不容易受沙漠的侵袭；另一方面，环境治理期间被压盖的土地也有重新耕种的现象，对防御沙漠化现象有一定作用。由此可以看出，石羊河流域因植被退化所产生的沙漠化现象较少，造成沙漠化不断扩张的最主要原因是耕地的弃耕。在政策的影响下，很多沙质地表被开垦为农田，当绿洲的灌溉水资源受到节制后，大片农田弃耕，使得原来的沙质土壤恢复原有的状态，从而导致沙漠化现象产生。

因此，东部地区的沙漠化呈现出两个非常明显的时间特征。2000年以前的沙漠化主要是由植被退化引起的，均位于绿洲和沙漠的过渡带区域；而2000年以后的沙漠化斑块规整，且大面积集中分布，以耕地弃耕导致的土地沙化为主。

综上所述，河西地区近34年的沙漠化方式主要有植被退化、耕地弃耕和河道沙化，但不同沙漠化形式的空间分布特征差异显著。其中，中西部地区的生态环境较为脆弱，极端干旱缺水，土壤盐碱化导致天然植被大面积退化，加上强大的风力侵蚀作用，加速了地表的沙化过程。而在东部地区，受两大沙漠——腾格里沙漠和巴丹吉林沙漠的包围和长期侵扰，东部地区的绿洲存在于沙漠腹地，绿洲与荒漠过渡带区域的植被退化可能性极大。因此，2000年以前的沙漠化也由植被的退化引起，绿洲区的植被退化都位于绿洲与荒漠的过渡带区域。为了维持绿洲的可持续发展，东部地区进行了大面积的地下水资源开发，在绿洲发展到一定阶段以后，水资源的大肆开发使得区域生态环境问题更加严重，区域生态环境的整治又导致大面积耕地弃耕，地表沙化严重。因此，对于中西部地区来说，沙漠化的产生归根结底是由区域脆弱的生态环境导致的。

对于中部地区来说，沙漠化的一个明显特征是河道的沙化，却很少有类似于西部和东部地区植被退化的现象，说明中部地区的生态环境相对较好，沙漠化的产生主要是由河流水量减少引起的。

5.2 沙漠化数量特征

如图5-5所示，河西走廊地区在研究时段内沙漠化现象始终存在，并经历了沙漠化面积减小—增加—再增加的过程。其中，1986~2000年的沙漠化面积逐年减少，并且下降速度较快。1995~2000年的沙漠化面积在整个研究时段最少，共43.055 17km^2。2000年以后，河西走廊地区的沙漠化情况出现恶化，沙漠化面积大幅度增加。2005~2010 年为整个研究时段内沙漠化最严重的时期，总沙漠化面积为 188.359 27km²。2010~2015 年的沙漠化现象较前期得到适当遏制，沙漠化面积减小，为 112.127 61km²。2015~2020 年，河西地区沙漠化面积为 90.441 29km²，可见在 2010 年后河西地区沙漠化暂呈逐渐减少的趋势。

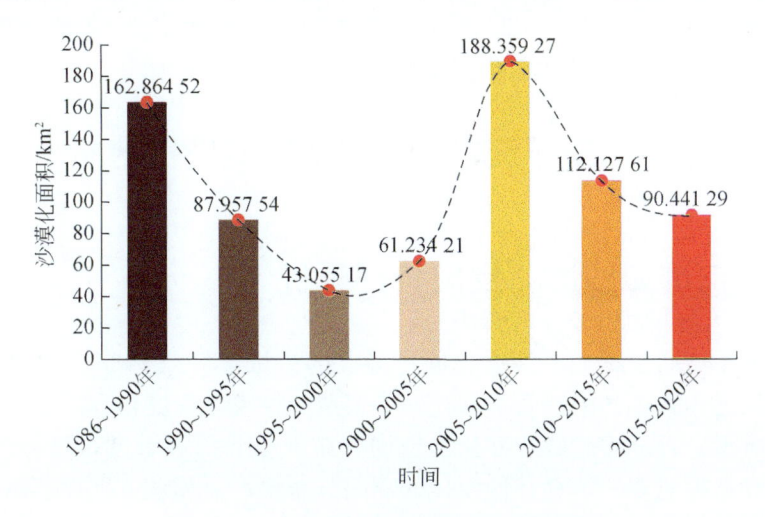

图 5-5　河西走廊地区沙漠化面积变化图

图 5-6 为河西地区内陆河流域 1986~2020 年每五年的沙漠化面积。石羊河流域的沙漠化面积最大，沙漠化变化趋势与整个研究区一致。其中，1995~2000 年的沙漠化面积最少，为 27.42km²；2005~2010 年的沙漠化面积为 100.99km²，是流域内整个研究时段内沙漠化最严重的时期。黑河流域的沙漠化仅次于石羊河流域，并保持基本相同的变化趋势。其中，沙漠化最少的时段在 1995~2000 年，仅为 5.56km²；2005~2010 年也是黑河流域

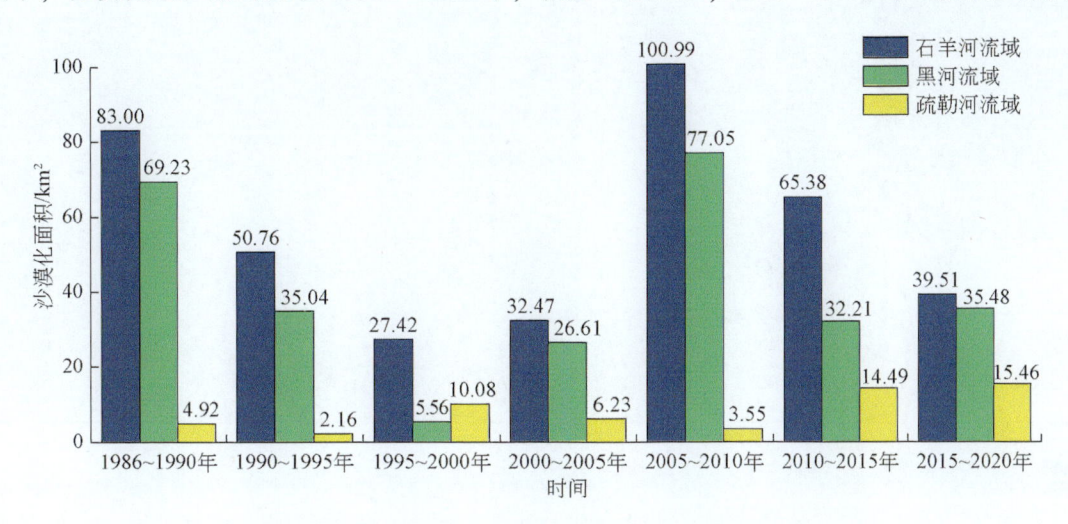

图 5-6　河西走廊地区内陆河流域沙漠化面积统计图

沙漠化最严重的时期，总沙漠化面积为 77.05km²。疏勒河流域的沙漠化面积为全区域最小，最大沙漠化发生在 2015~2020 年，为 15.46km²。相较于其他两个流域，疏勒河流域的沙漠化情况更加稳定，每五年的沙漠化增加程度和趋势都保持平稳变化。在 2015~2020 年，石羊河流域沙漠化面积下降至 39.51km²，黑河流域沙漠化面积为 35.48km²，疏勒河流域沙漠化面积为 15.46km²，同 2010~2015 年河西内陆河各流域的沙漠化面积相比，2015~2020 年河西地区的沙漠化面积减少幅度比较明显。

5.3 基于流域的沙漠化空间特征分析

5.3.1 石羊河流域沙漠化空间特征分析

石羊河流域是河西走廊地区沙漠化面积最大的流域，且在 1986~2020 年，石羊河流域沙漠化发生较为频繁。其中，石羊河流域中下游的沙漠化程度较高。

如图 5-7 所示，石羊河流域沙漠化在空间分布上呈北部和中部区域沙漠化面积较大、而南部以林地和草地居多、不存在沙漠化的空间分布规律。如图 5-7 中样区所示，石羊河流域北部的沙漠化主要位于绿洲外围，聚集在局部地区。例如，样区 1 中的西渠镇、收成镇和东湖镇周边均出现沙漠化的斑块，且沙漠化发生在 2005~2010 年和 2015~2020 年的

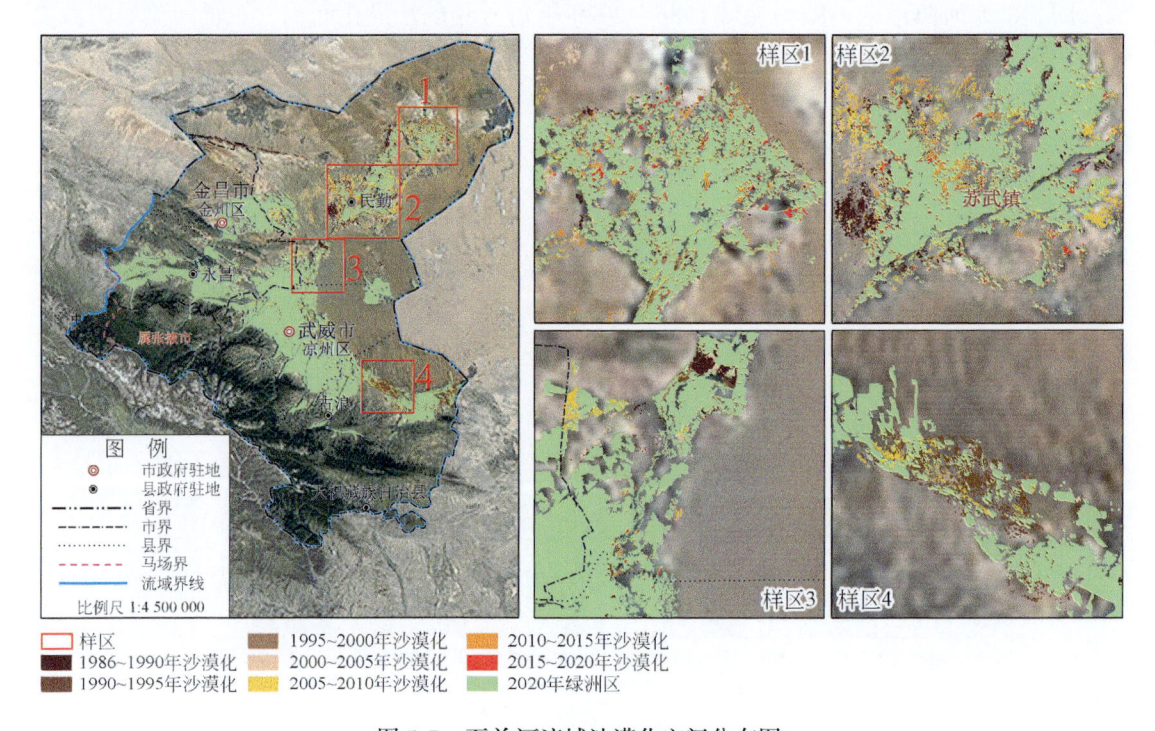

图 5-7 石羊河流域沙漠化空间分布图

频率较高。从空间分布变化的角度而言，石羊河流域沙漠化主要集中在流域下游生态脆弱、水资源短缺的地区。此外，在流域中游地区也存在沙漠化。例如，样区1内流域上游的西渠镇、东湖镇的沙漠化比较明显。2015~2020年，该区域仍有沙漠化情况出现。而同样位于该流域下游地区的大坝镇、三雷镇等沙漠化现象主要集中在2005~2010年，且沙漠化发生在绿洲外围，绿洲与沙漠的缓冲区是沙漠化发生的重点区域。从样区3和样区所呈现的沙漠化空间分布状况来看，该流域中游沙漠化在1990~1995年和2005~2010年较为频繁。进入21世纪以来，石羊河流域中游地区的沙漠化得到有效的遏制（图5-8）。

图 5-8 石羊河流域实地踏勘图片
无人机图像，张学渊、张昊延 2023 年 8 月 22 日摄

5.3.2 黑河流域沙漠化空间特征分析

前节统计数据显示，1986~2005年黑河流域沙漠化面积逐渐下降，但自2005年开始，其沙漠化面积又开始上升，在整个研究时间序列内，流域沙漠化面积在2005~2010年达到77.05km^2。如图5-9所示，黑河流域沙漠化发生区域主要集中在黑河流域中下游；尤其是位于流域下游的金塔县沙漠化最为明显，最为明显的是位于黑河河道内的沙漠化。通过实地调研和考察，结合高空间分辨率的遥感影像判读以及室内模拟的沙漠化遥感反演结果得

| 135 |

知，该区域的沙漠化主要是源于灌渠的建设，将黑河干流引入人工灌渠内，为周边乡镇的耕地、果园以及相关的农业产业供给水源。因此，河道的沙漠化在黑河流域较为常见。

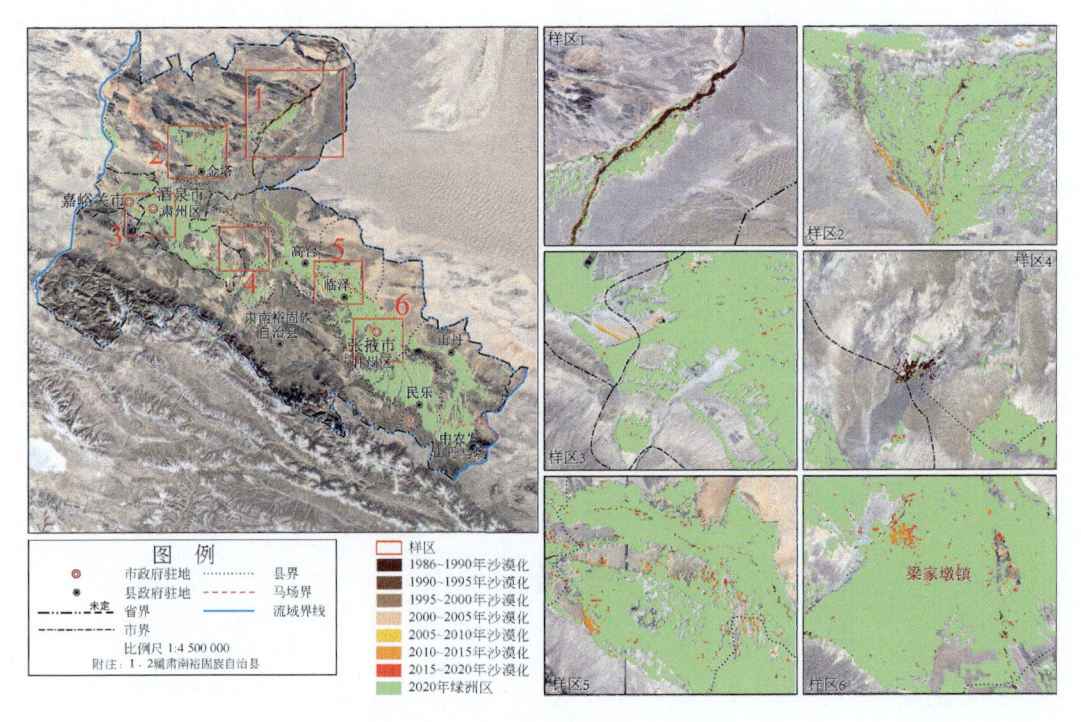

图5-9 黑河流域沙漠化空间分布图

从遥感图像判读和沙漠化遥感反演的结果来看，黑河流域沙漠化主要出现在流域中下游。就沙漠化面积而言，黑河流域沙漠化面积远小于石羊河流域。例如，样区1为黑河流域下游酒泉市金塔县下辖的鼎新镇和航天镇周边，该区域发生的沙漠化为河道沙漠化，且沙漠化主要发生在1986～2010年，在该24年中，沙漠化在黑河河道内出现了微小而复杂的变化。样区2所示的绿洲是典型的冲积扇平原绿洲，绿洲基本区域稳定，但在绿洲外围出现了沙漠化的现象。从沙漠化的形态来看，该区域仍是以河流改道或者未平整化的灌渠改道导致的条带状沙漠化为主。样区3中沙漠化面积较小，位于肃州区与嘉峪关市交界处的文殊镇以西，该地位于山麓，水资源相对充足。因此，在自然条件的制约下，该区域较难形成一定规模的沙漠化区域。而在样区5和样区6之间的绿洲边缘沙漠化出现的频率较高，2005年以后甘州区出现了聚集性沙漠化的情况（图5-10）。

图 5-10　黑河流域沙漠化实地踏勘图片

无人机图像，张学渊、张昊延 2023 年 8 月 23~24 日摄

5.3.3　疏勒河流域沙漠化空间特征分析

疏勒河流域的沙漠化面积是河西地区三个内陆河流域中占比最小的。然而，进入 21 世纪后，疏勒河流域沙漠化总面积却在逐渐增加。如图 5-11 所示，疏勒河流域沙漠化面积在 1986~2005 年呈下降趋势，而在 2005~2020 年又逐年攀升，且沙漠化增长的幅度较

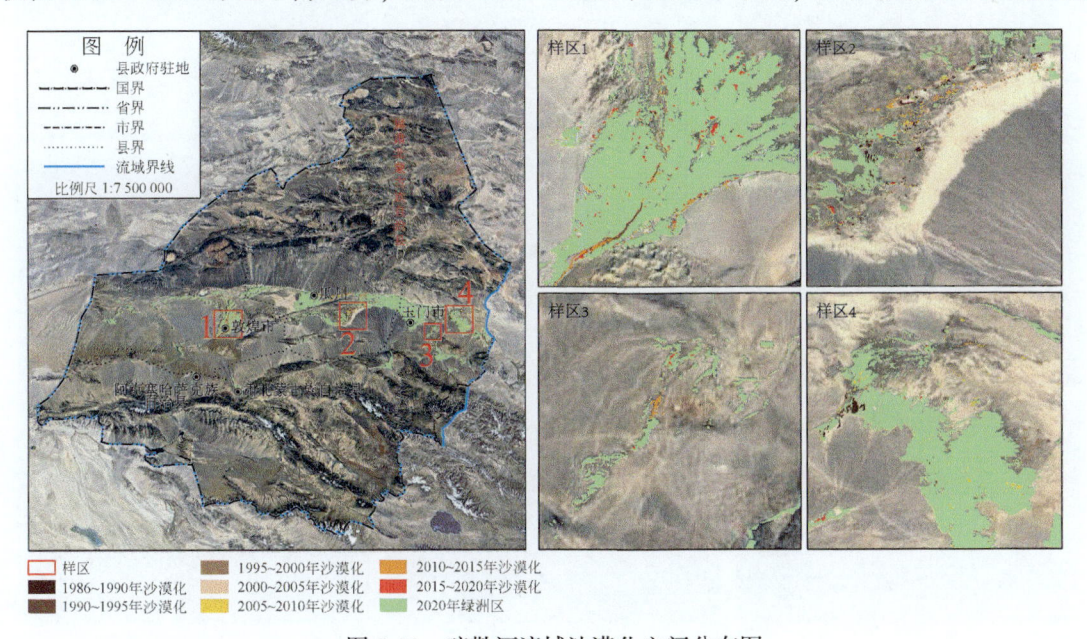

图 5-11　疏勒河流域沙漠化空间分布图

大。2020年疏勒河流域沙漠化总面积增长至15.46km², 相比于1986~1990年的4.92km², 增长了10.54km²。

如图5-11所示,疏勒河流域沙漠化主要集中在中游地区。在昌马灌区灌溉农业的带动下,该区域的绿洲主要沿灌渠分布,疏勒河流域沙漠化也交错分布在这一部分区域中。疏勒河流域沙漠化区域分布较为离散,主要位于瓜州县、敦煌市和玉门市境内的绿洲边缘。通过实地考察、图像解译和变化监测结果分析得知,疏勒河中游的沙漠化现象较弱,而下游的沙漠化较为严重,且变化过程较为复杂。疏勒河流域在1986~2020年的沙漠化发生频率较低,且沙漠化面积小,多发生在绿洲外围和绿洲-沙丘过渡带上。根据遥感图像样区分析可得,疏勒河流域中游西部沙漠化在2015~2020年出现的频率较高。在样区1中可见,1986~2020年河流改道或者截流导致的河道荒漠化较为明显,样区内绿洲中央也出现部分荒漠化的情况。样区2是流域中游中部地区1986~2020年的沙漠化出现的空间分布状况。样区2的沙漠化主要位于样区南部的洪积扇边缘,与洪积扇边缘的绿洲交错分布。其中,在双塔镇西北的沙漠化主要出现在1986~1990年、2005~2010年和2010~2015年,存在于南北两部分绿洲的衔接处;2015~2020年的沙漠化面积较小,位于洪积扇西南角处的绿洲边缘。疏勒流域沙漠化面积在1995~2000年、2010~2015年和2015~2020年有较明显的增长,其余年份沙漠化面积较小,且沙漠化空间分布相较于其他两个流域较为单一(图5-12)。

图5-12 疏勒河流域沙漠化实地踏勘图片

无人机图像,张学渊、张昊延2023年8月25~27日摄

5.4 基于地级市的沙漠化空间特征分析

就河西地区沙漠化总体情况而言,武威市的沙漠化占整个河西地区沙漠化面积的绝大部分,沙漠化最严重的时期为2005~2010年,五年内地表共产生沙漠化100.1385km²,1995~2000年为武威市沙漠化现象最少的时段,沙漠化面积也达到了27.4010km²。其次为酒泉市,与河西地区沙漠化的趋势相同,沙漠化最多和最少的时段分别为2005~2010年和1995~2000年,新增的沙漠化面积分别为72.0163km²和12.6816km²(表5-1)。张掖市的沙漠化相对较少,且变化趋势稳定,最大沙漠化发生在2000~2005年,共产生11.8998km²的沙漠化地表。金昌市和嘉峪关市的沙漠化面积比较接近,而且面积都比较小,金昌市的最大沙漠化面积发生在1986~1990年,共7.6423km²,嘉峪关市的沙漠化现象极少,沙漠化最严重时期仅为2.4338km²,发生在2000~2005年(图5-13)。

表5-1 河西各市绿洲沙漠化面积统计表　　　　　　　　单位:km²

时间	酒泉市	嘉峪关市	武威市	金昌市	张掖市
1986~1990年	60.1292	1.4133	75.3572	7.6423	12.6156
1990~1995年	32.6786	0.8193	50.6044	0.1562	3.4725
1995~2000年	12.6816	1.1082	27.4010	0.0153	1.8491
2000~2005年	15.0999	2.4338	31.5987	0.0588	11.8998
2005~2010年	72.0163	0.8702	100.1385	0.8489	7.7122
2010~2015年	27.1641	0.7471	65.1457	0.2319	18.7795
2015~2020年	25.4965	0.4480	39.0953	0.4113	24.9902

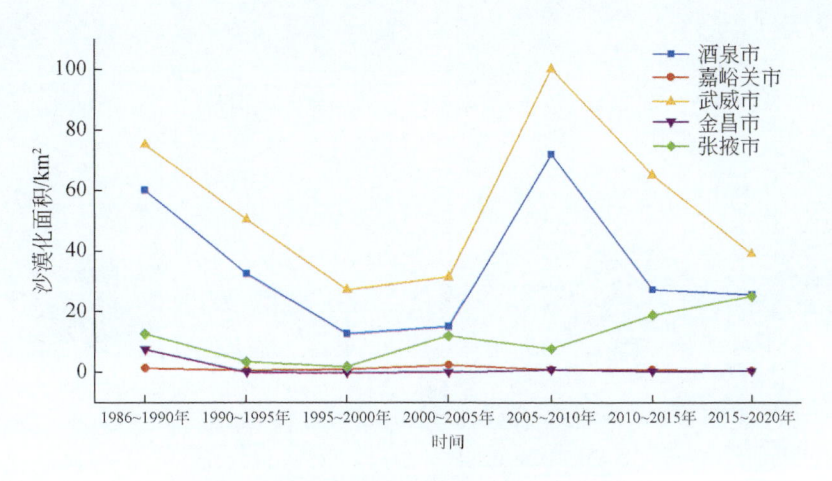

图5-13 河西五市沙漠化面积变化曲线

5.4.1 武威市沙漠化空间特征分析

武威市沙漠化主要分布在东北部和中部区域，武威市南部是高原，不存在荒漠-绿洲景观。武威市北部是沙漠化发生较为频繁的区域，沙漠化现象集中存在于武威市北部地区，与腾格里沙漠和巴丹吉林沙漠毗邻的民勤县是沙漠化、盐渍化集中多发的地带。在1986~2020年，武威市均存在不同程度的沙漠化。

如图5-14所示，武威市北部沙漠化发生较为频繁的时间主要是1986~1990年和2005~2010年，而2010~2015年和2015~2020年武威市沙漠化的程度较轻。1986~2020年，武威市沙漠化面积呈波动减少的趋势。如图5-14中样区1所示，武威市北部的沙漠化主要发生在绿洲区内部，多位于灌溉农田和弃耕农田周边。从样区1中所显示的沙漠化变迁及不同时段的沙漠化空间看，样区1中沙漠化空间分布最密集的时段为2005~2010年，且在样区1内存在多年固定不变的沙丘或沙漠化区域。例如，大滩镇和双茨科镇绿洲南缘的沙丘，在2005~2010年生成后，逐渐变化，但到2020年，仍存在小部分的沙漠化区域或沙丘。样区2是民勤县北部的绿洲区，该区域的沙漠化主要从2010年开始，2010~2015年沙漠化面积陡增，而在2015~2020年沙漠化面积有所减少，且该区域的沙漠化主要出现在绿洲内耕地之间以及绿洲边缘区。截至2020年，该区域的沙漠化已得到有效的遏止，在空间分布上明显减少，这与人为防治沙漠化的诸多生态工程是紧密相关的。同样，样区

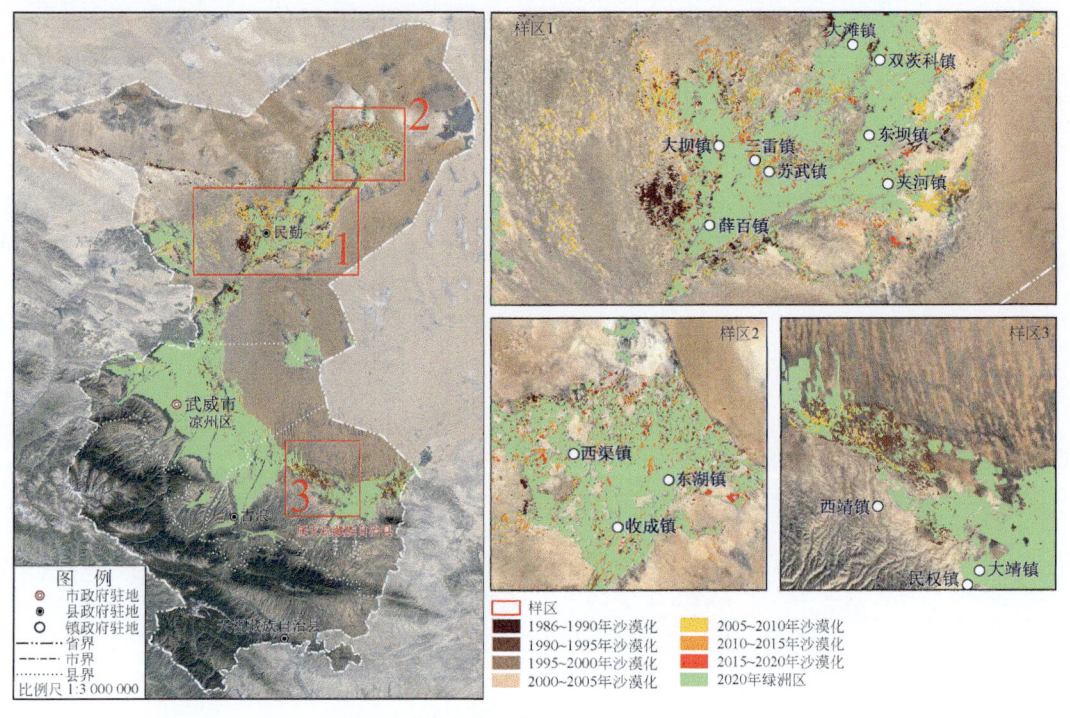

图5-14 武威市沙漠化空间分布图

3 是武威市古浪县境内的西靖镇、民权镇和大靖镇，其中大靖镇位于绿洲区，大靖镇西北部存在大面积的沙漠化。自 1986 年开始，该区域就存在一定的沙漠化区域，但该区域的沙漠化面积持续降低，至 2015 年后该区域未发生新的沙漠化。

沙漠化面积的减退是自然条件的变化和人类活动的干预共同作用的，人类在沙漠化防治方面与大自然展开了激烈的"搏斗"，大量人力、物力的投入和持之以恒的沙漠化防治，有效地减少了沙漠化面积，减缓了沙漠侵蚀绿洲的"步伐"（图 5-15）。

图 5-15　武威市沙漠化实地踏勘图片
无人机图像，张学渊、张昊延 2023 年 8 月 21~22 日摄

5.4.2　金昌市沙漠化空间特征分析

金昌市是河西地区沙漠化面积最小、沙漠化程度最轻的地区。如图 5-16 所示，金昌市沙漠化与武威市、张掖市以及酒泉市相比，沙漠化面积显著低，且自 1990 年以来基本区域稳定，未发生大的变化。仅在 1986~1990 年，金昌市沙漠化面积达到 7.64km²，其余年份均小于 1.00km²。从空间分布上看，1986~1990 年沙漠化出现在金川区北部的荒漠和裸土地带，并未在绿洲区出现，因此未对绿洲产生影响。如图 5-16 中样区 2 所示，永昌县西部出现极少的沙漠化，主要是位于绿洲过渡区的土地沙漠化，未对绿洲或整个金昌市

造成自然与经济影响。结合实地考察，金昌市的种植产业较为发达，主要的农作物为苜蓿、玉米等，现已经形成一定规模，部分地区基本实现了非人工喷洒农药和非人工灌溉的规模种植，这一景观在米级分辨率的遥感图像上即可辨别，综合实地考察和图像处理与解译的结果，金昌市沙漠化程度较其他几个区域轻。

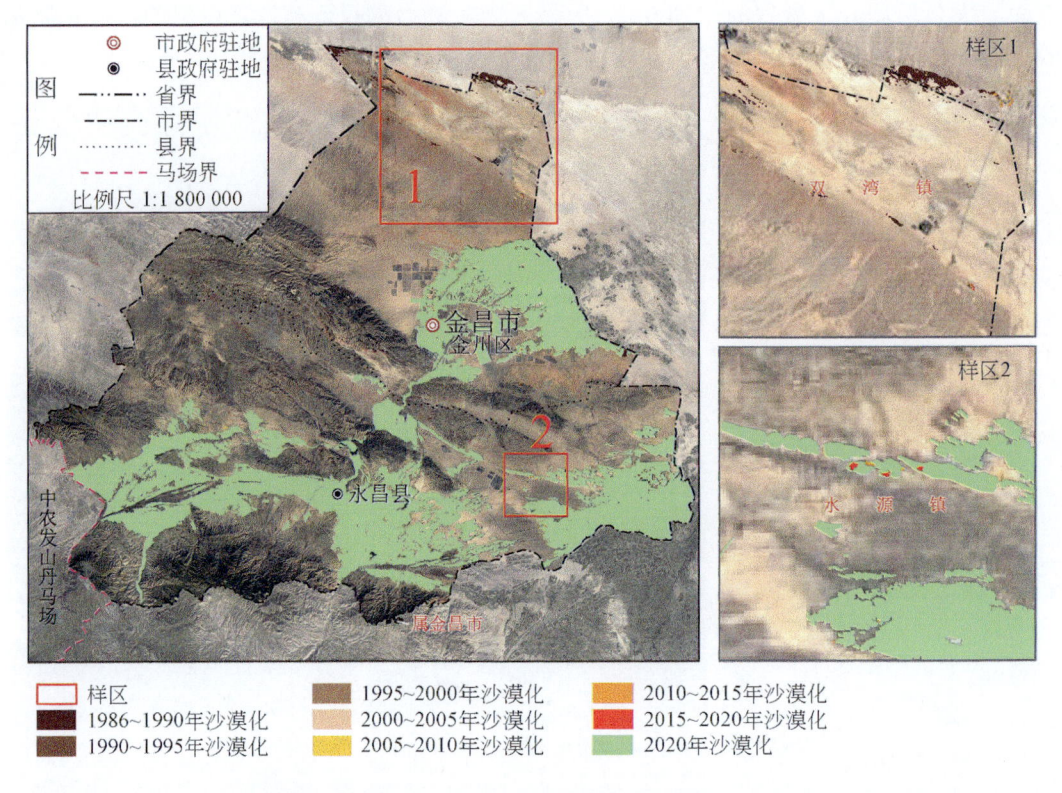

图 5-16　金昌市沙漠化空间分布图

5.4.3　张掖市沙漠化空间特征分析

张掖市是河西地区地貌景观丰富、绿洲面积大且沙漠化问题较为复杂的地区。据统计分析可知，张掖市在 1986～2020 年的沙漠化面积总体呈增长趋势，即 1986～1995 年张掖市沙漠化面积逐渐减少，但在 2000 年后又逐年增长，2005～2010 年有微小的下降趋势，但在 2010 年后又逐年攀升，在整个时间序列内张掖市沙漠化面积从 1986 年的 12.62km²，增加到 2020 年的 25.00km²，其中 2000～2005 年沙漠化面积在逐年递减后呈现了一个小的峰值，达到了 11.90km²。综合河西各市的沙漠化面积变化趋势来看，张掖市是河西地区唯一一个在研究时间序列内沙漠化面积增长的地区。

为进一步总结和分析张掖市沙漠化的总体空间分布和在不同时间阶段内沙漠化的分布状况，通过图像波段反演、阈值分割等方法，将张掖市 1986～2020 年的沙漠化在空间上加以展示，结果如图 5-17 所示。张掖市沙漠化主要分布在位于祁连山北麓的高台县、临泽县、甘州区，即图中样区所示的位置。结合实地考察结果和样区 1 中所示的张掖市北部的沙漠化空间分布可知，高台县境内的沙漠化主要是以河道沙化为主，由于灌渠蓄水的需求导致河流改道，抑或夏季蒸散量大而降水稀缺的年份，就会造成河流水位下降或者短期的干枯，这是致使该区域沙漠化出现条带状分布的两个因素。样区 1 中的沙漠化主要集中在 2005 年以后，特别是 2005~2010 年出现河道荒漠化的情况较为显著。位于骆驼城镇、宣化镇等镇附近的沙漠化也仅仅是零星分布，多为 2015~2020 年出现的破碎斑块状土地沙化现象。

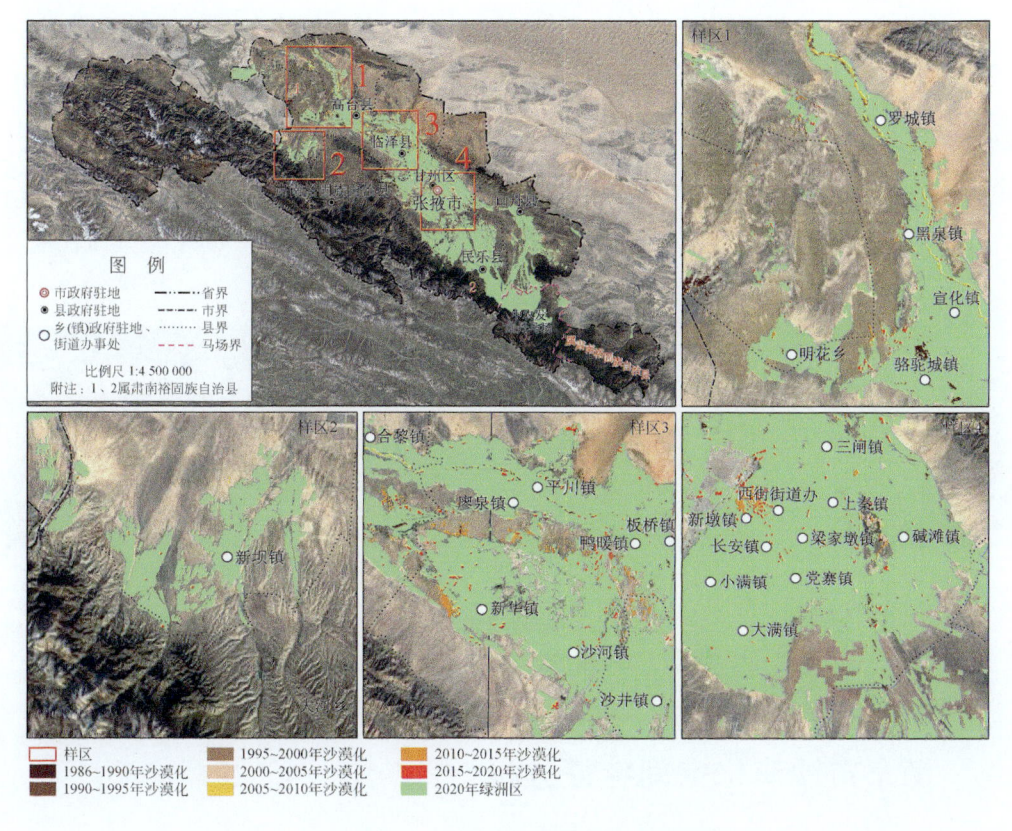

图 5-17 张掖市沙漠化空间分布图

样区 3 是临泽县境内沙漠化的时空分布情况，可见沙漠化主要发生在 2005 年后，其中还有一定的沙漠化出现在旧河道内，分别发生在 2005~2010 年和 2015~2020 年。如图 5-18（a）和图 5-18（b）所示，该区域的河道沙漠化是沙漠化面积增长的主要因素之一。另外，在样区 3 中新华镇绿洲西缘部分有沙漠化存在，如图 5-18（h）和图 5-18（i）所示，在绿洲-裸地-沙丘之间还是存在一定的沙漠化风险。沙漠化是干旱灾害、水土流失等造成的次生灾害，沙漠化的防治不仅需要大量的人力、物力的投入，还需要综合当地的自然环境和人类活动强度等客观条件，因地制宜地制定治沙防沙策略，实施合理的治沙防沙工程。

图 5-18　张掖市沙漠化实地踏勘图片
无人机图像，张学渊、张昊延 2023 年 8 月 23～24 日摄

5.4.4　酒泉市沙漠化空间特征分析

酒泉市绿洲区的沙漠化面积与其他地级市相比较大，其沙漠化面积仅次于武威市。1986～1990 年，酒泉市沙漠化面积为 60.13km²，截至 2020 年，该市的沙漠化面积为 25.50km²。从整体上看，酒泉市沙漠化面积在过去 34 年内减少了近 57.6%，沙漠化面积减少幅度较大。但从时间序列的变化趋势而言，酒泉市沙漠化面积变化的波动性较大，尤其是在 2005～2010 年的五年内，酒泉市沙漠化面积增长到 72.02km²，增长了近 19.8%，但自 2010 年后，酒泉市沙漠化面积不断减少，下降趋势明显。

图 5-19 中所选 4 个样区为酒泉市沙漠化分布最为密集、变化最为明显的 4 个区域。其中，样区 1 的沙漠化主要出现在 2010 年之前，是金塔县境内弱水河的改道、灌渠的蓄水和干旱年份的降水匮缺等自然、人为因素造成的河道沙漠化，但自 2010 年后，该区域的沙漠化不再重现，河道水量的增加逐渐改善了该区域的沙漠化状况。然而，在绿洲外

围，绿洲–沙丘过渡地带，仍可见微小的沙漠化出现，这还需引起注意，及时采取相应的措施，以抑制其蔓延和扩张。如样区 2 所示，酒泉市金塔县南部绿洲的发展比较稳定，其上游既有解放村水库和鸳鸯池水库的蓄水，又有水渠灌溉、弱水流经，因此该部分三角洲平原在 2010 年后几乎未出现沙漠化。仅在 2005~2010 年绿洲外围，或者绿洲内部出现条带状沙漠化的迹象。样区 3 中沙漠化空间分布较为离散，零星分布，多为 2010 年后发生的沙漠化，绿洲也较为破碎，多呈条带状沿河分布，绿洲之间还有裸地相间，为沙漠化提供了可发展的环境。尤其在双塔镇北部的绿洲外围出现新的沙漠化，在双塔镇和锁阳城镇之间也有沙漠化的迹象出现。样区 4 的沙漠化也有部分因河流改道而造成沙漠化的迹象，在 1986~1990 年、2005~2010 年和 2015~2020 年均有不同程度的沙漠化出现，其中 2005~2010 年的沙漠化面积最大，2015~2020 年沙漠化面积开始锐减。

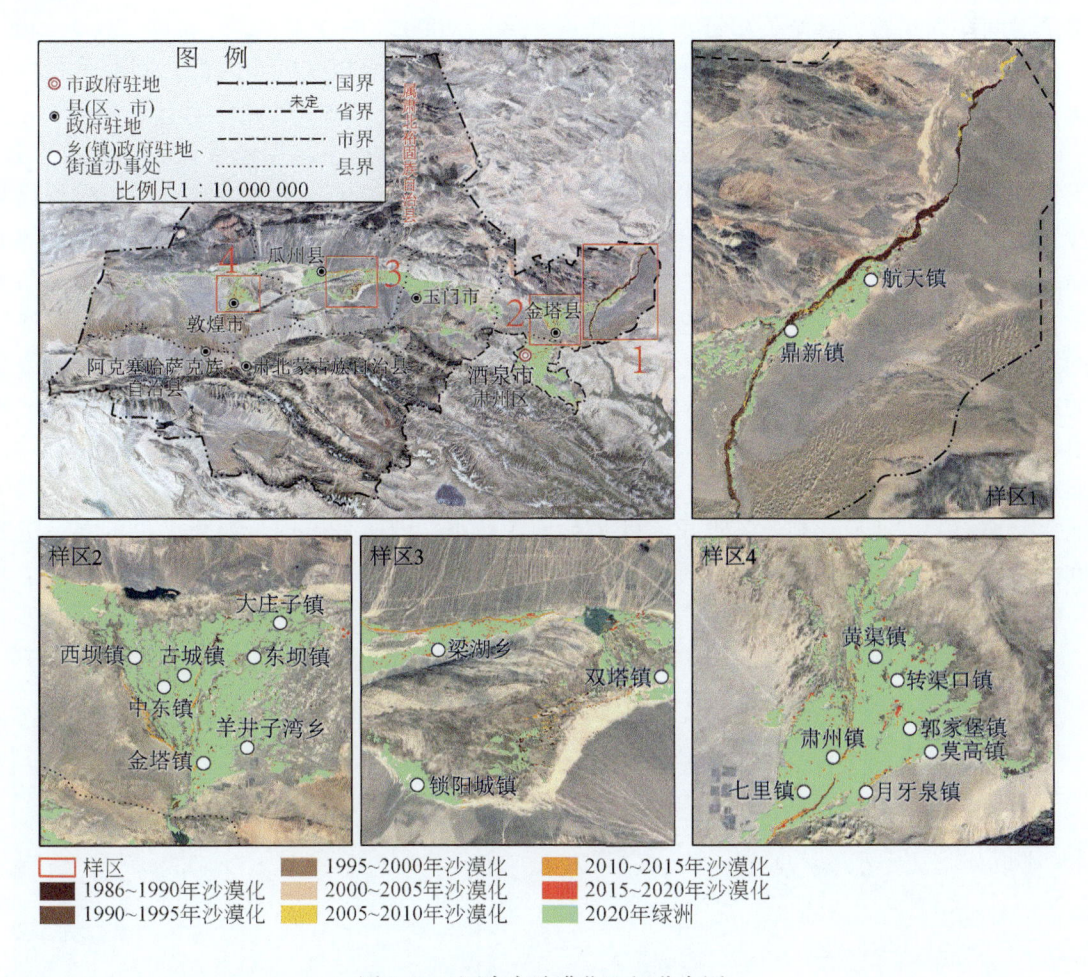

图 5-19 酒泉市沙漠化空间分布图

结合实地考察工作，河西地区广修蓄水池、水库，兴修灌溉水渠，以备农业生产之用，这为当地农业绿洲规模的保持贡献了一定的力量。但是，频繁的河流改道，将自然河道内的水改至总渠和各支渠后，导致原河道出现沙漠化的现象，影响了原河道两侧野生植物的生长，这也是一个不容忽视的问题。

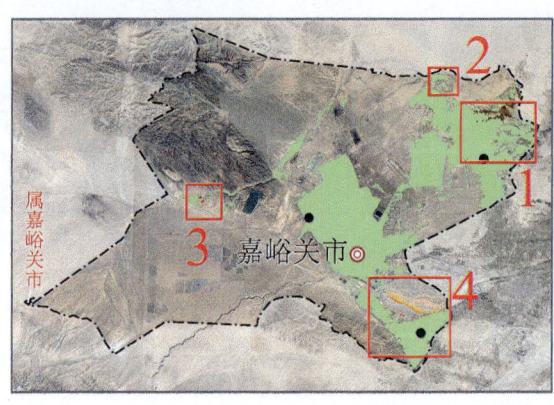

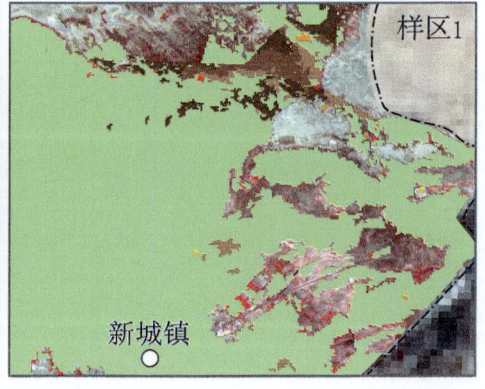

5.4.5 嘉峪关市沙漠化空间特征分析

嘉峪关市是河西地区面积最小的地级市，主要以工业产业为主，嘉峪关市内绿洲面积占比较小。因此，嘉峪关市绿洲沙漠化发生的频率较低，变化形式并不复杂。从 1986~2020 年沙漠化面积变化上看，嘉峪关市沙漠化面积均保持在 3.00km² 以下，2000~2005 年沙漠化面积最大，2005~2010 年沙漠化面积骤减了 1.56km²，沙漠化面积减少了 64%。从整个时间序列来看，嘉峪关市沙漠化面积在 1986~2000 年呈下降趋势，而在 2000~2005 年骤然上升后，又开始下降。总体而言，嘉峪关市沙漠化面积在持续降低，即便是在沙漠化最严重的年份，也仅为 2.4338km²。

选用空间分辨率较高的哨兵 2 号（Sentinel-2）遥感数据，运用标准假彩色合成方式，为绿洲沙漠化分析提供较为清晰的对比。样区 1 北部的沙漠化分布在绿洲边缘，绿洲化与沙漠化间的交错变化显著。1986~1990 年沙丘范围较小，1990~1995 年沙丘又向南部的绿洲方向扩张，直到 1995~2000 年沙漠化面积扩张到最大后，该区域沙漠化面积逐渐减少，可见在 2000 年后沙漠化分布较为离散。样区 2 和样区 3 中的未形成时间序列上连续的沙漠化现象，仅在 2015~2020 年有极少数的沙漠化现象出现，都是位于稳定绿洲边缘的一些微小的沙漠化，注意局部的水源供给和植被保护即可。在样区 4 中，文殊镇北的沙漠化区域可见明显的移动，主要集中在 2000~2015 年，沙丘逐渐向文殊镇绿洲边缘移动，而在 2015 年后的影像变化监测中未见严重的沙丘运动以及沙丘威胁绿洲区的现象。总体而言，嘉峪关市沙漠化现象不严重，沙漠化面积较小，即使是出现沙漠化，也可在一定时间内有效遏止其向绿洲区扩张和推移（图 5-20）。

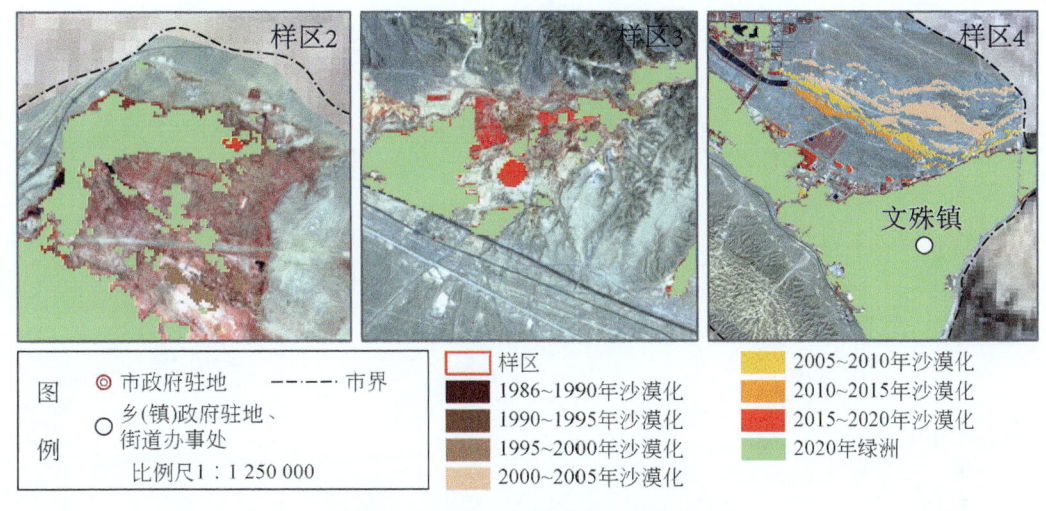

图 5-20　嘉峪关市沙漠化空间分布图

5.5　基于县级行政单元的沙漠化空间特征分析

从时间序列的统计分析和空间分布研究后得出的结果来看，河西地区的沙漠化主要集中在武威市、酒泉市和张掖市。其中，武威市沙漠化现象最为严重，而金昌市和嘉峪关市本就是以工业为主要支柱产业的城市，加之上述两市面积并不大，且农业用地规模较小，因此未有大面积沙漠化形成的现象。为研究在县域尺度上的沙漠化的变化特征、数量特征和分布规律，本书将逐县域的沙漠化面积赋值于其属性表中，将县域尺度的沙漠化直观地表达在地图上（图 5-21）。

纵观河西地区整体的沙漠化，可分为三个不同的发展阶段：可将 1986～2000 年界定为河西地区沙漠化的"萌芽期"，在该时段内，各县的沙漠化初见苗头，民勤县、金塔县和瓜州县三地的沙漠化最为明显；可将 2000～2010 年界定为"发展期"，在这 10 年内，河西地区沙漠化的空间范围不断扩大，东部以民勤县为中心，西部以金塔县、瓜州县为中心，向其他各地扩张，河西地区沙漠化面积也不断增长；而在 2010～2020 年的 10 年内，河西地区的沙漠化又出现不断下降的趋势，从空间分布上看，河西地区沙漠化的范围开始逐渐缩小，沙漠化面积不断减少，从沙漠化面积的数量统计上看，河西地区沙漠化的也实有下降，因此可将这段时间暂定为"稳定期"。其中需要说明的是，2015～2020 年的空间分布虽在视觉上体现沙漠化有所扩张，这是由于面积统计的取值范围有所改变，沙漠化面积的值域范围整体下降，显示出沙漠化面积在较小值域内的县份，实际到 2015～2020 年时，河西地区沙漠化已有初步的治理成效。

如图 5-21 所示，1986～2020 年，沙漠化重点出现的县域包括酒泉市瓜州县、金塔县，张掖市高台县、临泽县、甘州区，武威市民勤县、古浪县等六个县区。民勤县的沙漠化面积在过去 34 年持续在 3.0km² 及以上，1995 年后，沙漠化面积持续上升，2010 年后又逐渐

| 147 |

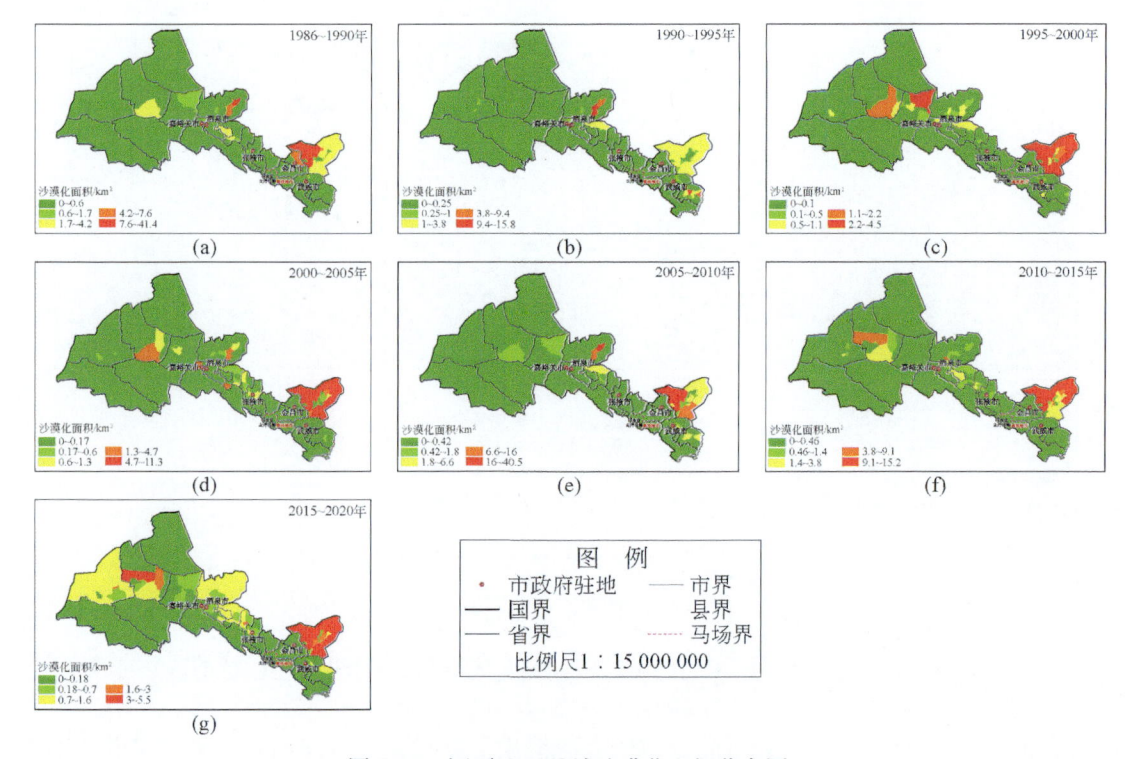

图 5-21 河西地区县域沙漠化空间分布图

下降。从空间分布和面积比例上来看，民勤县沙漠化基本是诸多县域中面积最高、变化波动性最强的县域，其西北部区域的沙漠化最为持久。其次是酒泉市金塔县的沙漠化在整个河西地区的沙漠化分布中较为明显，尤其是 2010 年前，前述所分析的金塔县河道的沙漠化可显著地体现在空间分布上，呈条带状分布的河道沙漠化沿线的主要乡镇为：航天镇和鼎新镇。2010 年之前，金塔县的沙漠化面积在 6.6~40.5km² 波动，2010 年后，金塔县沙漠化面积下降较为明显。

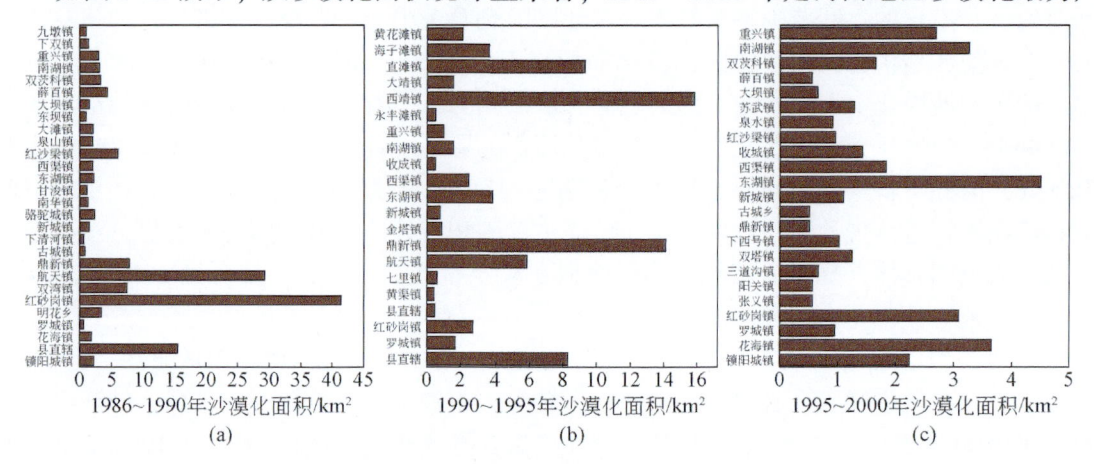

如图 5-22 所示，从沙漠化面积统计上来看，2005~2010 年是河西地区沙漠化最为严

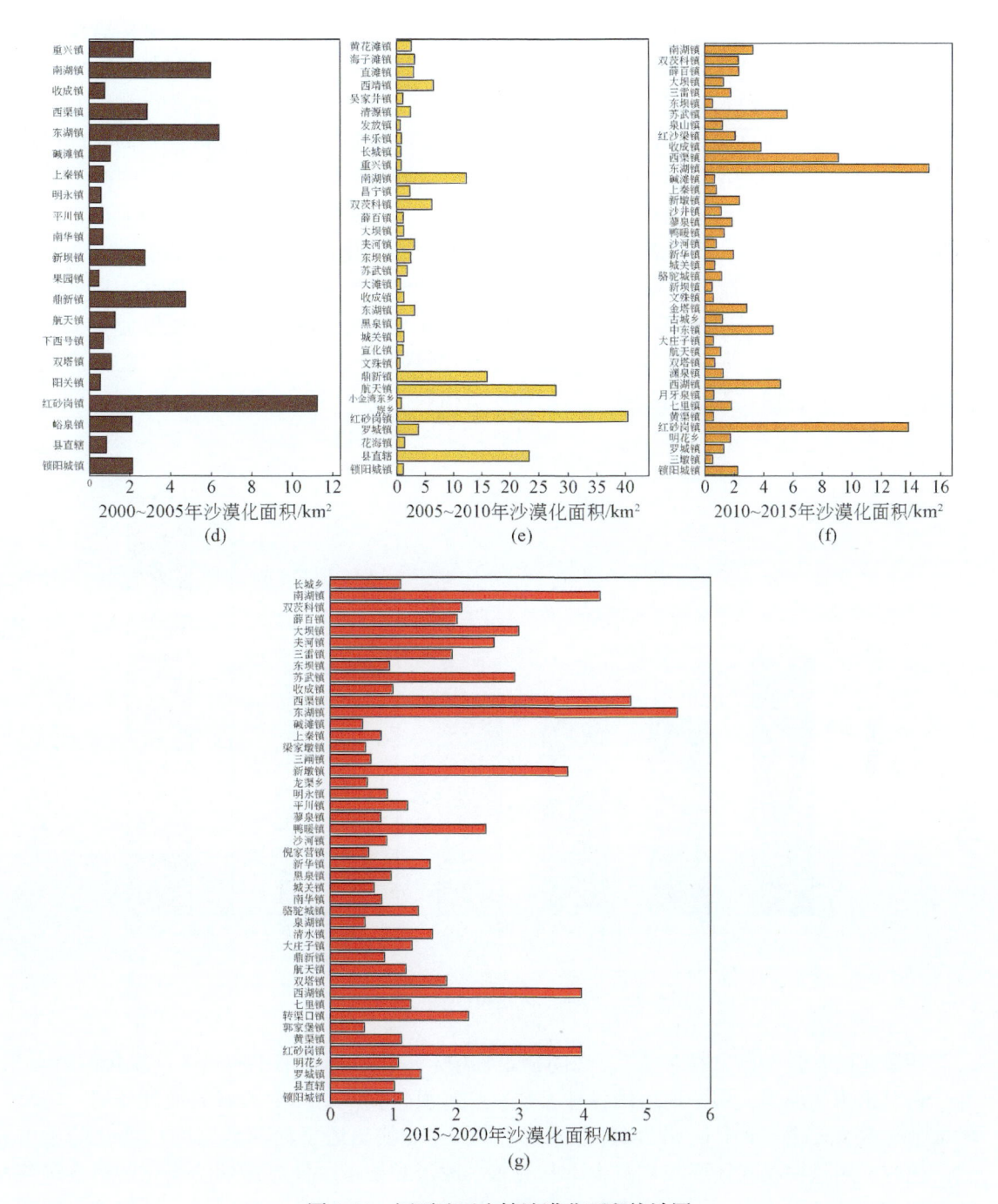

图 5-22　河西地区乡镇沙漠化面积统计图

重的时期。结合图 5-21 的空间分布结果显示，2005～2010 年沙漠化主要发生在民勤县下辖的东湖镇、南湖镇、西湖镇、红砂岗镇、西渠镇等乡镇，其中沙漠化最为严重的乡镇是红砂岗镇，其次为南湖镇。上述两个乡镇之所以出现严重的沙漠化现象，与其特殊的地理位置存在密切关系。而自 2010 年后，随着生态保护工程的不断推进和人类对环境保护意识的不断加强，河西地区沙漠化在面积上出现了较大的变化，沙漠化面积正在逐年减少。

结合时空分布和统计数据，河西地区沙漠化的分布特征是东西两端沙漠化较为明显，而中部地区沙漠化程度较轻。图 5-22 中记载了近 34 年来河西地区各乡镇在不同时间阶段的沙漠化面积，详细表明了各乡镇的沙漠化面积变迁。统计结果显示，在不同时间阶段内，出现沙漠化的乡镇数量在逐渐增加（图 5-23），而沙漠化总体面积在逐渐减少，这表明河西地区沙漠化正在由聚集型出现向离散型转变。沙漠化在空间分布上的改变，是对近年来沙漠化治理的一个有效反馈，同时也为今后的沙漠化治理提供了新的思路。在种植沙生植物保证水土流失风险下降的基础上，可将沙漠化分层分块治理，逐渐恢复原有土地的生产力和耕种潜力等，最大限度地为植被生长提供较好的环境。同时，还需关注沙漠化严重的区域，针对沙漠化严重的区域再制定相应的措施。

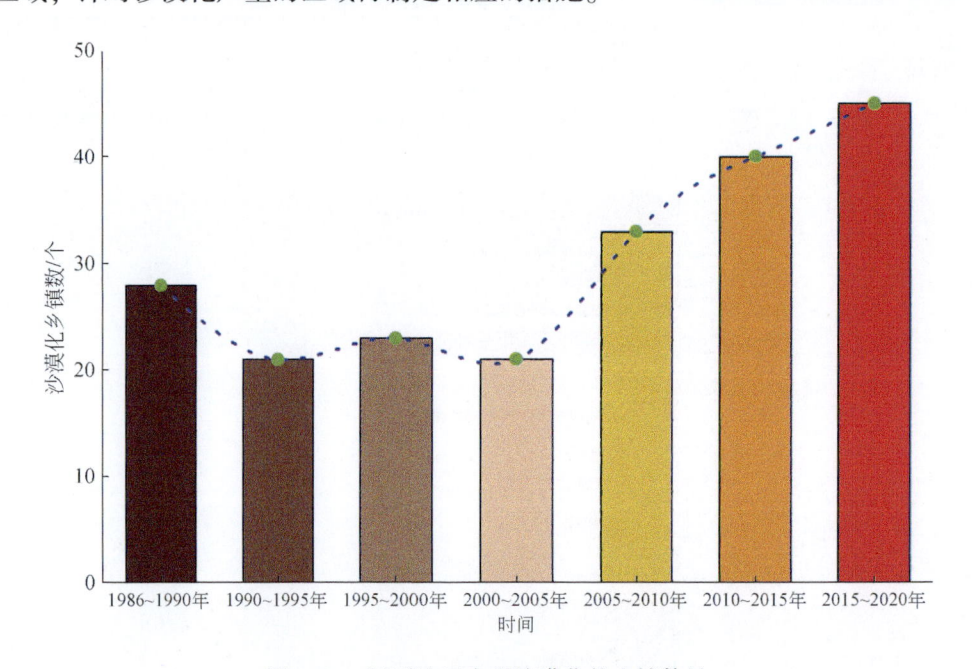

图 5-23　河西地区出现沙漠化的乡镇数量

沙漠化防治是一场"持久战"。在防治过程中，要准确地归纳不同地区沙漠化的特点，并分析其出现的原因，辩证地运用各种方法，从沙漠化程度、发生区域的地理环境、防治的成效等多方面进行评估，再实施相应的对策，才能找出适于河西地区的沙漠化防治方式。同时，对这些模式还要在实践中不断完善、改进和修正，最终达到沙漠化防治的最佳效果。在防治的过程中，还需注意防治效果的反复。对已治理完成的区域，还要进行密切监测，并适时采取对策和措施，防止其沙漠化现象的再次出现。

例如，位于河西地区东部的民勤县重兴镇，2005 年前沙漠化面积分别为 2.88km^2（1986~1990 年）、1.03km^2（1990~1995 年）、2.70km^2（1995~2000 年）、2.24km^2（2000~2005 年），2005 年后重兴镇沙漠化面积呈逐渐下降的趋势，主要是因为该镇位于民勤县绿洲稳定区，同时又紧邻红崖山水库，绿洲发展环境较好，加上生态工程治理，沙漠化面积下降较快。如图5-24所示，重兴镇沙漠化时空分布特征是：2000年以前主要位于该镇北部地区，沙漠化面积大，且较为集中，呈现向绿洲内部迁移的趋势；2000～2005年，该镇北部的沙漠化程度逐渐减缓，沙漠化趋势由原来的集中沙丘的迁移逐渐演变为内部出现零星的沙漠化，外部沙漠化逐渐消失的趋势。图5-24为重兴镇10m分辨率的标准假彩色图像[图5-24（a）]和真彩色图像[图5-24（b）]，图5-24显示该区域植被覆盖较好，从图像纹理判断得出该区域植被多以农作物为主，其间还有一定数量的牛羊养殖大棚，重兴镇绿洲沙漠化在2010年后得到有效的治理和控制，该地绿洲稳定，水源充足，同红砂岗镇形成较为鲜明的对比。

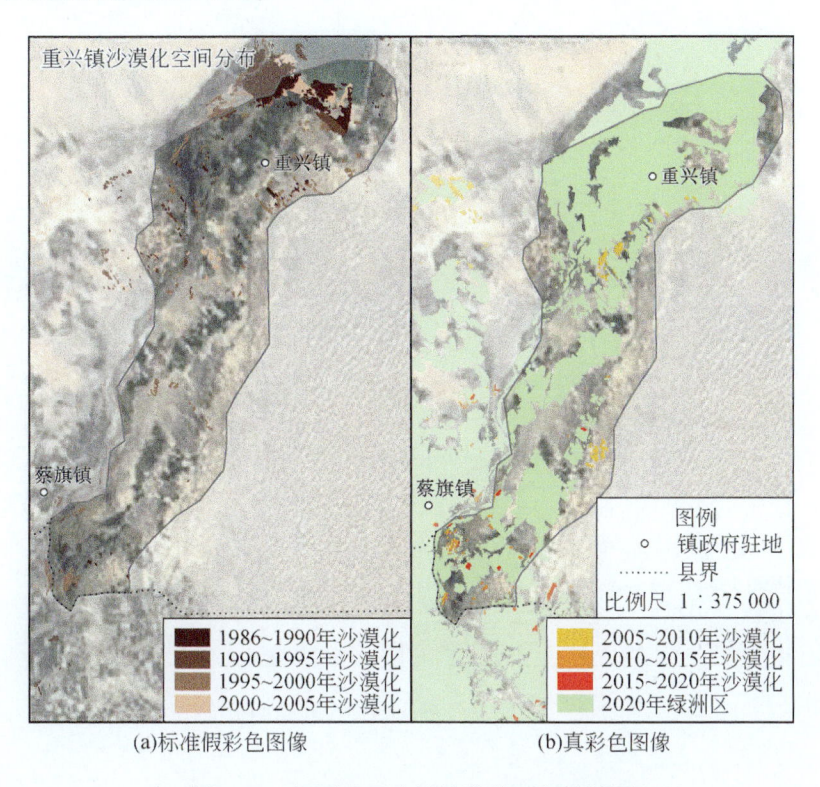

(a)标准假彩色图像　　(b)真彩色图像

图5-24　河西地区乡镇沙漠化面积统计图

民勤县红砂岗镇面积大，东西宽且南北长。在整个研究时间序列中，红砂岗镇的沙漠化面积基本居高位，通过前述的空间分布对比，红砂岗镇这个位于民勤县西部的乡镇的确存在不容乐观的沙漠化现象。红砂岗镇距民勤县绿洲主体较远，又紧邻巴丹吉林沙漠，北与阿拉善右旗相邻，其地表以裸土、戈壁以及沙漠为主，对绿洲的生成和扩张具有一定约束，这也助长了该镇周边沙漠化的产生和发展（图5-25）。红砂岗镇1986～1990年沙漠化面积为5.87km^2，1990～1995年沙漠化面积为2.77km^2，1995～2000年沙漠化面积为3.10km^2，2000～2005年沙漠化面积为11.3km^2，2005～2010年沙漠化面积为40.48km^2，2010～2015年沙漠化面积为13.88km^2，2015～2020年沙漠化面积为3.97km^2。从沙漠化面积统计结果来看，红砂岗镇沙漠化面积呈现出强烈的波动性。2000~2010年，该镇沙漠化面积持续上升，截至2010年沙漠化面积达到研究时间序列内最高值，2010年后沙漠化面积逐渐下降，2020年降低到3.97km²，可见在2010年后该地的沙漠化防治工作成效显著。但是由于该地位置特殊，在沙漠化防治的同时，还需加强已治理的沙漠化区不再反复。另外，还需因地制宜，评估植被覆盖率和农田开垦程度对环境正向影响的阈值，合理实施植树造林、防沙固沙、拓荒种地等改善沙漠化的人为措施。

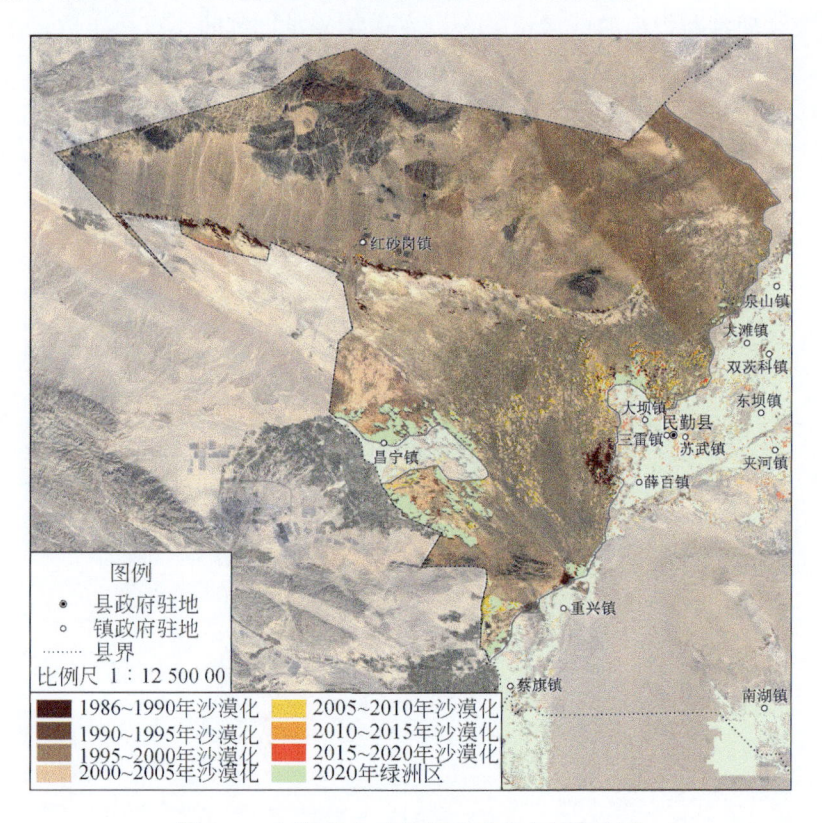

图 5-25　民勤县红砂岗镇沙漠化空间分布图

第6章 绿洲化和沙漠化成因分析

绿洲化和沙漠化是自然环境和人类活动共同作用的结果,绿洲化是在相对优良的自然条件下人类对土地开发利用的产物。绿洲化对整个干旱半干旱区的地表景观、局部气候均有正向的调节作用,但是绿洲的无节制扩张,也会对区域生态系统造成潜在威胁。综合自然环境和人为因素两个方面分析绿洲化的成因,有利于为绿洲化提供未来发展的方向,也可规避不合理绿洲开发的发生。沙漠化的形成多与干旱半干旱区的气候因素有关,当然人类活动的作用更不能低估。在局部地区,人类活动甚至是沙漠化的主导因素。例如,耕地的无节制开垦,地下水资源的过度开采,地表水的滥用等都会造成土地的沙漠化和盐渍化。本章将根据河西地区整体和流域等多个视角,综合评价分析河西地区绿洲化和沙漠化的成因,为从根本上揭示河西地区绿洲化和沙漠化形成机理奠定基础。

6.1 绿洲化成因分析

绿洲是荒漠生态系统中靠外来径流维系生态功能而形成的特殊"高级生态系统",在这个系统中,以水为核心,光、热、水、土和动植物资源配备得相对较好,能量和生物量转化率较高,人类从事经济活动容易获得成功,因而是人类生产生活的核心。但绿洲生态系统又相对比较脆弱,绿洲外部有强大的风沙侵袭,内部生物群落结构单调,特别是受水情变化动态的制约。在西北干旱地区,俗有"寸草遮丈风,流沙滚不动"之喻,形象地说明了绿洲植被组成的生物屏障在绿洲存在中的作用。绿色屏障一旦遭劫,不仅会引起生物群落的退化,生态系统紊乱,且会招致沙漠化的发生,甚至导致整个绿洲生命的终结。

河西走廊绿洲的发展主要是依靠三大内陆河(疏勒河、黑河、石羊河)的水资源供应。绿洲的变化是建立在干旱区气温、降水等自然环境条件下,受人类活动影响而发生的绿洲质量和数量的改变。人类活动和自然因素的耦合是干旱区绿洲时空变化最基本动力。其中,自然因素主要是指气温和降水。绿洲一般位于地势比较平缓的平原地区,地形和地貌是绿洲形成和发展的外在条件,在短时间内变化较小,因而对绿洲的影响较小。人类活动的影响主要是指人为的绿洲垦殖,导致水资源空间分布发生改变,从而产生的绿洲和其他土地利用类型之间的转变,或者是人类对地下水的开发和对地表水的不合理利用,所产生的绿洲荒漠化、盐渍化的现象。

从河西走廊绿洲面积的变化可以看出,1986~2020年,整个河西走廊的绿洲面积不断扩展,并在2015年达到最大值(15 478km^2)。但是,绿洲的扩张基本是以人工绿洲为主,天然绿洲的增加较少。在河西走廊地区,因天然降水无法满足农业绿洲发展的需要,人工开采地下水就成为保障农业绿洲稳定发展的基本途径。在充足的水源供应条件下,农业绿洲的发展速度较快，但当水资源的开发超过一定限度时，会引起地下水位的下降、地表植被的衰亡、土壤盐渍化的加剧等，从而又会对绿洲的发展产生负向作用。从整体上看，河西走廊地区1986~2020年的绿洲不断扩张，但不同流域的气候、地形、水资源禀赋各异，人类对绿洲的开发强度各不相同，绿洲变化和影响因素也存在较大差别。

6.1.1 石羊河流域绿洲化成因分析

1. 自然因素

作为石羊河下游标志站点的蔡旗断面的年径流量在20世纪70年代之前与上游出山径流量基本保持同步波动（图6-1），在此之后，上游出山径流量仍然稳定变化，而蔡旗断面的年径流量快速减少。1968年后上游水量的稳定为中上游绿洲化的发展创造了有利条件，而下游水量的锐减就必然导致耕地弃耕、绿洲退缩。2006年实施的"关井压田"政策，就是为了减少对地下水的过度开采，恢复地下水位。

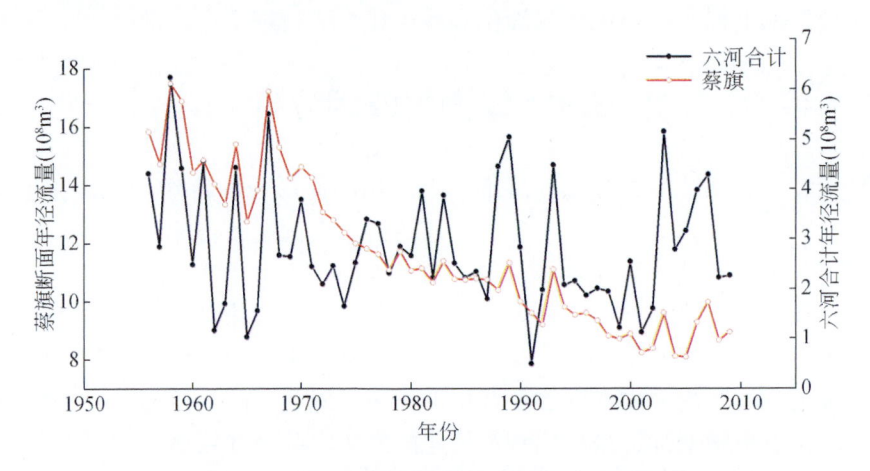

图6-1 六河—蔡旗断面年径流量变化曲线图
六河指金川河、西营河、金塔河、杂木河、黄羊河、古浪河

从1986年以来的河流径流来看（图6-2），1986~2010年石羊河流域分别经历了三个丰水期和三个枯水期，其中1986~1989年、1992~1994年、2003~2007年为三个丰水期；1990~1991年、1995~2002年、2008~2010年为三个枯水期。连续的丰水期对于植被生长、生态恢复具有很好的作用，有助于绿洲化的发展。

在全球气候变暖的大环境下，石羊河流域也基本呈现出逐年升温的趋势，1986~2015年的降水量没有呈现出明显的特征[40-47]，所以流域的绿洲变化受降水量的直接影响较少。温度升高容易造成蒸发量增加，地表水分含量减少，植被的生长受到抑制，影响天然绿洲的生长。但从绿洲变化的区域来看，石羊河流域的绿洲扩张/退缩基本都发生在人工耕地的增加或减少区域[48]。

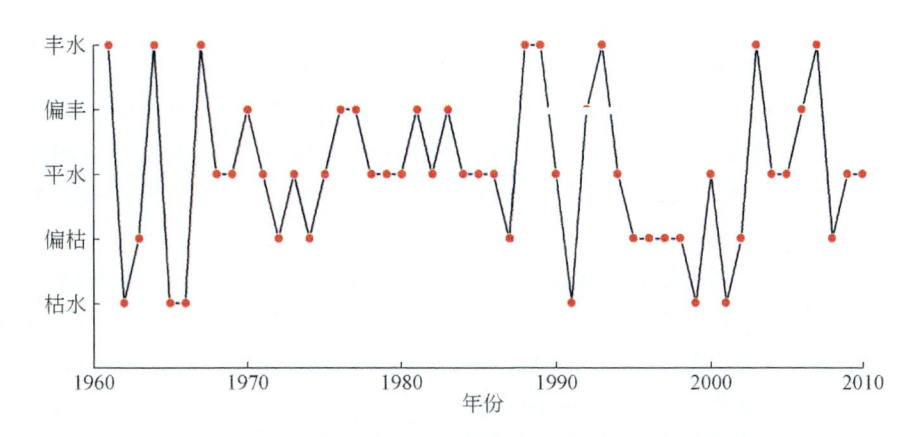

图 6-2　1961～2010 年石羊河流域出山年径流丰枯年际变化

2. 人为因素

1）人口增长

人类通过改变土地利用类型与结构来满足人类对生存环境的需求。首先，随着人口的增加，保障人类生存、生活所需的耕地资源不断增加，因此，人口数量的变化首先影响着耕地的数量（图6-3）；其次，随着人口的增加，供人类生活和居住的城镇建设用地及其与之配套的交通用地也会发生相应变化[49-51]；最后，随着社会经济的发展，单位人口对资源的要求和消耗不断增长，在干旱半干旱地区，绿洲扩张成为了解决此类问题的主要途径之一[52]。

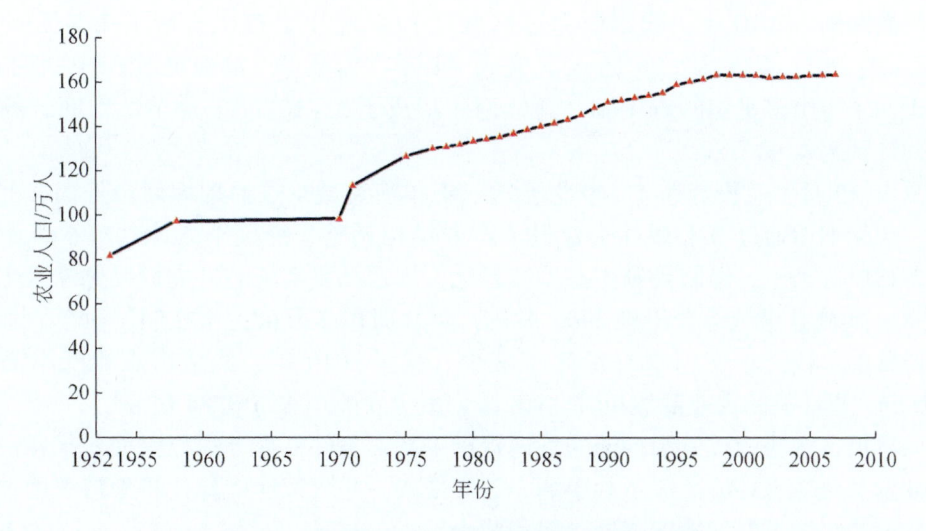

图 6-3　1952～2008 年武威地区农业人口变化

武威绿洲是我国西北重要的商品粮基地，当地工业化进程缓慢，农业比重过大，农民增收渠道单一，尤其是在 20 世纪中后期，开荒种粮成为农户提高收入的主要途径。石羊河中游地区相对便利的取水条件更是加大了当地农民对水土资源的掠夺式开发，这是当地耕地面积不断增加、绿洲扩张的原因之一。

同时，以石羊河流域武威为例，其农业人口数量自1975年开始一直呈现增加趋势，到2008年农业人口数量达到最大值，为163万，2008~2015年农业人口呈现缓慢下降趋势，至2015年为147.36万，减少了15.64万。其中，1986~2008年由于该流域农业人口的增加，势必增加对粮食的需求，对耕地的需求也相应增加了。一方面，人们在绿洲边缘及外围的沙地上、沙丘低矮的沙漠腹地、土层较厚的戈壁上、盐碱地上，以及在地下水位较浅的地方开垦土地种植各种作物；另一方面，通过毁林、毁草等不合理的行为方式增加种植面积，促进了绿洲化的发展[53]。从绿洲的扩张趋势也可以看出，截至2005年，绿洲还在以比较快的速度增长，而2010年的绿洲面积出现了较大幅度的减少，这主要是因为前一时间段绿洲的快速增长，对流域的水资源等利用过度，水资源调控政策限制了部分地区的绿洲发展。总体来看，人口增加会导致绿洲的大面积扩张，但在较大的人口压力下，容易造成区域资源的过度利用，会对流域的生态环境造成破坏，反过来也会抑制绿洲的扩张。

2）政策因素

20世纪80年代中期到90年代初期，粮食价格受到国家保护，使得开荒种地有利可图，加上全国新一轮开发后备土地资源浪潮的影响，大面积的荒地和草地被开垦为耕地，从而加速了绿洲扩张的进程。

20世纪90年代后期，石羊河流域严重的生态问题引起党中央、国务院的高度重视和社会各界的广泛关注。2001年，景电二期工程的实施，在一定程度上缓解了民勤水资源危机和生态急剧恶化问题。该工程利用景电二期工程的空闲容量和灌溉间隙向民勤调水，用以灌溉民勤绿洲。2010年，蔡旗断面过水量自1987年以来首次突破了2.5亿m^3，达到2.617亿m^3；2011年超过2.78亿m^3，完成了石羊河流域重点治理规划的约束性指标。民勤北部干涸了半个多世纪的青土湖已连续两年形成了3~10km^2的季节性水面。截至2010年底，共计调水4.98亿m^3[54]。

2007年12月，总投资达47.49亿元的《石羊河流域重点治理规划》经国务院批复正式实施。规划期望通过节水型社会建设、产业结构调整、灌区节水改造、水资源配置保障、生态移民等措施，遏制民勤生态持续恶化。规划批复实施后，完成民勤湖区生态移民1.05万人；实施盐碱地综合治理2900多亩，封育面积2万亩；水权制度改革，加快了产业结构调整的步伐，年度用水总量逐年减少。截至2010年，武威市农业配水面积减少64.25万亩，累计关闭农业灌溉机井3318眼，减少农业用水量8.84亿m^3。

可以看出，宽松的政策为绿洲的发展提供了基本条件，绿洲得以大面积扩张。而绿洲的过度开发又对生态环境造成不利影响，需要采取一些政策性措施使耕地持续增加的势头减缓，从而使绿洲扩展的速度降低、面积减少。

3）水资源利用

从20世纪50年代起，随着社会的发展和进步，人类的生产活动日益强烈，石羊河流域水资源利用进入人工调蓄时代。人们先后在河流出山口和平原区建成西大河、皇城、毛藏、金川峡、西营、南营、大靖、红崖山等中小型水库20多座，修建的水库大量截留地表水资源，用于满足不断扩大的耕地灌溉。

石羊河流域内大量修建农用机电井（图6-4）来满足不断扩大的耕地面积灌溉，此举动对研究区的绿洲的扩张起到了一定的推动作用。由图6-4可以看出，2006年以前，机井数量不断增多，绿洲面积也在增加。2006年生态综合治理以后，机井数量和绿洲面积都在减少。所以，水资源供给是保证绿洲发展的重要前提。

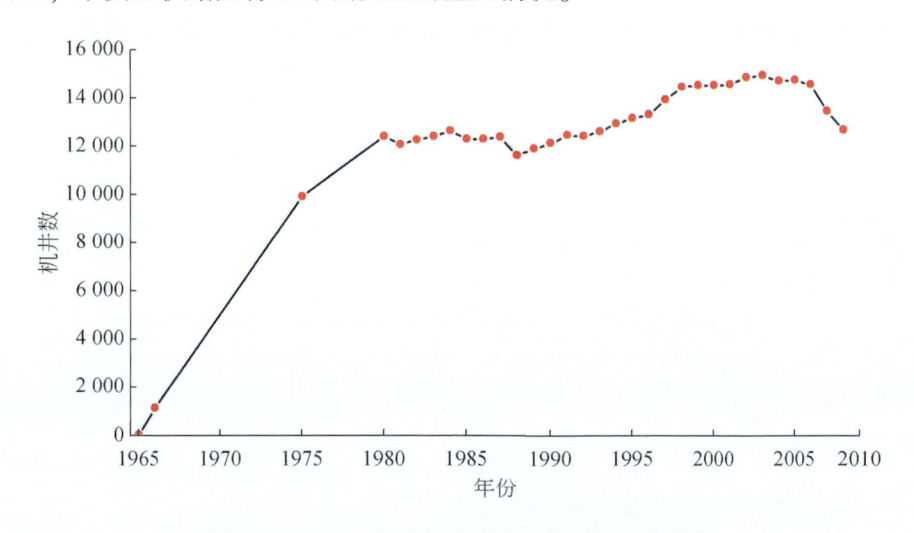

图6-4 1965~2008年武威地区农用机电井变化

6.1.2 黑河流域绿洲化成因分析

人类活动和自然因素变化的耦合是绿洲演变的基本机制（图6-5）。自然因素，诸如地形、水文、气候等为绿洲的发展提供了基本条件，但在短期内，如几十年的时间范围内，自然要素不会发生明显的变化，人类活动才是导致绿洲变化的主要原因[55-56]。在20世纪60~80年代，解决温饱问题成为绿洲扩展的根本驱动力，这种驱动力的政策激发了

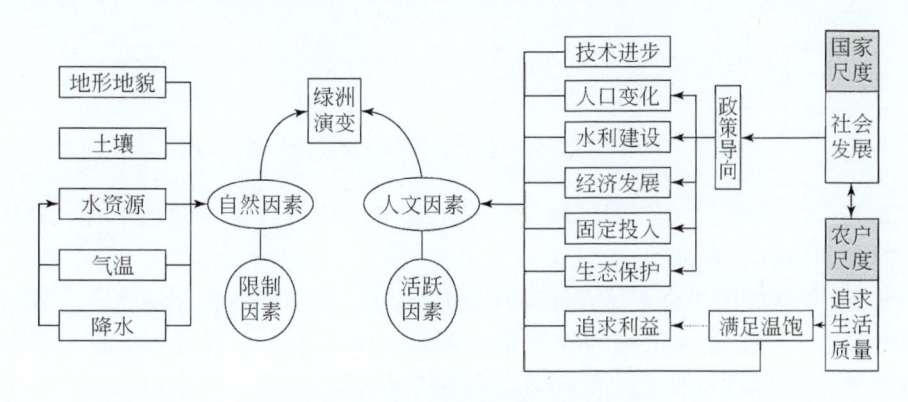

图6-5 绿洲变化驱动机制示意图

农业学大寨、改造大自然等生产运动。后来，随着教育科学文化水平的提高，人类借助科学技术提高生产效率，增大投入，从而获得更高的经济收益，成为绿洲扩张的主要因素。所以，绿洲的变化是在政策的导向作用下，人们对美好生活不懈追求的结果[57-58]。

1. 自然因素

影响黑河流域绿洲变化的自然因素主要包括气温、降水和径流量。图 6-6 为 20 世纪 60 年代以来黑河流域的河流径流量、气温和降水量变化过程，呈现以下特点。

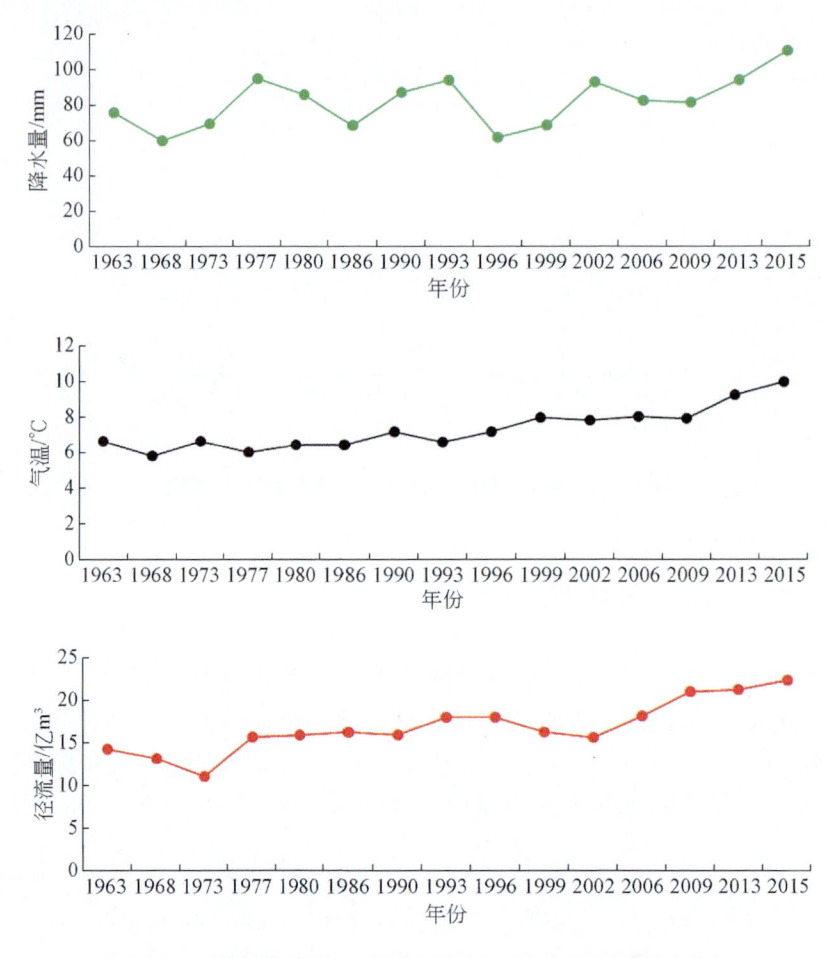

图 6-6 黑河流域近 60 年来的气温、降水和径流量变化

（1）近 60 年流域的年均气温不断升高。气温升高会导致蒸发量的增加，从而加剧土地的干旱程度，抑制植被的生长。

（2）近 60 年流域的年降水量在波动中逐渐增加。由于年蒸发量远大于年降水量，大气降水的增加不足以造成人工绿洲的扩张。但是，降水量主要以导致天然植被的变化为主。黑河流域在近 30 年的变化主要是人工绿洲的扩张，所以，降水量对绿洲变化产生的影响相对较弱。

(3) 流域年径流总量也保持了波动增加的趋势。水资源的开发和利用是绿洲扩张的前提，径流量增加可以为绿洲的扩张创造良好条件[59]。但是，径流总量是通过人工调控的方式分配到流域内各个部分的。因此，径流总量的增加一般不会直接导致绿洲的变化，而是经过了人类活动的参与[60-62]。从这个意义上说，人类活动的影响仍然是主要因素。

综上所述，自然因素作为绿洲发展的背景性因子，在本研究时间序列范围内对绿洲变化影响不明显。然而干旱区绿洲受水资源分布的严格制约，黑河流域绿洲的水源主要来自于祁连山的降雨和冰川融水，河流在出山口后受人为控制分配到绿洲区。因而除水资源总量以外，其他的自然因子对绿洲变化的影响不大，绿洲的变化还是在人为的调控下发生发展，人文驱动主要包括人口增长、政策因素、科技进步和经济利益等多种综合因素。

2. 人类活动

1) 人口增长

近60年来，黑河流域总人口呈现不断增长的趋势，尤其在近30年来更是快速地增加，人口增加，必然需要更多的土地来满足其对生活资料的需求，因此人口数量的增加是促使绿洲面积扩展的"刚性"条件（图6-7）。

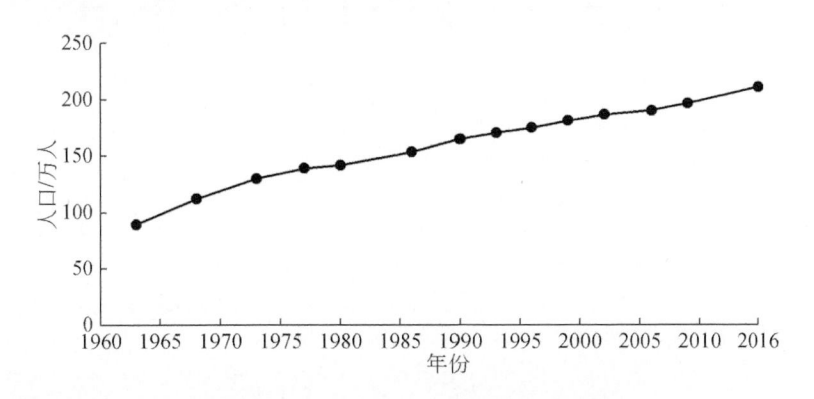

图6-7 近60年人口与绿洲面积变化图

2) 政策因素

政策因素包括农业、工业、畜牧业、交通、生态保护等，它们相互交织，共同决定着绿洲发展的大方向[62]。黑河流域在不同时期实施的政策多有不同，其中影响深远的全局性政策有农业学大寨、家庭联产承包责任制、改革开放、商品粮基地建设、计划生育和"两西"移民、生态保护政策及"三禁"政策等[63]。另外，还包括各县区实施的有关农村基础设施建设、城镇化建设等方面的地方性政策。这些政策在特定社会经济背景下，通过不同的实施措施，直接或间接地影响绿洲的开发和扩展。

3) 科技进步

科技进步主要体现在灌溉设施和方式的改进以及农业机械化水平的提高上（图6-8）。也就是说，科技进步为绿洲面积的扩大创造了有利的条件。可以发现，截至2010年，黑河流域的农业机械总动力、固定投资，以及人口都在不断增长，农业基本生产动力在增加，农业生产投资在不断加大，这些都有力地促进了绿洲的扩展。

4）经济利益

自2000年以后经济作物的推广种植使得单位面积的收益大幅增加，为了获取更多的经济利益，农户倾向于扩大种植面积以提高收入水平，从而大力推动了绿洲的扩张[64]。

人文因素为绿洲发展的主要驱动力，但社会经济背景不同，主导影响因素也不同。计划经济时期，快速的人口增长推动了绿洲面积在波动中的增加，人口增长成为绿洲扩张的主导驱动力（图6-8）。这一时期绿洲的无序和过度开发以及年径流量的不稳定变化，给绿洲的持续扩展产生不利影响。随着改革开放政策的实施、人口稳步增长以及年径流量的增大，使得大部分原来退缩的绿洲得到了恢复[65]。

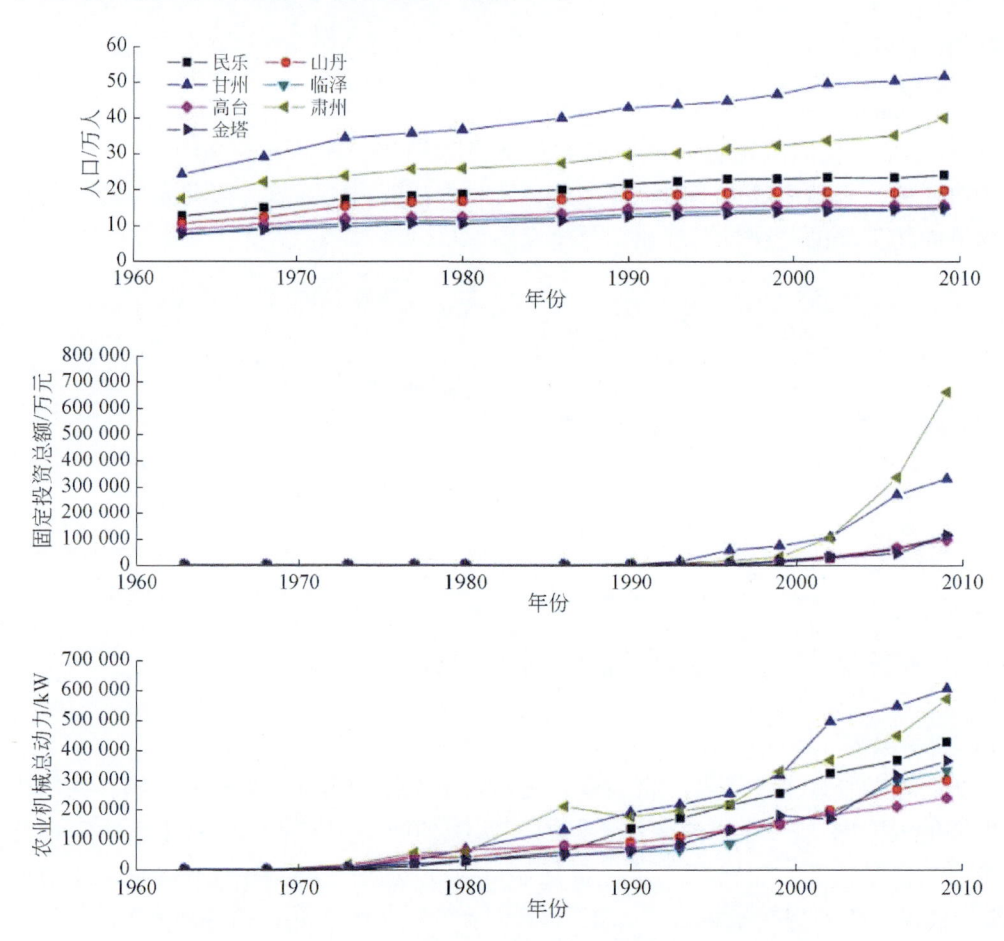

图6-8 近60年各县人口数量、固定投资总额与农机总动力变化

1986~2002年为商品经济时期，在家庭联产承包责任制的实施、人口较快增长和科技进步的推动下，黑河绿洲面积较大幅度扩张，而且河流径流量也有所增加，满足了绿洲农业用水的需要，为绿洲的发展创造条件[66]。

2002~2015年，在市场经济主导下的农业产业化、减免农业税政策的施行及经济作物种植的推广使得收益大幅增加,经济效益的提高激起了人们从事农业生产的积极性。同时,社会经济高速发展,城镇化建设规模不断扩大,绿洲快速扩张[67]。

总之,政策导向下的人类活动是导致绿洲变化的主要动力。

6.1.3 疏勒河流域绿洲化成因分析

1. 自然因素

1) 地表径流变化

自1953年有观测记录以来至2010年的58年间,疏勒河干流出山径流共经历了3个枯水期和3个丰水期(图6-9)。其中,1953~1970年、1973~1980年和1984~1997年为3个枯水期,1971~1972年、1981~1983年及1998~2010年为3个丰水期。而1986年以来,偏枯的时间为14年,偏丰的时间为13年,且20世纪90年代后期之前出山径流总体上偏枯,而之后则持续偏丰。从趋势上看,1997年之前,出山径流虽然年际波动比较剧烈,但没有明显的增减趋势,1997年后大幅度地持续增长,且各年径流量均在多年均值之上,至2010年达到有观测记录以来的最大值57.0m³/s。径流出昌马堡后直接由灌溉水渠输往各个灌区,对地下水的补给非常少,因而出山径流量的增加,最主要的功用在于增加了灌溉用水,利于绿洲的扩张[68]。

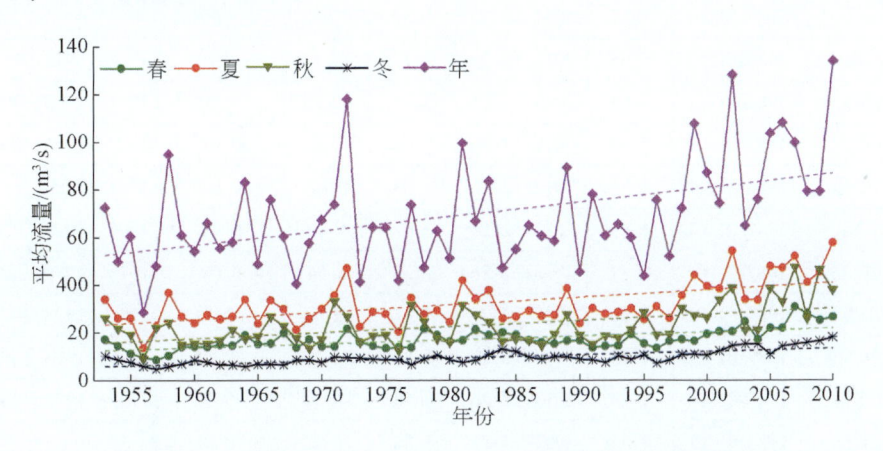

图6-9 疏勒河干流出山径流年、各季平均流量变化过程

2) 地下水开发状况

疏勒河灌区地下水开发利用始于1957年,地下水开采井主要分布于中下游冲积平原和祁连山北麓洪积倾斜平原的分散式开发利用区中。截至2013年底,该灌区共有地下水取水井3066眼。20世纪80年代以前为地下水开发利用初始阶段,共有机井423眼,年开采量6325万m³;1990~2002年为大规模开发阶段,共新建机井2061眼,年开采量28 677万m³。2003年8月17日昌马水库建成,与双塔水库和赤金峡水库联合调度,灌区地表水资源集中利用,并充分用于农业绿洲的灌溉。但长期的大力开发,地下水资源逐渐

减少，2005年以后，酒泉市加强地下水资源管理，限制地下水开采，使地下水开发利用进入有序控制阶段；机井的开发和水库的建成对流域地表水和地下水进程合理调配，提供绿洲扩张所需的基本水资源保障，促进了绿洲的发展[69-70]。

3) 地下水埋深状况

疏勒河灌区地下水监测始于1984年（表6-1）。截至2013年底，昌马灌区共布设了9眼监测井。从监测起止年限计算，地下水埋深年际变幅在−0.12~0.04m；双塔灌区布设12眼监测井，年际变幅在−0.34~0.09m。花海灌区布设了6眼监测井，从2007年开始记录的地下水埋深全部下降，年际变幅在−0.63~−0.02m[71-72]。从以上数据可以看出，昌马灌区和双塔灌区的地下水埋深变化相对稳定，而花海灌区从2007年开始逐年下降。

表6-1 疏勒河灌区地下水埋深变幅统计

灌区	站名	开始观测日期（年-月-日）	初始埋深/m	监测日期（年-月-日）	埋深/m	变幅/m	年均下降速率/(m/a)	备注
昌马	总干	2000-01-01	14.12	2013-12-26	13.73	0.39	0.03	
	南干	1984-01-01	8.60	2013-12-26	14.68	−6.08	−0.20	1991、2000、2001年缺测
	饮马	1985-01-01	1.05	2013-12-26	1.60	−0.55	−0.03	1991、1997、1998年缺测
	泽湖	1984-01-01	0.47	2013-12-26	1.91	−1.44	−0.07	1991年缺测
	曙光	1984-01-01	1.57	2013-12-26	1.57	0.00	0.00	
	沙地	1986-01-01	5.58	2012-12-26	5.74	−0.16	−0.01	1987~1992、1997年缺测
	塔尔湾	1985-01-01	3.02	2013-12-26	5.24	−2.22	−0.12	1991、1995、1996年缺测
	黄花营	1985-01-01	5.20	2012-12-26	5.04	0.16	0.01	1987、1991年缺测
	下东号	1986-01-01	3.76	2012-12-26	3.09	0.67	0.04	1991年缺测
双塔	小宛	1987-01-01	4.83	2013-12-26	3.67	1.16	0.04	1994~1998、2001年缺测
	中沟一队	1987-01-01	6.89	2013-12-26	4.35	2.54	0.09	1995、1998年缺测
	九连	1987-01-01	4.95	2013-12-26	6.11	−1.16	−0.04	1995、1998年缺测
	中沟二队	1987-01-01	4.73	2013-12-26	6.80	−2.07	−0.08	1995、1998年缺测
	城北村	1987-01-01	3.78	2013-12-26	6.48	−2.70	−0.10	1995、1998、2003年缺测
	机械队	1987-01-01	4.56	1993-12-26	4.88	−0.32	−0.01	
	农场五连	1987-01-01	1.15	2000-12-26	1.87	−0.72	−0.05	1995、1998年缺测
	十工桥	1987-01-01	1.29	2013-12-26	10.40	−9.11	−0.34	
	南岔乡政府	1987-01-01	4.30	2013-12-26	10.80	−6.50	−0.24	1995、1998年缺测
	上泉	1992-01-01	6.10	2013-12-26	7.54	−1.44	−0.07	1998年缺测
	潘家庄	1992-01-01	4.92	2008-12-26	4.66	0.26	0.02	1997~1999年缺测
	双塔	1986-01-01	2.14	2013-12-26	2.41	−0.27	−0.02	1988~1990、1997、1999年缺测

续表

灌区	站名	开始观测日期（年-月-日）	初始埋深/m	监测日期（年-月-日）	埋深/m	变幅/m	年均下降速率/(m/a)	备注
花海	泯州村	2007-01-01	18.21	2013-12-26	19.62	-1.41	-0.13	
	独山子	2006-01-01	3.60	2013-12-26	3.90	-0.30	-0.04	
	双泉子	2006-01-01	5.11	2013-12-26	6.65	-1.54	-0.19	
	金湾村	2007-01-01	8.85	2013-12-26	15.75	-6.90	-0.99	
	南渠	2006-01-01	4.96	2013-12-26	5.20	-0.24	-0.03	
	西河口	2006-01-01	35.13	2013-12-26	36.56	-1.43	-0.18	

2006年开始，疏勒河流域开始实施疏勒河流域绿洲开发暨移民安置项目，花海乡是其中的一个移民安置点，人口急速增多和绿洲开发对水资源的利用量增多，再加上政策支持下的地下水开采，花海灌区的地下水不断减少。初期，地下水资源的大力开采看似加快了绿洲的发展，流域生态环境有所改善，但从长远来看，地下水的过度开采反而会导致流域地表沙化等生态环境恶化。

4）气温和降水变化

山区气温和降水的变化，主要影响河流出山口的径流。河流中下游绿洲区的气温降水变化，一方面补给河流在绿洲区的流量，另一方面在大批人工水库等蓄水设施建成的情况下，绿洲区降水的增多不仅可直接补给绿洲所需的水资源，而且还可以进行人工蓄水，同样用于维持绿洲的发展。

由气温和降水年变化图（图6-10、图6-11）可以看出，1960~2010年疏勒河流域上游具有升温趋势，疏勒河山区降水年际变化波动比较剧烈，但总体上均呈增长的态势[73-74]。中下游绿洲区1986~2010年降水微弱增加，气温持续快速上升，对于疏勒河这样一个潜在蒸发量达2000mm以上、年降水总量只有几十毫米的极端干旱区而言，降水量的微弱增加对植物生长的意义不大，而气温的大幅度上升则会导致地表水分蒸发的加剧，抑制植物生长（图6-12）。

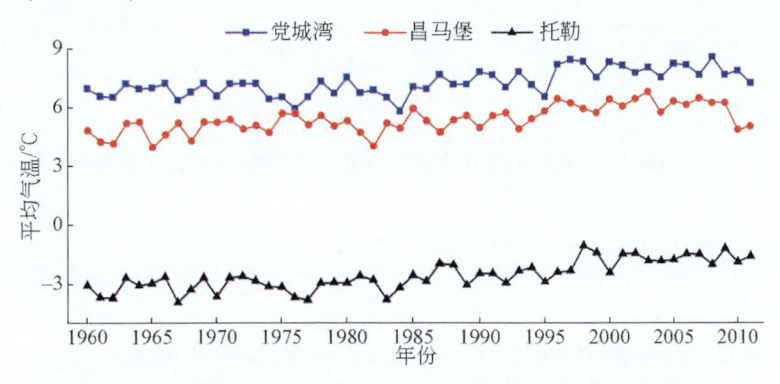

图6-10 疏勒河流域上游山区3个气象站气温年际变化过程

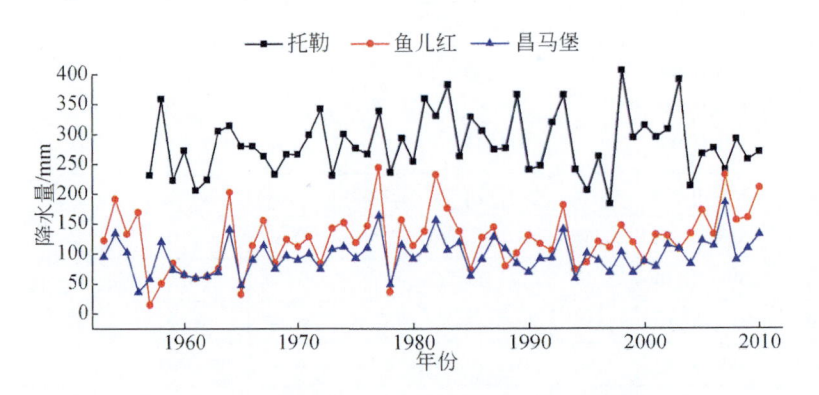

图 6-11 疏勒河流域山区降水量年际变化过程

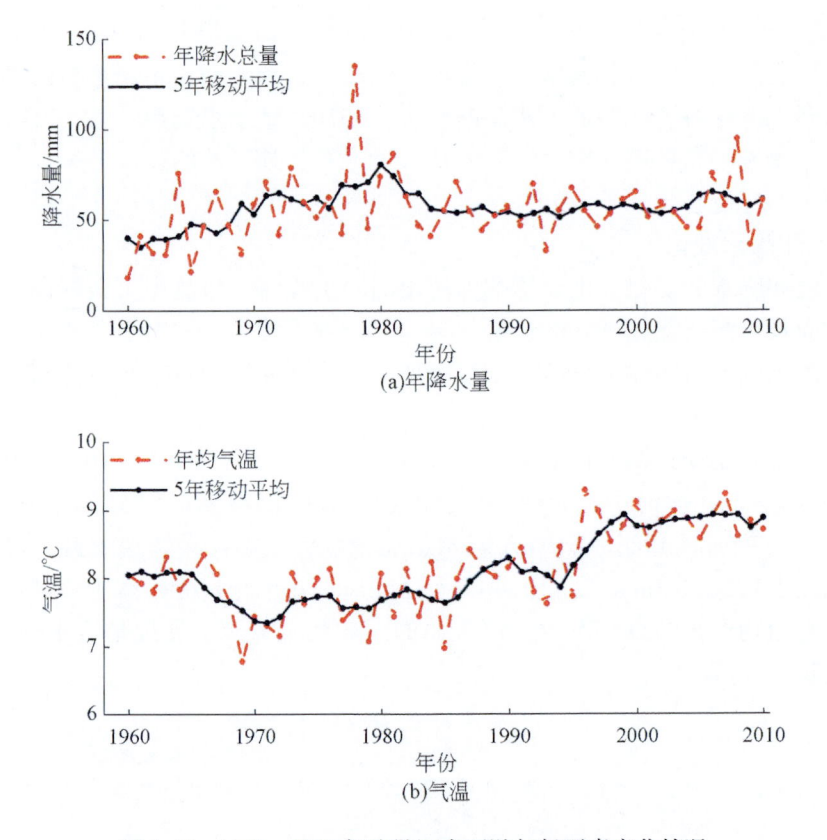

(a)年降水量

(b)气温

图 6-12 1960～2010 年疏勒河中下游气候要素变化情况

2. 人文因素

1) 人口变化

疏勒河流域人口总量由 1986 年的 10.67 万人增至 2015 年的 50.77 万,共增长了 40.1 万,增长率为 375.82%,年均增长 13.42%。从图 6-13 所示的人口变化图可看出,疏勒河流域在近 20 多年间人口结构发生了比较大的变化，其中 1987~2002 年的农业人口和非农人口比重相当，2002 年以后，农业人口急剧增长，非农人口比重大幅度下降。2002~2010年，农业人口增加 50.9%，非农业人口却减少 40.4%，农业人口的增加主要是由于疏勒河农业灌溉暨移民安置工程造成[75]，而非农业人口的减少主要是由于玉门油田和四零四厂生活基地东迁引起，共造成近 6 万多城镇人口的流失。

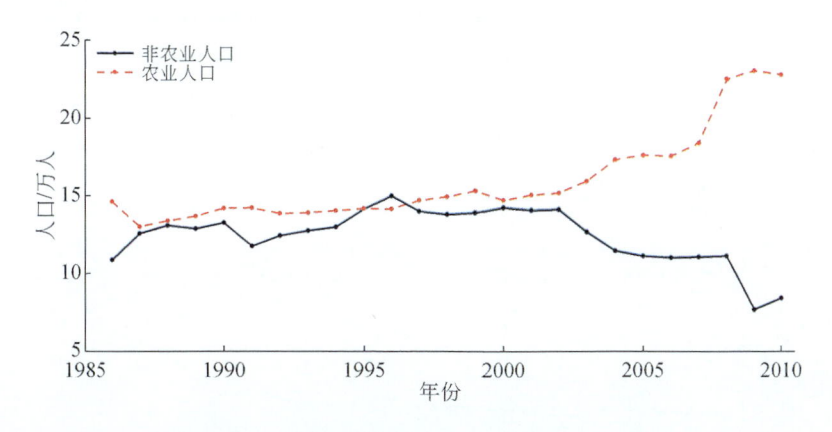

图 6-13　疏勒河流域 1986~2010 年人口变化

其中，对流域农业人口急剧增加影响较大的政策性移民主要是 1996 年启动、历经 10 年的疏勒河农业灌溉暨移民安置综合开发项目。1997 年开工建设、2003 年建成的昌马水库是该项目的水利枢纽工程，水库总库容达 1.934 亿 m³，与下游双塔水库和跨流域的赤金峡水库联合运用，统一调度，充分控制祁连山来水的空间分配和使用。在水库建设的支持下，截至 2006 年底，安置了中部半干旱区和南部高寒阴湿区共 11 个县的 6.2 万移民。其中玉门市、瓜州县和甘肃省农垦公司分别安置 1.77 万、3.78 万、0.65 万人，同时还从 2007 年开始，在瓜州县安置引洮工程九甸峡移民 1.3 万人。

除政府组织的非自发移民外，还有数量不详的自发移民不断迁入玉门和瓜州。移民迁入使得玉门和瓜州县农村人口数量、绿洲灌溉面积和机电井数量都以比较快的速度增加，造成耕地面积和城乡居住用地的迅速扩张[76]，从而加速了草地、荒漠向耕地和建设用地的转换，有力地促进了绿洲的扩张。

2）经济发展

区域经济总量在一定程度上反映了人类对区域资源的开发利用程度，第一产业即农、林、牧、渔及采集业的发展是人类利用和改造自然的直接体现，对区域绿洲的影响具有直接作用[77]。第二、第三产业通过为第一产业的发展提供生产、生活、流通及文化等方面的服务而间接影响区域绿洲变化。第一产业的发展往往可有力地促进了耕地和城市建设用地的扩张，但是经常以牺牲草地和水域湿地为代价，第二、第三产业的发展极大促进了城市建设用地的扩张。人均 GDP 和农民人均纯收入是人民富裕程度的反映。富裕程度的提高意味着人们可以增加对农业生产和生活资料的投入，加大水土资源的开发力度，促进无植被区、草地及水域湿地向农业用地的转换。而农业收入的增加和生活水平的提高反过来又促进了城乡居住用地的扩展，有利于推进绿洲的发展。

3）农林牧产业的发展

农业开发对于区域绿洲发展的影响最为直接。图6-14所示为疏勒河流域1986~2010年的农作物和经济作物播种面积变化趋势图，通过分析可以发现，1987年以来，农作物的播种面积一直保持稳定的增长趋势，但也具有明显的阶段性特征。以2004年为节点，之前增势平稳，2004年以后农作物面积增势陡长，但粮食作物的播种面积基本上保持下降的趋势，而以棉花、油料、药材、孜然为代表的经济作物种植面积则呈现快速增长态势。经济作物可比粮食作物带来更大的收益，扩大耕地面积则是增加收入的基本途径，经济作物种植成为耕地面积扩张的主要动力。对于干旱半干旱区而言，大规模的农业开发将引发农业用地的迅速扩张，从而加速绿洲的扩张[78]。

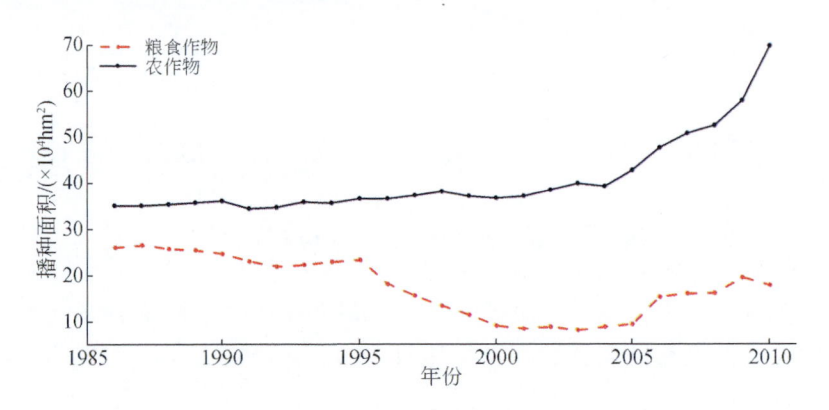

图6-14 疏勒河流域1986~2010年农业种植结构变化图

4）政策因素

20世纪70年代开始，全国大范围实施生态环境保护政策，研究区先后被列为国家"三北"防护林体系工程、平原绿化工程、防沙治沙工程、退耕还林还草工程等生态工程建设的重点区域。在西部大开发和各项生态工程的推动下，当地政府不断加强对天然林、草地的封育保护，积极营造人工林，使全区域的林地面积迅速增长，森林覆盖率大幅度提高。20世纪90年代开始，受市场经济的影响，加之灌溉、施肥、管理等技术的不断进步，大片荒漠和低覆盖度草地被开垦成耕地，绿洲面积的扩张较快。

90年代中后期又启动疏勒河流域农业灌溉暨移民安置综合开发项目，先后向瓜州、玉门两县市输送了7.5万人。这些数以万计的生态移民几乎全部从事农业生产，改造盐碱荒地和风蚀地；极大促进了耕地和城乡建设用地的扩展。同时，该项目为了提高流域可持续发展能力，营造了部分林地和水域。2000年以后退耕还草、退牧还草政策和分水政策的大规模实施，一定程度上减缓了草地减少的趋势，有利于绿洲整体的稳定。2003年的新区建设政策，民政部批准玉门市政府驻地从原玉门老市区西迁至玉门镇，在随后几年中，新市区开始了大规模的城市建设。同年12月，瓜州新区建设方案获得批准，城北8.06km²土地纳入建设范围。这些政策的实施加速了项目实施区周边其他土地利用方式向城市建设用地的转变，导致了绿洲中城镇用地的快速扩张，从而促进了绿洲的扩张。

综上所述，从三个流域的绿洲变化情况可以看出，几十年间，河西走廊的绿洲发展受人类活动的影响较大，其中人口聚集和科学技术、以及经济的发展对绿洲的大规模扩张产生了非常重要的影响，而政策因素主导了绿洲发展的方向和趋势。疏勒河流域在移民政策的影响下，区域人口大规模增加，绿洲扩张主要发生在移民乡镇区域。同时，该流域内几个主要的经济和资源聚集中心又形成了绿洲扩张的热点地区。河西走廊中部的黑河流域和东部的石羊河流域绿洲扩张也均以人口和资源较集中的区域为主。

6.2 沙漠化成因分析

我国西北地区深居内陆，干旱缺水是这一地区最主要的生态环境问题。沙漠化作为一种长时间尺度下的自然现象，在自然因素的作用下也会发生和发展。但在短的时间尺度上，人类活动是主要因素[79-80]。

河西走廊地区大面积的灌溉农业，极易引起土地发生盐渍化。位于沙漠边缘的耕地，因气候环境恶劣，极容易弃耕。弃耕之后，在风力侵蚀作用下，地表就产生沙化，沙漠化就会迅速产生[81]。水资源短缺、地下水位下降、植被退化、土壤盐渍化、耕地弃耕是河西走廊地区沙漠化发生的主要表现形式。

6.2.1 石羊河流域沙漠化成因分析

1. 自然因素

自20世纪80年代以来，石羊河流域气温逐渐升高，而降水量却有所减少，持续干旱的条件下，地面水和地表水的损耗增大，地表干旱程度增加，直接导致荒漠化的产生[82-83]。

1986年以来，石羊河流域出山径流总体减少，使得下游地区湖泊干涸，湖积和冲击三角洲首先演变为沼泽和草湖，进而植被旱化、稀疏化，沙面出露，松散的沙土在风蚀作用下逐渐被搬运堆积，导致下游生态不断恶化。从石羊河流域沙漠化的空间分布可以发现，流域的沙漠化主要发生在下游民勤县地区，虽然中游的古浪县附近也有沙化现象存在，但基本都以河道的沙化为主，而且面积较少[84-85]。从全流域的沙漠化趋势来看，2000年以前每年的新增沙漠化面积逐渐减少，2000年以后沙漠化开始增加，并以2005~2010年达到最多，5年间新增的沙漠化面积共100.99km^2，占整个河西走廊地区沙漠化面积的绝大部分。

纵观全流域的沙漠化特征发现，在沙漠化最严重的时期（2005~2010年），新增的沙漠化地表主要是由耕地弃耕导致。该时间段正处于石羊河流域综合治理阶段，因大量机井关闭，农业发展所需的水资源减少，大量耕地不得不废弃[86]。所以，人类活动才是加快沙漠化发生的最主要外在因素。

2. 人为因素

影响沙漠化的人为因素主要有过度农垦、放牧、樵柴、乱砍滥伐以及水资源的不当利用等。由于移民项目的实施和农牧业的发展，在沙漠前沿大规模的土地开发、放牧、樵柴，本来已经得到治理的固定沙地因上述原因，逐步退化为流动沙丘和半固定沙丘地，并和农田交错分布[87]。在绿洲和沙漠的边缘地区，很多流动沙丘地的形成是因为人为的樵柴和乱砍滥伐造成，人为的森林砍伐、过度放牧、开荒种植等，使得山区水资源涵养林萎缩，过度放牧更使得山区的植被覆盖率大大降低，干旱荒漠化现象就此发生。而在中部绿洲地区，人口密度较大，农垦面积逐年扩张，在绿洲的边缘呈现出一种人进沙退的现象。一方面由于生活生产的需要，另一方面为了暂时提高土地产出，大量樵柴和乱砍滥伐，流沙前移，但原有的农田防护林却受到严重破坏，同时伴随着沙漠化的发生和发展[88]。所以，从根本上来讲，在较短的时间尺度上，沙漠化是一个人为的问题，其根本原因是对土地造成的压力太大。

根据统计年鉴，武威地区 1986~2015 年农业人口呈现平稳增加趋势，2008 年农业人口增加至 163.61 万人。农业人口的增加，势必增加粮食的需求，加上该流域土地和光热资源的优势，该区域被确定为商品粮生产基地，对耕地的需求也相应增加了[89]。由此导致一方面人们在绿洲边缘及外围的沙地上、沙丘低矮的沙漠腹地、土层较厚的戈壁上、盐碱地上，以及在地下水位较浅的地方开垦土地种植各种作物；另一方面通过毁林、毁草等不合理的行为方式增加种植面积。在大面积扩大耕地的同时，减少了周边以林草地为主的天然绿洲以及对生态具有屏障作用的人工防护林，严重地破坏了生态与环境，加速了沙漠化进程[90]。

水资源的不合理利用更是加速了沙漠化的进程，这种现象在石羊河流域下游表现最为明显。特别是原来防治沙漠化较有成效的民勤地区，由于水资源的不当利用，重新导致沙漠化发生，更是说明了在干旱区水资源利用对生态环境的重要性。20 世纪 50 年代初，石羊河全流域的人口只有 90 万人[91-92]，灌溉面积为 13.33 万 hm²，人均占有水资源近 2000m³。至 2015 年，人口数量已经达到 235 万人，实际灌溉面积也增加到 40 万 hm² 以上。石羊河流域的水资源包括降水、地表水（河流径流量、冰川）和地下水，随着河流来水量和降水的减少，只能大规模开发地下水来解决水资源的供需矛盾。

石羊河进入民勤的地表水，从 20 世纪 50 年代的 5 亿多立方米减少到 2000 年的不足 1 亿 m³，致使民勤境内几乎所有的湿地湖泽干涸，地下水位下降，植被生长衰退。特别是半固定沙丘地区，植物根系因吸收不到水分而死亡，植被覆盖度大大降低，沙丘开始活化，沙漠势不可挡地向前推移[92-94]。

同时，因为水资源的不合理利用导致沙漠化大面积推进，石羊河流域采取综合治理措施，大批机井关闭，减少对地下水的抽取，恢复地下水位。但因地表水量比较少，导致原来的机井灌溉区农田大面积废弃。沙质土壤在干旱条件下，受风力作用吹蚀，重新进入沙化状态。地表土壤沙化是导致 2005~2010 年沙漠化大面积增加的主要原因。

历史时期的沙漠化过程深受气候状况的影响，但现阶段以来，人类活动发挥了极其重要的作用。尤其是水资源的配置是影响沙漠化的主要原因。现阶段水资源空间分布的格局，主要是耕地面积扩大引起的：其一，人口的不断增加，农业的不断发展，对水资源的需求增多；其二，大面积的地下水开采，使得地下水位下降，荒漠植被大面积枯死，沙漠向前推进；其三，水资源过度利用后，又采取一系列措施进行生态恢复，节制地下水的开采，部分农田遭到废弃，沙漠化重新产生。

综合以上分析可知，水资源的空间配置是影响石羊河流域沙漠化的主导因子。而沙漠化是受自然因素和人类活动两方面的综合影响导致[95]，在较长的时间尺度上和未受人类活动影响的区域，自然因素是导致沙漠化产生的主要原因。而现阶段，人类活动是导致沙漠化产生的主要因子。

6.2.2 黑河流域沙漠化成因分析

黑河流域由于干旱少雨、风大沙多、日照强烈、地表覆盖率低，极易发生沙漠化。一般来说，在植被覆盖区域，由于河水量的减少，区域地下水位持续下降，植物死亡，地面裸露，沉积物遭受吹蚀，从而发生沙化[96-97]。从黑河流域在1986~2015年的沙漠化特征也可以看出，流域的沙漠化主要以植被退化为主。

1. 自然因素

黑河流域1986~2015年的气温和降水量都出现逐渐升高的趋势。气温升高，会使地表干旱程度增加，植被生长受到抑制，并逐渐枯萎，裸露的地表在风力侵蚀作用下逐渐沙化。而降水量的增加作为促进植被生长的主要自然因素，从1986~2015年的沙漠化过程可以看出，黑河流域在1986~2000年新增的沙漠化面积较少，2000年以后的沙化地表又开始较大幅度地增加。说明在2000年以前，流域的降水足以抵消因温度升高而产生的地表蒸发。当温度升高到一定值时，降水量的增加无法满足该温度条件下的蒸发量时，植被就会持续枯萎，地表开始沙化。2000年以后的降水量虽然也处于增加的趋势，但温度也较高，地表蒸发量较大，给沙化的发生创造了条件。

所以，气温、降水等与地表的沙漠化演变有一定关系，但人类能在较短的时间尺度上直接主导沙漠化的发生[98-99]。

黑河地区的沙漠化现象主要分布在下游地区。造成该区域土地沙漠化发生、发展的原因，除了该区脆弱的生态环境，即干旱多风，降水极少，蒸发量大，地表组成物质疏松等自然因素外，主要是中上游用水量大幅度增加，造成下游水资源的供应紧张，致使地表植被因缺水、过度樵采或放牧而大量死亡，从而引起沙漠化的发生。

2. 人为因素

1) 水资源的不合理利用

近年来，甘肃省境内的黑河中游干流上相继建成了莺落峡、草滩庄等水利枢纽工程和无数的大小水库，中游地区农业用水量逐年增大。其中张掖、临泽、高台3县（市）1986

年有效灌溉面积为14.99万hm², 到1995年有效灌溉面积已达16.39万hm², 10年里净增1.40万hm²。同时，人口增长和工业的发展，致使下泄水量锐减。据黑河正义峡水文站资料：黑河干流1949年以前的年平均下泄水量为13.19亿m³/a, 50年代为12.25亿m³/a, 70年代为10.59亿m³/a, 80年代后期平均水量为5亿m³/a左右，90年代就只有3亿m³/a, 其中1992年仅为1.83亿m³/a。而上游莺落峡50年代径流量为16.85亿m³/a, 60年代为14.72亿m³/a, 80年代为17.48亿m³/a, 进入90年代下降为14.80亿m³/a。从这一变化可以看出，上游来水虽然有一定的变幅，但变化不大，没有明显的递减，只有丰枯水年之分，进一步说明了中游地区用水量大幅度的增加，是导致河流下泄量日趋减少的主要原因[100-101]。因此，影响土地沙漠化发生、发展的因素主要有：一是黑河上游蓄水截流，工农业用水增加，造成河床、湖泊干涸，在风力作用下，表面沙粒吹扬，聚集在河堤岸上，埋压胡杨、红柳，沿河形成带状的流动、半流动沙丘；二是由于地下水位降低，植物死亡，地面裸露，加之因缺水而撂荒的土地，加剧了风蚀过程，土地出现风蚀沙化。

据原中国科学院兰州冰川冻土研究所的有关资料，地下水位埋深4.0m和水中盐分含量3g/L是黑河流域中下游天然绿洲生态临阈值。超过该值，天然绿洲将向荒漠过渡。在无植被覆盖区（荒区），土地发生沙化是因为土地干旱化造成的，而土地干旱化的最直接原因是区域地下水位下降。

随着人口的快速增长，20世纪50年代以来中上游大规模截引河水，水土资源开发强度不断加大。到80年代中期，黑河干支流上建成了95座山谷水库和平原水库，有效库容达3.6亿m³。截至1995年全流域已建成水库98座，总库容达到4.567亿m³。由此导致灌溉面积不断扩大，人工绿洲向上游延伸、扩展。

在20世纪初，流域分布30多条支流，20世纪80年代后，由于各支流水利设施的不断兴建，中游所有支流大多成为独立的地表水系。20世纪40年代以前，黑河下游还接受西支北大河的径流补给，40年代在北大河修建了鸳鸯池水库（库容8500万m³），50年代修建了解放村水库（库容3900万m³），致使50年代末北大河基本无径流汇入黑河干流。1960年以后河西新湖建成，使下游流量进一步减小，下游河道也由于人为控制，随工农业利用高峰期转化为季节性河道。从1957年河道开始断流，1957~2000年年平均断流日数为60.3d, 主要集中在5~7月，占全年断流日数的79.3%。据统计，黑河流域总水域面积1046.27km², 其中额济纳旗248.5km², 张掖地区531.62km²（包括肃南县），酒泉地区为266.15km²。张掖、酒泉两地的人工水域（包括水库、塘坝和渠道）已达到363.88km², 加上额济纳旗两个水库的面积，整个人工水域同20世纪初期黑河尾闾湖泊水面面积相当，是现在天然水体的数倍。中游地区农业用水量逐年增大，其中张掖、临泽、高台三县（市）1986年有效灌溉面积为14.99万hm², 到1995年有效灌溉面积已达16.39万hm², 净增1.40万hm²。同时，人口增长和工业的发展，致使下泄水量锐减。据黑河正义峡水文站资料，中游地区工、农业用水增加和大量开采地下水资源导致地下水采补失衡，引起地下水位持续下降，地下水位下降速度在0.1~1.2m/a, 黑河尾闾区潜水位也以0.1~0.3m³/a的速度下降。

2) 过度放牧及农垦

由于中下游地区人口剧增，导致家畜头数发展过快，使得载畜量增加，土地压力过大，加之过度放牧而轻于保护，从而引起草场植被的退化、死亡，加快了草原沙漠化进程。黑河流域的农耕历史可以追溯到公元前2世纪，在中华人民共和国成立前的2000多年漫长的土地开发过程中，由于生产力水平低下，加之长期战乱和自然灾害，流域水土资源开发进展缓慢，从而对流域生态环境的影响比较微弱[102-103]。但是从20世纪40年代开始，尤其是中华人民共和国成立后，中游地区成为我国西部重要的商品粮基地，大规模的农垦导致流域生态环境不断演变并趋于恶化。由于过度放牧和农垦，导致了流域内水土资源的枯竭、环境的恶化、土地生产能力的降低，为了生存和发展，人们不得不开垦更多的土地，在脆弱的草地上放牧更多的牲畜，这样形成了恶性循环，人地关系进一步恶化，最终导致原有的绿洲和草原生态系统受到严重破坏，发生土地沙漠化。

3）过度樵采

黑河流域上下游草原具有丰富的中草药和野菜，如上游地区的党参、大黄，下游荒漠草原的麻黄、甘草、发菜等。这些野生植物一方面具有较高的经济价值，另一方面则是草原植被的重要组成部分。随着近年来该类药物植物价格的上涨，人们挖掘各种药材和野菜，使本来很脆弱的草原生态系统又遭到严重破坏，加快了草原沙漠化进程[103-104]。统计资料表明，黑河流域仅1958~1980年人为破坏的天然林地面积多达33 000hm^2。林地的破坏不仅使得地表失去了绿色屏障的保护，更易引起土壤风蚀和沙化，而且失去了涵养地表及地下水源的功能，增加了地表的反照率，促使局地气候向干旱化方向发展，加剧了土地的沙漠化进程。由上可知，黑河流域不合理的人为活动，是引起黑河流域中下游地区土地沙漠化的主要因素。

4）政策因素

政策导向可以影响绿洲人口的迁入和迁出、绿洲规模的扩大与缩小、绿洲内部结构、功能、性质的变化，以及资源的管理和利用，从而对于绿洲的影响具有显著的时效性。

6.2.3 疏勒河流域沙漠化成因分析

疏勒河流域沙漠化主要分布在以鸣沙山为核心的周边地区及昌马冲积扇缘西缘地区。沙漠化的产生主要是由于水资源的时空分布变化引起，局部地区因此会出现地表水资源短缺，形成盐碱化地表，从而在风蚀作用下产生沙化[105]。历史时期，因疏勒河改道东移，在饮马农场、青山、花海一带形成湖泊相环境，而西部由于流量减少，河流萎缩，原来广为分布的沼泽及水生植被随泉水减少而衰亡，生态环境急剧恶化，绿色走廊消失，并在长沙岭、西沙窝一带形成沙漠。

20世纪50年代后期，随着双塔水库、昌马总干渠、党河水库、赤金峡水库和榆林水库等一系列工程相继投入使用，进入疏勒河下游的水量不断减少。由于河道断流，泉水枯竭，地下水位下降，水质恶化，再加上人为的破坏，西湖原有的3.3万hm^{2}灌木林，到20世纪80年代初只剩下不足0.67万hm^2，且长势秃萎，濒临死亡。原来生长在疏勒河双塔堡-望杆子两岸的约0.13万hm^{2}的天然胡杨林所剩无几。而且据1992~1997年的实际调查显示，中游草原退化面积达8.7万hm^{2}之多，占草地面积的80%以上。桥子乡草湖与20

世纪50年代相比减少了90%，芦草沟的芦苇50年代高达2m，后来全部枯死；瓜州县西沙窝近4万hm²草地现已全部沙化。从疏勒河流域的沙漠化现状可以看出，除了河道的沙化以外，瓜州县桥子乡是整个疏勒河流域沙漠化最严重的地区。据不完全统计，全流域的草原沙漠化面积达13.3万hm²以上，而且由于长沙岭沙漠的西移，仅1990年以来桥子乡被沙压埋的田林就达53.3hm²。

从以上分析可以看出，不合理开荒、过度放牧，以及水资源的不合理利用造成的地表水分布不均是产生沙漠化的主要原因之一。同时，自然因素，诸如气温、降水等是沙漠化产生的基本自然环境。沙漠化的产生是在这些大的环境条件下所发生的一系列地表变化过程。

1. 自然因素

1）气温和降水

从图6-10所示的气温变化可以看出，疏勒河流域1986年以来的气温持续升高，温度升高会导致地表水分蒸发大幅度加剧，抑制植物生长，地表植被出现枯萎，地表裸露程度加剧。但从降水量的年际波动可以看出，20世纪60年代开始至今，降水量波动变化，但基本为增加的趋势。

从表6-2所示的疏勒河流域几个重要站点近50多年的降水量变化可以发现，20世纪80年代和21世纪前10年的降水量均偏多，但在1986~1990年和2000年以后的沙漠化面积都比较大。因此，降水量的增加虽然在一定程度上增加对植被生长的补给，但仍不足以防止因生态环境恶化所导致的沙漠化过程的发生[106]。

表6-2 疏勒河流域山区降水量的年代际变化

观测站	要素	1960~1969年	1970~1979年	1980~1989年	1990~1999年	2000~2009年	多年平均
托勒	降水量/mm	290.20	283.40	312.00	288.10	298.40	286.70
	距平/%	1.22	-1.15	8.82	0.49	4.19	
鱼儿红	降水量/mm	100.50	131.00	132.10	113.00	139.40	120.40
	距平/%	-16.53	8.80	9.72	-6.15	15.80	
昌马堡	降水量/mm	83.10	99.90	101.40	88.70	101.10	93.40
	距平/%	-11.00	6.96	8.57	-5.03	8.24	
党城湾	降水量/mm	115.20	150.50	155.00	144.60	157.20	148.00
	距平/%	-22.30	1.69	4.73	-2.23	6.22	

2）地下水埋深状况

疏勒河灌区地下水监测始于1984年。截至2013年底，在昌马灌区共布设了9眼监测井（个别监测井中间有缺测），从监测起止年限计算，年际变幅在-0.12~0.04m；双塔灌区布设12眼监测井，年际变幅在-0.34~0.09m；花海灌区布设6眼监测井，从2007年开始记录的地下水埋深全部下降，年际变幅在-0.99~-0.18。可以看出，昌马灌区、双塔灌区地下水埋深相对稳定，属地下水稳定变化区；花海灌区地下水埋深整体呈现下降趋势，属于微弱下降区。

疏勒河流域的沙漠化多发生在地表盐碱化程度较大的地区，主要为天然植被退化的地区。研究表明，地下水矿化对植被形态及其生长的影响非常明显，疏勒河下游瓜州县一带随着地表盐碱化程度的加重，原本生长的芦苇不断退化，形成体型较小的盐生鸡爪芦苇，地表覆盖度大大降低，裸露的盐碱化地表再受风力作用的侵蚀[106-107]，呈现出地表沙化的现象。从表6-3所示的疏勒河流域地下水位、水质、植被覆盖率和沙化程度的关系中也可以看出，随着地下水埋深和矿化度的增加，以及植被覆盖度的降低，地表沙化程度会严重增加。

表6-3 疏勒河流域地下水位、水质、植被覆盖率和沙化程度间的关系

项目	具体情况			
地下水埋深/m	1~3	3~5	5~8	>8
地下水矿化度/(g/L)	0.5~1.0	1.0~3.0	3.0~5.0	>5.0
植被覆盖率/%	30~50	20~40	<20	<10
沙化程度	不沙化	轻度沙化	中度沙化	严重沙化

同时，在地下水与植被生长的研究中也发现，安西盆地北干沟一带植被优势种群的出现与地下水埋深的关系明显，并且随着地下水埋深的变化，植被呈现由水生向旱生、盐生的转变[108]。表6-4所示为瓜州盆地北干沟一带植被分布与地下水的关系。疏勒河流域很多地下水位较浅的地区，有较多泉眼的出露，这些地区的地表盐渍化现象严重。而在沙漠化现象最严重的瓜州县南部一带，地表盐渍化现象也非常严重。

表6-4 疏勒河流域北干沟地区植物分布与地下水埋深关系

项目		具体情况				
地下水特征	埋深/m	<1	1~2	2~3	3~4	>4
	矿化度/(g/L)	1~2	1~3	1~3	2~3	≥3
	水质类型	SO$_4$ Cl-Mg Na	SO$_4$ Cl-Mg Na	SO$_4$ Cl-Mg Na	Cl SO$_4$-Mg Na	Cl SO$_4$-Mg Na
土壤特征	岩性	粉细砂	亚砂土	亚砂土	亚砂土、黏土	碎石戈壁
	盐化程度	盐化草甸	盐土及盐化草甸	盐土及盐化草甸	盐土	石膏荒漠土
植物分布	特征植物	扁蓄	膨果甘草、苦豆子	骆驼刺、分枝雅葱	盐生芦苇、花棒	红砂、泡泡刺
	伴生植物		芨芨草	麻黄	胡杨、沙枣	

2. 人为因素

在人口增加的情况下，为了进行农业开发，人们对疏勒河流域的地表水资源进行了根

本性的人为调蓄、控制和时空再分配。1949 年，疏勒河流域的人口数量约 10 万人，至 2015 年时，人口超过 50 万人。人口数量的快速增长，促进了农业用地的扩张。1949 年，疏勒河流域的耕地面积为 1.47 万 hm² 左右，2000 年为 8.33 万 hm² 耕地，2015 年底，则达到了 23 万 hm² 之多。

农业的快速发展，一系列的水利工程开始出现，尤其主体工程昌马水库的修建，基本控制了昌马峡以上的地表水量，50% 的年径流量（10.31 亿 m³），除弃水 0.965 亿 m³ 外，全部进入总干渠，并输往双塔水库和调往赤金峡水库，地表水的引水率达 89%。疏花干渠向赤金峡水库调水 0.61 亿 m³，属于跨流域性质，使干流山前平原直接损失了等数量的转化水量。为了保证农业灌溉用水，赤金峡水库、榆林河水库及昌马水库，将出山径流蓄积并通过各大干渠输往各个灌区。相关研究表明，上中游每增加 1m³ 用水量，中下游将减少 0.3m³ 地下水量。

由于农田灌溉占用了大量的地表及地下水资源，地下水位除泉水溢出带外，普遍呈现大范围的下降趋势。1970 年以来，疏勒河流域地下水下降 4~11m，引起整个生态环境的恶化，表现为：自然植被退化，地表植被覆盖度降低；土地沙漠化现象严重；裸露沙土成新的沙尘源地，沙尘暴强度增加，而且持续时间较长，更进一步促进了沙漠化现象的发生。

此外，北部细土平原区的泉水溢出量因地下水补给不足而大幅度减少，引起湿地面积大范围萎缩。林牧业发展水平与草地和灌木林地的关系密切，平均关联度在 0.67。其中，羊存栏数与草地的关联度达 0.792，相关系数为 –0.906，呈显著负相关。这种情况说明近 23 年来该区畜牧业，特别是养羊业的快速发展已对草地产生过大压力，引起草场的退化。

第 7 章　对策与建议

根据前述研究，本章对河西地区过去34年间绿洲化和沙漠化的总体特征、变化规律进行总结，提出河西地区绿洲化发展和沙漠化防治的若干建议。

7.1　总体认识

7.1.1　绿洲化方面

1. 河西绿洲在过去的34年中以扩张为主，总体上经历了"两低两高"的波动式增加

河西走廊绿洲从1986年的10 707.75km²增长到2020年的16 222km²，34年间绿洲面积增长了51.5%，扩张幅度较大。

1986~1990年河西地区绿洲总面积增长量为239km²，1990~1995年河西地区绿洲增长较为显著，总面积增长量为966km²。进入21世纪后，河西绿洲继续保持增长势头，其中2000~2005年增长了1072km²，2005~2010年增长了424km²，2010~2015年增长了1199km²，2015~2020年增长量了744km²。7个五年中，以2010~2015年的增长量在整个时间序列内达到最高，其次为2000~2005年。

1990~1995年、2010~2015年、2000~2005年、2010~2015年、1995~2000年4个时期的单一动态度都比较高，分别为1.76%、1.46%、1.68%、1.68%，说明这几个时期绿洲都处于显著扩张阶段，其中1990~1995年达到整个时间序列内的峰值。而1986~1990年、2005~2010年、2015~2020年的单一动态度分别为0.56%、0.61%、0.96%，说明这几个时期是河西地区绿洲中增长相对较弱的时期，尤其是1986~1990年、2005~2010年。扩张强度也有类似的表现：1990~1995年绿洲的扩张强度最大，其次为2010~2015年、2000~2005年、2010~2015年、1995~2000年，其余时期绿洲的扩张强度都较小，其中以1986~1990年为最小，2005~2010年次之，2015~2020年再次。

因此，在时间尺度上，河西绿洲扩张强度的变化经历了"低（1986~1990年）—高（1990~2005年）—低（2005~2010年）—高（2010~2015年）—低（2015~2020年）"的五个主要阶段。

2. 绿洲的变化以 2000 年为界，之前东部较为剧烈，而且以扩张为主，之后西部扩张明显

河西绿洲的变化大体上以 2000 年为界，2000 年以前绿洲变化较为剧烈的区域集中在河西地区中部和东部地区，其中东部石羊河流域绿洲变化最为剧烈，而且以扩张为主；2000 年以后，黑河流域和疏勒河流域绿洲扩张明显。

由于石羊河流域前期绿洲的过速扩张带来严重的生态环境问题，随着一系列生态治理政策的出台，尤其是关井压田政策的影响，石羊河流域，尤其是下游地区大片耕地退耕，局部地区的绿洲出现萎缩，绿洲扩张速度明显放缓。相对而言，疏勒河流域的绿洲扩张强度最大，绿洲发展速度最快，绿洲扩张的热点出现从东向西迁移的倾向。

3. 绿洲扩张的时空过程在不同的流域存在时空分异：黑河流域增长平稳，石羊河流域后期有退缩，而疏勒河流域后期扩张明显

河西绿洲以黑河流域的绿洲规模最大，绿洲形状规整，其次为石羊河流域，疏勒河流域的绿洲面积最小，而且分布较为零散。流域尺度上，黑河流域的绿洲面积最大，绿洲基本保持相对平稳的趋势不断增加，其中 2005~2010 年的扩张强度最大，绿洲扩张面积也较多。石羊河流域在 1986~2005 年的绿洲年平均扩张面积为 101km²，而在 2005~2010 年却表现出大面积绿洲退缩的趋势，之后又开始缓慢回升，这种现象主要是受政策导向的影响。疏勒河流域绿洲面积相对较小，2000 年以后的扩张较为明显。

4. 行政区划上，不同地级市绿洲扩张的特点不同：农业型地级市扩张最为突出，工矿型地级市不甚显著

河西五市中，武威、张掖、酒泉的经济为农业主导型，而金昌和嘉峪关为工业主导型，它们的绿洲扩张呈现不同的特点。张掖市绿洲面积最大，呈现持续扩张的态势；酒泉市面积次之，后期扩张明显；武威市面积第三，由快速扩张转为陡然减少，随后又出现缓慢扩张。金昌市面积第四，持续扩张；嘉峪关市面积最小，但持续扩张。

张掖市是整个河西走廊绿洲面积最大的地级行政区，绿洲面积基本为持续扩张的过程。酒泉市绿洲变化经历了"萎缩—缓慢扩张—快速扩张"的变化过程，但总体以增加为主。武威市的绿洲变化过程呈现"快速扩张—陡然减少—缓慢扩张"的趋势，其中绿洲快速扩张发生在 1986~2005 年，至 2005 年时已经和张掖市的基本接近，但 2005~2010 年又出现了大幅度的减少。金昌市有一以农业为主的下辖县——永昌县，该县是个古老的农业县，因而绿洲占据一定规模（金川区也有一定的绿洲分布），但总体而言，金昌市的绿洲规模较小，呈持续稳步扩张态势。嘉峪关市完全是一个以工业为主的城市，不仅没有下辖的属县，而且也不设区，只有三个农业乡镇，因而其绿洲规模是河西五市中最小的，仅占绿洲总面积的 1% 左右，但绿洲也一直处于稳定扩张中。

5. 绿洲的开发整体上遵循从条件较好地区向较差地区蔓延的总体规律

河西地区的绿洲开发早在 2000 多年前的汉代就开始了，当时人们必定首先选择地势

平坦而又开阔、水热条件俱优、旱涝基本无忧的天然绿洲中的精华地区进行开发，发展出了一片片古老的人工绿洲。一般来说，这些人工绿洲会处于原有天然绿洲的内部，受着外围天然绿洲的保护，状态也比较稳定。后来，随着人口的不断增多，人们改造自然，尤其是开渠引水能力提高，人工绿洲的规模不断增大，在便于引水的地区甚至突破了原来天然绿洲的范围。但这种开发不是在汉代开发后持续进行的，而且随着朝代的变迁和经营该地区"主人"的变迁，出现过很多次开发和废弃的轮回。例如，在魏晋北朝时代，河西地区的人工绿洲就出现过被大面积废弃的情况。唐代后期的吐蕃时代，河西地区的人工绿洲大多也变成了牧场。直到明代甚至河西西部地区到了清代，大面积的绿洲才又被开发起来。自此以后，河西地区的绿洲被持续开发，天然绿洲向人工绿洲的转化一直进行。一直到了民国时期，河西绿洲的开发还在持续，天然绿洲的耗损一直没有间断。

新中国成立以后，河西绿洲的开发更是出现了如火如荼的高潮，地面水不足时人们便将目光投向了地下水，成千上万的机井被建立起来，天然绿洲所剩无几，人工绿洲的规模空前扩大。至本研究的开始研究时段20世纪80年代中期时，除了沙漠沿边地区、大河大湖泛滥地区、干涸湖盆的盐碱地地区以及坡度稍大的引水不便地区，其他条件较好的天然绿洲几乎全部被开发完毕，甚至一些交通条件良好、引水较为方便的山前洪积扇前沿地区也部分地被开发了。而本研究所针对的30多年里，绿洲的开发便是在前面开发的基础上，向条件更差地区进行开发的一个过程。在此期间，河流出山口和水流消失的末端、小河进入大河的交汇处、原有绿洲内部及边缘存在的大片盐碱地、裸土地、荒草地甚至一些沙地都被零星地开发了出来，绿洲出现外延、内联、跃进、蚕食（荒漠）等多种扩展方式，所以绿洲的面积还在扩大当中。

当然，近几十年绿洲的开发并不是一味地扩大，在部分地区也出现过零星的退缩，这可能主要是由以下原因造成的：开发后维持的成本过高（化肥、农药、地膜、种子、劳动力等），产出低于投入，不合算；水资源供应条件恶化，水资源供需失衡；开发时不论政府还是社会的认识都不到位，政策环境较宽松，开发后政策收紧，强制被退；周边环境更差，沙漠化或盐渍化加剧，无法继续维持；农产品价格涨幅太低，新开绿洲上种植农作物划不来；农村劳动力减少或流失，无力维持新开绿洲；等等。即便如此，河西地区绿洲扩展的势头还是远远盖过退缩的势头，绿洲在外部环境的促进和内生动力的驱动下，出现了扩展的趋势，使原来那些条件较差的边边沿沿地区变成了绿洲。

6. 河西绿洲的空间分布保持总体稳定，变化主要以后期出现型和新近出现型为主

稳定型绿洲占河西地区近30多年间绿洲出现总面积的61.49%，是河西地区绿洲的"压舱石"，对绿洲总体分布的稳定起了重要作用。发生变化的绿洲中，后期出现型是河西走廊绿洲扩张的主要方式，面积仅次于稳定型绿洲，占绿洲出现总面积的比例为14.65%，说明绿洲化的过程以后期最为显著。新近出现型绿洲用来反映河西走廊近时期以来绿洲的发展情况，占绿洲出现总面积的11.66%。前期存在型和阶段稳定型绿洲面积都较小，其中前者主要为天然植被的完全退化且没有得到恢复，大多为当地的生态环境恶化后出现的沙漠化或者盐碱化区域，后者多为耕地间歇性弃耕和重复使用地区，主要分布在瓜州县南部的天然植被区和东部石羊河流域一带。波动型绿洲面积也较小，而且分布零散，主要位于绿洲与荒漠过渡带的有点像"天然绿洲"的区域。该区域生态环境脆弱，受两侧绿洲和荒漠的干扰较大，状态极不稳定。昙花一现型是最不稳定的类型，所占面积只有5.28%，但其分布零散，往往游离于主体绿洲之外，在荒漠中以小规模的不连续片状、点状甚至云雾状分布。此类型的绿洲虽然面积不大，但其兴废无常，而且在利用状态发生改变时对周围的荒漠植被多有破坏，因而其导致的后果往往却是最严重的。

7. 绿洲发展受水资源状况影响强烈

绿洲是大尺度荒漠背景基质上，以小尺度范围但具有相当规模的生物群落为基础，构成能够相对稳定维持的、具有明显小气候效应的异质生态景观。天然绿洲是沙漠中具有水草的绿地，多呈带状分布在河流或井、泉附近，以及有冰雪融水灌溉的山麓地带。没有人类活动以前，绿洲一直在自然界干旱与风蚀的灾害中自我存在，是结构简单、功能单一、抗灾害能力较低的生态系统。正是绿洲内有了人类活动，逐步完善了绿洲的灌溉系统、改进了绿洲的植被类型、健全了绿洲的林网系统，才使绿洲结构更加合理，功能更加多样，生态机能更强。但人类创建的绿洲与原有的水资源禀赋是分不开的：水资源丰富的地区开发成为大绿洲，相对欠缺的地区则开发成了小绿洲。但绿洲开发的规模与水资源的总量并不总是相称的：有些地区水资源禀赋较好，但绿洲较少；有些较差，但绿洲较多。另外，事物总是发生变化的：禀赋较好地区有可能变差，而较差的地区也有可能变好。因此，随着水资源的供给条件及时调整绿洲的空间布局是一项应该及时开展的工作，但该方面的研究还比较薄弱。

过去几十年来，河西地区多次发生向区内移民的风潮，从而导致了绿洲的大面积开发，就是人们根据水资源的赋存情况作出的反应。河西走廊西部梁湖乡、双塔乡、沙河回族乡以及花海镇、柳湖乡等移民乡，成为绿洲在近30多年间扩张的重点区域，是基于水资源有保障的前提。如瓜州县梁湖乡，虽然地下水在该区域形成漏斗，但由于双塔水库的地面供水，可以满足绿洲发展的需要。同时，下河清乡、民乐县等地新扩张的绿洲主要位于河流出山口地区，显示出水资源对绿洲发展的重要作用。而以瓜州县为核心的绿洲扩张、嘉峪关市、甘州区、金昌市的绿洲发展明显，则说明绿洲不光受水资源这一单一要素的影响，经济发展和其他因素对绿洲的开发也有显著影响。

8. 河西绿洲扩张的影响因子较多，但人为因子起主导作用

绿洲化的发生受气候变化和人类活动两个方面因素的影响。虽然现在的河西地区，人类活动是绿洲化过程无可辩驳的主宰，但自然因素还是发挥着一定作用。自然因素的降水，对绿洲尤其是绿洲外围和绿洲内部的河道、空闲地等地区的影响最大。这些地区的植被以具有天然绿洲（虽然有些是人工营造的，但人工灌溉已经停止）性质的植被为主，其生长除地下水外，完全取决于天然降水的多寡以及与植被物候的契合程度。降水多，而且降在了植物生长需要的时节，这部分植物就长势茂盛，欣欣向荣，成为了绿洲的组成部

分。反之，则成为荒漠的"麾下"。

但由于河西绿洲总体上以人工绿洲占据绝对主导地位，因而绿洲化过程更多的还是受人类活动的影响。来自农业、工业、城镇发展的需要和生态保护的需要，绿洲化的影响因素日渐复杂化、多样化，而且这些因子相互交织，协同作用，共同导致了绿洲的时空变化。纵观河西绿洲的变化，绿洲的增加以耕地的增加为主，充分体现了绿洲的发展是以增加农产品的供给为主要目的。近10年来，绿洲的扩张还在持续，这与移民政策、人口的增加、农副产品价格的上涨、灌溉技术的进步、城镇化等因素密不可分。

例如，甘肃省河西走廊（疏勒河）农业灌溉暨移民安置综合开发项目，就是为了解决甘肃中部干旱地区和南部高寒阴湿山区11个县数十万人的贫困问题，确定新开发土地54 600hm²，安置移民20万人，发展灌溉面积97 800hm²（后面根据实际情况对安置人口、开发土地面积和灌溉面积进行了调整：2002年以来，省政府根据疏勒河流域水资源承载能力、生态环境保护和内配资金筹措情况与世行达成共识，对项目进行了中期调整：移民由20万人调减为7.5万人，新建移民乡（场）由16个调减为6个，行政村由160个调减为57个，新开耕地由54 600hm²调减为28 533.33hm²，林草覆盖率由11%调增为15%，水资源总利用率由91.6%降为64.5%，总投资由26.73亿元调减为19.71亿元）项目开发建设总工期为10年[109]。即便是到了2008年，还有甘南藏族自治州临潭县城关、新城、石门、王旗、三岔、洮滨、羊沙等8个乡镇尾批搬迁的120户（全家）266人，迁居疏勒河饮马农场创家立业。

类似的例子还有古浪县黄花滩移民：古浪县曾是国家六盘山集中连片特困地区甘肃58个贫困县之一，甘肃23个深度贫困县之一。从2012年开始，甘肃省古浪县开始易地扶贫搬迁，先后建成绿洲生态移民小城镇、12个移民新村和10个行政村内就近安置点，完成搬迁6.95万人。该县强化搬迁后续扶持和融合服务，走出了一条高深山区贫困群众易地搬迁脱贫致富和原住地（祁连山）生态环境保护双赢的扶贫开发新路子。古浪县黄花滩地势平坦，从前也是一片荒漠，通过防风固沙、生态环境治理，40万亩黄花滩变成了适宜人居的绿洲。南部山区11个乡镇、88个贫困村整体搬迁到这里，让这里成为了62 000多名贫困群众的新家园。

7.1.2 沙漠化方面

沙漠化（荒漠化）被称为"地球癌症"，是当今世界最大的环境挑战之一。1992年，联合国环境与发展大会将荒漠化、气候变化和生物多样性丧失一并列为可持续发展的三大挑战。1994年，作为世界三大重要环境公约之一，《联合国防治荒漠化公约》在法国巴黎外交大会上通过。荒漠化是主要发生在干旱、半干旱、亚湿润干旱地区的土地退化过程，其主要驱动因素是气候变化和不合理的人类活动[110-112]。

沙漠化的危害，首先是导致可利用土地资源减少：受影响地区会出现土壤严重流失、沙化、盐渍化、肥力下降或丧失，水资源状况恶化，植被退化或消失，生物多样性下降，地表出现流沙或呈现荒漠景观等情况，最终导致农田、草原、森林生产力下降直至丧失，农牧业生产用地减少。其次是威胁交通安全：流动的沙丘会埋没公路、铁路；沙尘暴会降低大气能见度，迫使机场、公路停运。再次是导致自然灾害加剧：风沙运动会引发沙丘列队整体移动、地表风蚀、沙割、沙埋和沙尘释放等，对农田、草地、工矿、重大交通设施以及自然文化遗产等造成严重危害，极大地加剧土地沙漠化和沙尘暴等灾害性天气的发生，扰乱人们正常的生产生活，甚至危害人们的健康。最后是土地生产力严重衰退：土壤风蚀会造成土壤中有机质和细粒物质的流失，导致土壤粗化，肥力下降。

河西走廊沙漠化监测结果显示，其沙漠化动态变化过程较为复杂。通过对数量特征和空间变化特征的分析，可以得出以下认识。

1. 沙漠化主要以东部的石羊河流域最为严重，尤其是下游地区

石羊河流域的下游地势较低，其西北部和东北部分别被巴丹吉林和腾格里两大沙漠包围，具有沙漠化发生的外部环境。近些年来，下游的民勤县沙漠化主要发生在绿洲周边和绿洲内部，沙漠化的发生主要是由于耕地的大面积弃耕（农田灌溉水减少），导致生态脆弱的地表发生急速沙化。所以，自然因素是沙漠化发生的背景和条件，而人类活动成为了环境恶化的催化剂，加速了沙漠化的产生。

2. 黑河流域的沙漠化以河道沙化为主要表现

绿洲附近因为长期灌溉，植被生长所需的水分条件良好。而河床和河道地区，往往会由于水库河坝的修建而导致水量减少，地表干旱导致河床大面积裸露、积沙，从而出现沙漠化。除河道沙漠化以外，也有少量因植被退化产生的沙漠化现象。

3. 疏勒河流域的沙漠化主要为植被退化，原因为地表水分含量减少造成

疏勒河流域沙漠化主要集中在中游地区。在昌马灌区的灌溉农业带动下，该区域的绿洲主要沿灌渠分布，疏勒河流域沙漠化也交错分布在这一区域中。疏勒河流域沙漠化分布较为离散。

4. 综合分析发现，水资源的空间分布不均是河西走廊沙漠化发生的直接原因，而人类活动的加剧也加速了地表的沙化过程

河西地区的河流本身为十分宽浅的平原型河流，河床裸露比较严重。为了满足农田灌溉的需求，原有的天然河道大多被人工修建的渠道所取代，从而造成原有宽浅河道大面积裸露，势必造成沙漠化的发生。石羊河流域向下游青土湖地区的生态输水也导致部分地区出现土地盐渍化、土壤硬化等情况。此外，干旱的气候严重威胁了河西地区的生态承载力。水资源的短缺直接造成河西地区天然植被长势较弱，在距祁连山区较远的绿洲区，天然植被多以稀疏分布的低矮灌丛为主，如沙生植被因其特殊的生理构造，叶片冠层面积小、叶绿素含量低，其对防沙固沙的作用较弱，对生态系统平衡的贡献很有限。

因此，河西地区沙漠化主要是由于水资源短缺和人类对水资源的利用不当所致。但是，人类的生存离不开水资源，不能因为一味的节水而限制人们正常的用水行为。应多方

考虑，设置合理的水资源利用机制，既要保持地表径流和地下水位正常，也要确保正常生产生活的进行和经济的可持续发展。

7.2 调控对策与建议

河西地处西北干旱区，石羊河、黑河、疏勒河流域则分布着较大的冲积平原，历史上曾经是土壤肥沃、水草丰美、宜耕宜牧的地区。但该区域内西北紧连库木塔格沙漠和戈壁，北部被巴丹吉林沙漠和腾格里沙漠包围，干旱特征突出。该区域降水稀少，年平均降水量由东部古浪县的150mm递减到西部敦煌的36mm，而年均蒸发量却超过2000mm，局部地区甚至超过3000mm。显著的大陆性气候和荒漠、半荒漠植被使区域生态环境十分脆弱，对全区经济和社会发展构成制约。合理发展绿洲、防治沙漠化应当成为河西地区实现生态环境保护与综合治理、促进国民经济可持续发展的核心任务。

河西地区是西北地区灌溉农业大规模开发最早的流域，是绿洲水土资源开发利用的代表性区域。历史上对河西的开发，有屯垦移民、水资源开发、设立城镇、交通贸易等，其中农业开发是基础，而农业开发主要是对天然绿洲的垦殖，由此导致天然绿洲向人工绿洲转化。

河西地区自然生态状况对区域经济社会发展具有重要影响，受到社会各界的广泛关注。全面加强河西地区生态保护和修复，有助于进一步筑牢生态安全屏障，增强区域生态承载力，促进加快建立可持续的产业结构、生产方式和消费模式，逐步建立人与自然相互依存、和谐共生的发展格局。营造稳定的自然生态系统和良好人居环境，有利于进一步增强河西地区各族群众的获得感、幸福感、安全感，促进民族和谐和社会稳定。推进重大项目建设，有助于统筹山水林田湖草沙冰一体化保护和修复，促进完善生态保护和修复的配套政策与管理制度，为干旱区生态环境保护和治理贡献智慧和方案。

1986年以来，河西地区沙漠化现象仍然存在，生态保护和治沙防沙工作是长期的战略任务。地方政府对河西地区绿洲沙漠化采取了调控与治理措施，如建立节约用水机制、关井压田、退耕还林、方格固沙、移民，继续恶化局面虽然得到部分控制，但还没有从根本上达到有效治理。在未来社会经济发展中，开展退化土地防治、恢复和保持河西地区生态系统平衡是关系到该地区长期可持续发展的重中之重。只有在遵循自然规律的基础上合理发展，才能得到自然环境向好和社会经济趋良、两者良性互动、互相促进的双赢效果。

总结过去河西地区的绿洲变化和沙漠化，针对今后的发展，提出以下对策与建议。

1. 增加山前地区的资源利用，适当扩大上游的绿洲规模

河流出山口是一个流域内河流水量最多的区域，大量侧向外渗使得区域内土壤含水量都比较高，但由于该区域一般地势较高、而且为侧向倾斜面，远离沙漠，风力较小，绿洲的分布较少、规模较小，河西走廊现阶段的绿洲分布仍然集中分布在中部平原地区，对上游地区的土地利用较少。从河西走廊地区目前对水资源的集中利用也可以看出，中下游地区新建人工水库对河流来水量进行储存的较多，上游地区却对水资源的控制措施较弱，存在土地和水资源浪费。绿洲扩张过程中，山丹县、民乐县以及肃州区下河清乡一带自2010

年开始对山前平原进行开发，产生大面积人工绿洲，而且以喷灌技术代替传统的漫灌措施，提高了水资源的利用效益，说明开辟河流上游土地、加大对上游地区的资源利用是未来绿洲发展的方向之一。

2. 适当遏制下游绿洲

疏勒河中下游的瓜州县、黑河下游的金塔县、以及石羊河流域下游地区的民勤县，都是近30多年间的严重沙漠化区域，生态环境不断严重恶化，究其原因，主要与全流域大规模的绿洲开垦有关。这些地区天然植被退化、中部的河道沙化以及东部的耕地弃耕，均是水资源短缺的后果。民勤县在进行大力的生态治理后虽然有所改观，但若再次进行大面积的绿洲开发，生态环境问题难免会再次产生并加重。因此，全流域尤其是下游地区的绿洲扩张趋势要被抑制，水资源利用应更进一步节制，不能出现反弹。

3. 发展新型产业，提高水资源利用效率，增加生态用水比例

以现代农业科学技术为支撑，通过大力发展资源节约型技术、环境友好型技术，促使高能耗、高污染、高排放、低效益的农业发展模式向低能耗、低污染、低排放、高效益的低碳农业经济模式转变。要调整农业产业结构，改变水资源利用方式，提高水资源利用效率。在现阶段河西走廊生态环境存在下降风险的现状下，发展低碳农业、有机农业等，把目前高投入–高产出–低效率、环境污染严重的发展方式，向低投入–高产出–高效率的发展方式转变，以最少的物质投入换取最大的产出效益，包括经济效益、社会效益、生态效益，以提高资源利用率、劳动生产率和土地产出率，节约农业生产投入成本。

4. 节约集约利用土地，稳定优质高效绿洲，抚育过渡带绿洲

在土地资源有限的条件下，深度挖掘土地利用潜力，实现投入产出比提升是河西走廊绿洲发展的主要途径。提高土地的利用效率，缓解因水资源紧缺导致的耕地紧缺现状，形成由节地、节水、节肥、节农药、节种子、节能和农业资源综合循环利用的农业增产方式。农业发展由主要依靠增产增效的经营方式转变为依靠增产节约、全面增效的农业经营方式，将有限的资源投入到长期稳定高产的优质绿洲上，对外围低产绿洲进行人工抚育，促使其向半人工或天然绿洲转变，增强其对优质绿洲的保护、滋养功能。

5. 科学评估绿洲开发方向与潜力，制定合理的绿洲扩张计划，确保绿洲水资源与绿洲生态的平衡稳定

绿洲的发展对河西地区总体生态系统平衡的作用尚待进一步评估。究竟开发多少绿洲、开发在什么位置范围、开发什么类型的绿洲、以及采用何种方式进行开发都是需要通过科学研究解决的问题。只有绿洲的规模适度了、利用的方式合理了、负面生态效应被最大程度地避免了，才能使总体生态承载力稳步上升，绿洲经济也才会随之增长。实现河西地区生态文明建设和社会经济发展的双赢，是河西地区绿洲发展和沙漠化防治的根本目标。

参 考 文 献

[1] 宋述光. 北祁连山俯冲杂岩带的构造演化 [J]. 地球科学进展, 1997 (4): 49-63.

[2] 安成邦, 王伟, 段阜涛, 等. 亚洲中部干旱区丝绸之路沿线环境演化与东西方文化交流 [J]. 地理学报, 2017, 72 (5): 875-891.

[3] 高由禧. 关于我所开展干旱气候研究的历史 [J]. 高原气象, 1989, 8 (2): 103-106.

[4] 杜虎林, 高前兆, 李福兴, 等. 河西地区内陆河流域地表水资源及动态趋势分析 [J]. 自然资源, 1996, 18 (2): 44-54.

[5] 赵松乔. 近年中国干旱区研究的进展 [J]. 地理科学, 1990 (3): 208-216, 291.

[6] 戴尔阜, 方创琳. 甘肃河西地区生态问题与生态环境建设 [J]. 干旱区资源与环境, 2002, 16 (2): 1-5.

[7] 高前兆. 塔里木盆地南缘水资源开发与绿洲的生态环境效应 [J]. 中国沙漠, 2004, 24 (3): 32-39.

[8] 王国宏, 任继周, 张自和. 河西山地绿洲荒漠植物群落多样性研究Ⅱ放牧扰动下草地多样性的变化特征 [J]. 草业学报, 2002, 11 (1): 31-37.

[9] 甘肃省地方史志编纂委员会,《甘肃省志·概述》编纂委员会. 甘肃省志·概述 [M]. 兰州: 甘肃文化出版社, 2018.

[10] 甘肃省统计局. 甘肃省第七次全国人口普查公报 (第一号) [EB/OL]. [2021-05-24]. https://tjj.gansu.gov.cn/tjj/c113867/202104/29b49de4231744a59cff861e6b323f50.shtml.

[11] 马国华. 中国民族年鉴 [M]. 北京: 中国民族年鉴编辑部, 2020.

[12] 张晓红. 2019 年甘肃省国民经济和社会发展统计公报 [M]. 北京: 中国统计出版社, 2020.

[13] BERG A, MCCOLL K A. No projected global drylands expansion under greenhouse warming [J]. Nature climate change, 2021, 11 (4): 331-337.

[14] 黄盛璋. 研究绿洲、建设绿洲, 在中国首先创建世界科学: 绿洲学 [J]. 传统文化与现代化, 1998 (3): 72-81.

[15] 王亚俊, 米尼热. 中国绿洲研究回顾 [J]. 干旱区资源与环境, 2000, 14 (3): 92-96.

[16] AMUTI T, LUO G. Analysis of land cover change and its driving forces in a desert oasis landscape of Xinjiang, Northwest China [J]. Solid earth, 2014, 5 (2): 1071-1085.

[17] 高华君. 我国绿洲的分布和类型 [J]. 干旱区地理, 1987, 10 (4): 23-29.

[18] BIE Q, XIE Y W, WANG X Y, et al. Understanding the attributes of the dual oasis effect in an arid region using remote sensing and observational data [J]. Ecosystem health and sustainability, 2020, 6 (1): 1696153.

[19] XIE Y W, BIE Q, LU H, et al. Spatio-temporal changes of oases in the Hexi Corridor over the past 30 years [J]. Sustainability, 2018, 10 (12): 4489.

[20] 李汝嫣, 颉耀文, 姜转芳. 面向对象的天然绿洲与人工绿洲区分: 以民勤县湖区绿洲为例 [J]. 遥感技术与应用, 2020, 35 (4): 873-881.

[21] WANG G H, MUNSON S M, YU K L, et al. Ecological effects of establishing a 40-year oasis protection system in a Northwestern China desert [J]. CATENA, 2020, 187: 104374.

[22] CHENG S, YU X X, LI Z W, et al. Using four approaches to separate the effects of climate change and human activities on sediment discharge in Karst watersheds [J]. CATENA, 2022, 212: 106118.

[23] KAI K J, MATSUDA M, SATO R. Oasis effect observed at Zhangye oasis in the Hexi Corridor, China [J]. Journal of the meteorological society of Japan, 1997, 75 (6): 1171-1178.

[24] MANKIN J S, SEAGER R, SMERDON J E, et al. Mid-latitude freshwater availability reduced by projected vegetation responses to climate change [J]. Nature geoscience, 2019, 12 (12): 983-988.

[25] DING C, ZHANG L, LIAO M S, et al. Quantifying the spatio-temporal patterns of dune migration near Minqin oasis in Northwestern China with time series of Landsat-8 and Sentinel-2 observations [J]. Remote sensing of environment, 2020, 236: 111498.

[26] 陈云海, 穆亚超, 颉耀文. 基于 Landsat 遥感影像的黑河干流中游湿地信息提取 [J]. 兰州大学学报（自然科学版）, 2016, 52 (5): 587-592, 598.

[27] 江鑫, 何心悦, 王大山, 等. 利用高分辨率森林覆盖影像实现高山林线的自动提取 [J]. 遥感学报, 2022, 26 (3): 456-467.

[28] 常学礼, 季树新, 乔荣荣, 等. 基于 NDVI 绿洲-荒漠过渡带宽度识别: 以河西走廊中部荒漠绿洲为例 [J]. 生态学报, 2020, 40 (15): 5327-5336.

[29] 曾永年, 冯兆东, 向南平. 基于地表定量参数的沙漠化遥感监测方法 [J]. 国土资源遥感, 2005 (2): 40-44, 81.

[30] 曾永年, 向南平, 冯兆东, 等. Albedo-NDVI 特征空间及沙漠化遥感监测指数研究 [J]. 地理科学, 2006, 26 (1): 75-81.

[31] LIANG S. Narrowband to broadband conversions of land surface albedo I: algorithms [J]. Remote sensing of environment, 2001, 76 (2): 213-238.

[32] 颉耀文, 陈发虎, 王乃昂. 近2000年来甘肃民勤盆地绿洲的空间变化 [J]. 地理学报, 2004, 59 (5): 662-670.

[33] 颉耀文, 陈发虎. 基于数字遥感图象的民勤绿洲20年变化研究 [J]. 干旱区研究, 2002, 19 (1): 69-74.

[34] 吕利利, 颉耀文, 张秀霞, 等. 1986—2015 年瓜州绿洲变化 [J]. 生态学报, 2017, 37 (16): 5482-5491.

[35] 颉耀文, 郭英, 矫树春. 基于遥感与 GIS 的民勤盆地荒漠垦殖研究 [J]. 遥感技术与应用, 2004, 19 (5): 334-338.

[36] 颉耀文, 弥沛峰, 田菲. 近50年甘肃省张掖市甘州区绿洲时空变化过程 [J]. 生态学杂志, 2014, 33 (1): 198-205.

[37] 董敬儒, 颉耀文, 段含明, 等. 黑河流域绿洲变化的模式与稳定性分析 [J]. 干旱区研究, 2020, 37 (4): 1048-1056.

[38] 姜转芳, 颉耀文, 李汝嫣, 等. 永昌县绿洲时空变化过程 [J]. 兰州大学学报（自然科学版）, 2018, 54 (2): 239-244.

[39] 余璐. 石羊河流域: 走出高质量节水发展新路 [EB/OL]. [2020-11-23]. http://env.people.com.cn/n1/2020/1123/c1010-31940543.html.

[40] WANG T, XUE X, ZHOU L, et al. Combating aeolian desertification in Northern China [J]. Land degradation & development, 2015, 26 (2): 118-132.

[41] XUE J, GUI D W, LEI J Q, et al. Oasification: an unable evasive process in fighting against desertification for the sustainable development of arid and semiarid regions of China [J]. CATENA, 2019, 179: 197-209.

[42] XUE J, GUI D W, LEI J Q, et al. Oasis microclimate effects under different weather events in arid or hyper arid regions: a case analysis in southern Taklimakan desert and implication for maintaining oasis sustainability [J]. Theoretical and applied climatology, 2019, 137 (1/2): 89-101.

[43] LENTON T M, XU C, ABRAMS J F, et al. Quantifying the human cost of global warming [J]. Nature sustainability, 2023, 6 (10): 1237-1247.

[44] 康文平, 刘树林. 沙漠化遥感监测与定量评价研究综述 [J]. 中国沙漠, 2014, 34 (5): 1222-1229.

[45] 段英杰, 何政伟, 王永前, 等. 基于遥感数据的西藏自治区土地沙漠化监测分析研究 [J]. 干旱区资源与环境, 2014, 28 (1): 55-61.

[46] 朱金峰. 巴丹吉林沙漠边缘地区近20年土地沙漠化遥感监测研究 [D]. 兰州: 兰州大学, 2011.

[47] 颉耀文, 王乃昂, 陈发虎. 历史时期民勤绿洲空间分布重建 [C] //土地变化科学与生态建设"学术研讨会论文集. 西宁: 中国地理学会自然地理专业委员会, 2004.

[48] 鲁晖, 董敬儒, 贺思嘉, 等. 2000-2017年河西地区山地-绿洲-荒漠系统植被变化趋势与可持续性分析 [J]. 兰州大学学报 (自然科学版), 2021, 57 (1): 99-108.

[49] 鲁晖, 颉耀文, 张文培, 等. 1986—2015年民勤县绿洲时空变化分析 [J]. 干旱区研究, 2017, 34 (6): 1410-1417.

[50] SUN D. Detection of dryland degradation using Landsat spectral unmixing remote sensing with syndrome concept in Minqin County, China [J]. International journal of applied earth observation and geoinformation, 2015, 41: 34-45.

[51] SUN Z, ZHENG Y, LI X, et al. The nexus of water, ecosystems, and agriculture in endorheic river basins: a system analysis based on integrated ecohydrological modeling [J]. Water resources research, 2018, 54 (10): 7534-7556.

[52] TAN Z, GUAN Q Y, LIN J K, et al. The response and simulation of ecosystem services value to land use/ land cover in an oasis, Northwest China [J]. Ecological indicators, 2020, 118: 106711.

[53] F NG TJ, WANG D, WANG RS, et al. Spatial-temporal heterogeneity of environmental factors and ecosystem functions in farmland shelterbelt systems in desert oasis ecotones [J]. Agricultural water management, 2022, 271: 107790.

[54] 杨永春. 干旱区流域下游绿洲环境变化及其成因分析: 以甘肃省河西地区石羊河流域下游民勤县为例 [J]. 人文地理, 2003, 18 (4): 42-47.

[55] 杨永春, 李吉均, 陈发虎, 等. 石羊河下游民勤绿洲变化的人文机制研究 [J]. 地理研究, 2002, 21 (4): 449-458.

[56] 乔蕻强, 程文仕, 乔伟栋, 等. 基于相对风险模型的土地利用变化生态风险定量评价: 以石羊河流域为例 [J]. 中国沙漠, 2017, 37 (1): 198-204.

[57] HAO Y Y, XIE Y W, MA J H, et al. The critical role of local policy effects in arid watershed groundwater resources sustainability: a case study in the Minqin oasis, China [J]. Science of the total environment, 2017, 601/602: 1084-1096.

[58] WANG X M, GE Q S, GENG X, et al. Unintended consequences of combating desertification in China [J]. Nature communications, 2023, 14 (1): 1139.

[59] WU X T, FU B J, WANG S, et al. Decoupling of SDGs followed by re-coupling as sustainable development progresses [J]. Nature sustainability, 2022, 5 (5): 452-459.

[60] WU X T, WEI Y P, FU B J, et al. Evolution and effects of the social-ecological system over a millennium in China's Loess Plateau [J]. Science advances, 2020, 6 (41): eabc0270.

[61] LI X, CHENG G D, GE Y C, et al. Hydrological cycle in the Heihe River Basin and its implication for water resource management in endorheic basins [J]. Journal of geophysical research: atmospheres, 2018, 123 (2): 890-914.

[62] LIAN X, PIAO S L, CHEN A P, et al. Multifaceted characteristics of dryland aridity changes in a warming world [J]. Nature reviews earth & environment, 2021, 2 (4): 232-250.

[63] GUO Z C, XIE Y W, GUO H, et al. Is land degradation worsening in Northern China? Quantitative evidence and enlightenment from satellites [J]. Land degradation & development, 2023, 34 (6): 1662-1680.

[64] 王鹤龄, 牛俊义, 王润元, 等. 气候变暖对河西走廊绿洲灌区主要作物需水量的影响 [J]. 草业学报, 2011, 20 (5): 245-251.

[65] 汪桂生. 黑河流域历史时期垦殖绿洲时空变化与驱动机制研究 [D]. 兰州: 兰州大学, 2014.

[66] LIU X R, SHEN Y J. Quantification of the impacts of climate change and human agricultural activities on oasis water requirements in an arid region: a case study of the Heihe River basin, China [J]. Earth system dynamics, 2018, 9 (1): 211-225.

[67] 田文婷, 颉耀文, 陈云海. 甘肃省高台县绿洲变化的人文驱动力 [J]. 兰州大学学报 (自然科学版), 2014, 50 (2): 180-185.

[68] ZHANG D W, WU L L, HUANG S Q, et al. Ecology and environment of the Belt and Road under global climate change: a systematic review of spatial patterns, cost efficiency, and ecological footprints [J]. Ecological indicators, 2021, 131: 108237.

[69] 常跟应, 李国敬, 颉耀文, 等. 近60年来甘肃省民乐县农业绿洲扩张的人文驱动机制 [J]. 兰州大学学报 (自然科学版), 2013, 49 (2): 221-225.

[70] WANG W H, CHEN Y N, WANG W R, et al. Water quality and interaction between groundwater and surface water impacted by agricultural activities in an oasis-desert region [J]. Journal of hydrology, 2023, 617: 128937.

[71] XIE Y C, GONG J, SUN P, et al. Oasis dynamics change and its influence on landscape pattern on Jinta oasis in arid China from 1963a to 2010a: integration of multi-source satellite images [J]. International journal of applied earth observation and geoinformation, 2014, 33: 181-191.

[72] ZHANG Y Y, ZHAO W Z, HE J H, et al. Soil susceptibility to macropore flow across a desert-oasis ecotone of the Hexi Corridor, Northwest China [J]. Water resources research, 2018, 54 (2): 1281-1294.

[73] YI J, ZHAO Y, SHAO M A, et al. Hydrological processes and eco-hydrological effects of farmland-forest-desert transition zone in the middle reaches of Heihe River Basin, Gansu, China [J]. Journal of hydrology, 2015, 529: 1690-1700.

[74] ZHAO W Z, CHANG X X, CHANG X L, et al. Estimating water consumption based on meta-analysis and MODIS data for an oasis region in Northwestern China [J]. Agricultural water management, 2018, 208: 478-489.

[75] 陈丽红. 1987—2017年疏勒河中下游土地沙化时空演化特征及其驱动因素研究 [D]. 兰州: 西北

师范大学，2020.

[76] 齐敬辉．疏勒河流域绿洲生态演变研究［D］．兰州：兰州大学，2017.

[77] 孙旭伟，李森，王亚晖，等．1975—2020年疏勒河流域绿洲时空变化研究［J］．生态学报，2022，42（22）：9111-9120.

[78] YIN X W, FENG Q, LI Y, et al. An interplay of soil salinization and groundwater degradation threatening coexistence of oasis-desert ecosystems［J］. Science of the total environment, 2022, 806 (Pt2): 150599.

[79] 丁宏伟，赵成，黄晓辉．疏勒河流域的生态环境与沙漠化［J］．干旱区研究，2001，18（2）：5-10.

[80] 陈利珍．牧区沙漠化与绿洲沙漠化比较研究：以曲玛县和民勤县为例．［D］．兰州：兰州大学，2017［2023-11-08］．

[81] 韩兰英，万信，方峰，等．甘肃河西地区沙漠化遥感监测评估［J］．干旱区地理，2013，36（1）：131-138.

[82] 吕爱锋，周磊，朱文彬．青海省土地荒漠化遥感动态监测［J］．遥感技术与应用，2014，29（5）：803-811.

[83] 侯文兵，李开明，黄卓．近20 a河西地区绿洲效应时空变化特征及归因分析［J］．干旱区研究，2023，40（12）：2031-2042.

[84] 李晓文，方创琳，黄金川，等．西北干旱区城市土地利用变化及其区域生态环境效应：以甘肃河西地区为例［J］．第四纪研究，2003，23（3）：280-290.

[85] 蒙吉军，李正国，吴秀芹．河西走廊土地利用/覆被变化研究：以张掖绿洲为例［C］//土地覆被变化及其环境效应学术会议论文集．北京：地球地图出版社，2002.

[86] 蒙吉军，吴秀芹，李正国．河西走廊土地利用/覆盖变化的景观生态效应：以肃州绿洲为例［J］．生态学报，2004，24（11）：2535-2541.

[87] 师满江，颉耀文，曹琦．干旱区绿洲农村居民点景观格局演变及机制分析［J］．地理研究，2016，35（4）：692-702.

[88] 唐霞，李森．历史时期河西走廊绿洲演变研究的进展［J］．干旱区资源与环境，2021，35（7）：48-55.

[89] 王根绪，程国栋．荒漠绿洲生态系统的景观格局分析：景观空间方法与应用［J］．干旱区研究，1999，16（3）：6-11.

[90] 赵松乔．人类活动对西北干旱区地理环境的作用：绿洲化或荒漠化？［J］．干旱区研究，1987（3）：9-18.

[91] 朱金峰，王乃昂，陈红宝，等．基于遥感的巴丹吉林沙漠范围与面积分析［J］．地理科学进展，2010，29（9）：1087-1094.

[92] 赵松乔．中国荒漠地带土地类型分析：四个典型地区的地球资源卫星象片判读［J］．地理科学，1982，2（1）：1-16.

[93] 赵松乔，杨勤业，申元村．横断山地区和祁连山地区自然地理条件与农业系统的比较［J］．干旱区资源与环境，1992，6（3）：1-8.

[94] 赵松乔．西北干旱区主要自然灾害的形成、分布和减灾措施［J］．中国沙漠，1991，11（4）：3-10.

[95] 黄晶，薛东前，董朝阳，等．干旱绿洲农业区土地利用转型生态环境效应及分异机制：基于三生空间主导功能判别视角［J］．地理科学进展，2022，41（11）：2044-2060.

[96] 张文培，颉耀文，郝媛媛．腾格里沙漠南缘古浪绿洲时空变化分析［J］．地理空间信息，2018，

16（2）：54-57，11.

[97] 张秀霞，颉耀文，吕利利. 敦煌绿洲近30年的景观变化研究［J］. 干旱区资源与环境，2018，32（3）：170-175.

[98] XUE J, LEI J Q, CHANG J J, et al. A causal structure-based multiple-criteria decision framework for evaluating the water-related ecosystem service tradeoffs in a desert oasis region［J］. Journal of hydrology: regional studies, 2022, 44: 101226.

[99] YANG X D, ALI A, XU Y L, et al. Soil moisture and salinity as main drivers of soil respiration across natural xeromorphic vegetation and agricultural lands in an arid desert region［J］. Catena, 2019, 177: 126-133.

[100] KONG L Q, WU T, XIAO Y, et al. Natural capital investments in China undermined by reclamation for cropland［J］. Nature ecology & evolution, 2023, 7（11）: 1771-1777.

[101] LAMBIN E F, MEYFROIDT P. Land use transitions: socio-ecological feedback versus socio-economic change［J］. Land use policy, 2010, 27（2）: 108-118.

[102] MAIMAITI B, CHEN S S, KASIMU A, et al. Urban spatial expansion and its impacts on ecosystem service value of typical oasis cities around Tarim Basin, Northwest China［J］. International journal of applied earth observation and geoinformation, 2021, 104: 102554.

[103] PADRÓN R S, GUDMUNDSSON L, DECHARME B, et al. Observed changes in dry-season water availability attributed to human-induced climate change［J］. Nature geoscience, 2020, 13（7）: 477-481.

[104] PERIASAMY S, RAVI K P, TANSEY K. Identification of saline landscapes from an integrated SVM approach from a novel 3-D classification schema using Sentinel-1 dual-polarized SAR data［J］. Remote sensing of environment, 2022, 279: 113144.

[105] SHEN Y J, CHEN Y N. Global perspective on hydrology, water balance, and water resources management in arid basins［J］. Hydrological processes, 2010, 24（2）: 129-135.

[106] WANG X H, MÜLLER C, ELLIOT J, et al. Global irrigation contribution to wheat and maize yield［J］. Nature communications, 2021, 12（1）: 1235.

[107] XU H, YUE C, ZHANG Y, et al. Forestation at the right time with the right species can generate persistent carbon benefits in China［J］. Proceedings of the national academy of sciences of the United States of Amercia, 2023, 120（41）: e2304988120.

[108] GE X Y, DING J L, TENG D X, et al. Updated soil salinity with fine spatial resolution and high accuracy: the synergy of sentinel-2 MSI, environmental covariates and hybrid machine learning approaches［J］. CATENA, 2022, 212: 106054.

[109] HAO Y Y, XIE Y W, MA J H, et al. The critical role of local policy effects in arid watershed groundwater resources sustainability: a case study in the Minqin oasis, China［J］. Science of the total environment, 2017, 601/602: 1084-1096.

[110] HUANG J, XUE D Q, WANG C S, et al. Resource and environmental pressures on the transformation of planting industry in arid oasis［J］. International journal of environmental research and public health, 2022, 19（10）: 5977.

[111] 顾浩. 甘肃河西走廊（疏勒河）农业灌溉暨移民安置综合开发建设项目［M］. 北京：中国水利水电出版社，1996.

[112] 张宇清. 为什么要防沙治沙，防沙治沙难在哪？［EB/OL］. ［2023-08-03］. http://124.205.185.62:8080/c/www/zhzs/515495.jhtml.